国网新源控股有限公司抽水蓄能电站工程通用设计丛书

细部设计分册

主编　林铭山
颁布　国网新源控股有限公司

·北京·

内 容 提 要

本书为"国网新源控股有限公司抽水蓄能电站工程通用设计丛书"之一《细部设计分册》。本分册涵盖抽水蓄能电站洞口设计部分，入口、门卫及围墙设计部分，厂区零星建筑设计部分，栏杆、护栏设计部分，厂房细部设计，道路护栏及排水沟设计部分，出线设计等八部分内容。每部分均列出了通用设计方案、设计条件及使用说明，并附有完整的方案设计图纸及细部做法。

图书参考资料下载地址：http://www.waterpub.com.cn/softdown

图书在版编目（CIP）数据

细部设计分册 / 林铭山主编. -- 北京 : 中国水利水电出版社, 2016.10
（国网新源控股有限公司抽水蓄能电站工程通用设计丛书）
ISBN 978-7-5170-4861-9

Ⅰ. ①细… Ⅱ. ①林… Ⅲ. ①抽水蓄能水电站—工程设计—细部设计 Ⅳ. ①TV743

中国版本图书馆CIP数据核字(2016)第261816号

总责任编辑：陈东明
责 任 编 辑：李亮　周媛
文 字 编 辑：王雨辰　刘佳宜

书　　名	国网新源控股有限公司抽水蓄能电站工程通用设计丛书 **细部设计分册** XIBU SHEJI FENCE
作　　者	林铭山　主编
出版发行	中国水利水电出版社 （北京市海淀区玉渊潭南路1号D座　100038） 网址：www.waterpub.com.cn E-mail：sales@waterpub.com.cn 电话：(010) 68367658（营销中心）
经　　售	北京科水图书销售中心（零售） 电话：(010) 88383994、63202643、68545874 全国各地新华书店和相关出版物销售网点
排　　版	北京时代澄宇科技有限公司
印　　刷	北京博图彩色印刷有限公司
规　　格	285mm×210mm　横16开　15印张　461千字
版　　次	2016年10月第1版　2016年10月第1次印刷
定　　价	**480.00**元

“国网新源控股有限公司抽水蓄能电站工程通用设计丛书”编委会

《细部设计分册》编写人员

审核人员： 王洪玉　朱安平　佟德利　胡万飞　傅新芬

校核人员： 王红涛　汪　洋　李凌峰　吴喜艳　邵宇华　茅惠惠　杨君儿　张爱华

编写人员： 卢兆辉　潘福营　渠守尚　韩小鸣　茹松楠　马萧萧　王　凯　郝　峰　黄彦庆　王斌斌　陈晓宁　谭文禄　鲍利发　张佳美　李晶晶　沈亦卡　方文莎　陈　峻　俞　芸

序

抽水蓄能电站运行灵活、反应快速，是电力系统中具有调峰、填谷、调频、调相、备用和黑启动等多种功能的特殊电源，是目前最具经济性的大规模储能设施。随着我国经济社会的发展，电力系统规模不断扩大，用电负荷和峰谷差持续加大，电力用户对供电质量要求不断提高，随机性、间歇性新能源大规模开发，对抽水蓄能电站发展提出了更高要求。2014年国家发改委下发“关于促进抽水蓄能电站健康有序发展有关问题的意见”，确定“到2025年，全国抽水蓄能电站总装机容量达到约1亿kW，占全国电力总装机的比重达到4%左右”的发展目标。

抽水蓄能电站建设规模持续扩大，大力研究和推广抽水蓄能电站通用设计，是适应抽水蓄能电站快速发展的客观需要。国网新源控股有限公司作为世界上最大规模的抽水蓄能电站建设运营管理公司，经过多年的工程建设实践，积累了丰富的抽水蓄能电站建设管理经验。为进一步提升抽水蓄能电站标准化建设水平，深入总结工程建设管理经验，提高工程建设质量和管理效益，国网新源控股有限公司组织有关研究机构、设计单位和专家，在充分调研、精心设计、反复论证的基础上，编制完成了“国网新源控股有限公司抽水蓄能电站工程通用设计丛书”，包括开关站分册（上、下）、输水系统进/出水口分册、工艺设计分册及细部设计分册五个分册。

本通用设计坚持“安全可靠、技术先进、保护环境、投资合理、标准统一、运行高效”的设计原则，采用模块化设计手段，追求统一性与可靠性、先进性、经济性、适应性和灵活性的协调统一。该书凝聚了抽水蓄能行业诸多专家和广大工程技术人员的心血和智慧，是公司推行抽水蓄能电站标准化建设的又一重要成果。希望本书的出版和应用，能有力促进和提升我国抽水蓄能电站建设发展，为保障电力供应、服务经济社会发展作出积极的贡献。

2016年4月

前　　言

为贯彻落实科学发展观，服务于构建和谐社会和建设“资源节约型、环境友好型”社会，实现公司“三优两化一核心”发展战略目标，国网新源控股有限公司强化管理创新，推进技术创新，发挥规模优势，深化完善基建标准化建设工作。公司基建部会同公司有关部门，组织华东勘测设计研究院编制完成“国网新源控股有限公司抽水蓄能电站工程通用设计丛书”《细部设计分册》。

“国网新源控股有限公司抽水蓄能电站工程通用设计丛书”《细部设计分册》是国网新源控股有限公司标准化建设成果有机组成部分。本分册涵盖抽水蓄能电站洞口设计部分，入口、门卫及围墙设计部分，厂区零星建筑设计部分，栏杆、护栏设计部分，厂房细部设计，道路护栏及排水沟设计部分，出线设计等八部分内容。每部分均列出了通用设计方案、设计条件及使用说明，并附有完整的方案设计图纸及细部做法。

由于编者水平有限，不妥之处在所难免，敬请读者批评指正。

编者

2016 年 4 月

目　　录

第1篇　总　　论

第1章　概　　述

1.1　通用设计细部设计分册内容

《抽水蓄能电站工程通用设计　细部设计分册》是国家电网公司标准化建设成果的有机组成部分，是国网新源控股有限公司（以下简称国网新源公司）为适应抽水蓄能电站跨区域化发展的需求、满足电站建设开发与生态环境保护、促进抽水蓄能电站和谐建设、迅速提升抽水蓄能电站形象面貌的新举措。细部设计分册的发布将进一步强化国网新源公司抽水蓄能电站工程设计管理，改进抽水蓄能电站设计理念、方法，促进技术创新，逐步推行标准化设计及典型设计，深入贯彻全寿命周期设计理念，全面提高工程设计质量。

细部设计分册的主要内容共分为以下7部分。

（1）洞口设计。主要包括进厂交通洞口洞脸、装饰布置设计，涵盖通风兼安全洞洞口、施工支洞洞口、排水洞洞口等的设计原则和要求。其中，进厂交通洞口设计结合门卫房设计、防恐安保及门禁设施，提供有衬砌段、无衬砌段洞口功能布置南北通用方案各一套供参考。同时根据南北区域差异，设计洞脸装饰南北各两个方案供参考。其他封闭式洞口设计南北各一套方案供参考。

（2）入口、门卫及围墙设计。主要包括电站入口、营地入口、生产区入口及相应门卫室、围墙结构及装修设计。并根据南北区域差异，设计了南方方案及北方方案供参考。

（3）厂区零星建筑设计。厂区零星建筑为除电站主体建筑以外的其他单体建筑，主要包括通风机房、观测房、配电房、排风竖井房等建筑物的建筑风格样式设计、功能要求及使用说明等，设计了南方方案及北方方案供参考。

（4）栏杆、护栏设计。主要为上下库防护栏杆、防浪墙、开关站出线场栏杆等结构设计及要求，设计了南北通用方案供参考。

（5）厂房细部设计。主要包括主厂房、副厂房、主变洞、尾闸洞等厂房重要部位地面、墙面、楼梯踏步、栏杆、结构缝、抗振缝等细部结构设计、施工及质量要求等。

（6）道路护栏及排水沟设计。

（7）出线设计。主要为出线竖井、出线平洞（斜井）等布置方案、设计说明及施工方法等。其中竖井按照2回出线及3回出线各布置了设计方案。出线平洞按照2回及3回出线各布置了设计方案。

1.2　通用设计指导思想

本书内容丰富、涵盖面广，设计方案力求功能性、适用性、经济性并与电站环境融合。各部分设计根据内容不同遵循国家电网公司标准化建设的规定、国网新源公司抽水蓄能电站工程通用设计工作方案的要求开展设计。

1.3　通用设计工作组织

为了加强组织协调工作，成立了抽水蓄能电站工程输水系统进 / 出水口通用设计的工作组、编制组和专家组，分别开展相关工作。

工作组以国家电网公司基建部为组长单位，国网新源公司为副组长单位，编写单位为成员单位，主要负责通用设计总体工作方案策划、组织、指导和协调通用设计研究编制工作。

本通用设计细部设计分册由中国电建集团华东勘测设计研究院有限公司负责设计与编制。

1.4　编制过程

2014 年 4 月 3 日，国网新源公司在北京主持召开了抽水蓄能电站工程通用设计开关站、输水系统进 / 出水口、细部设计启动会，中国电建集团华东勘测设计研究院有限公司承担了通用设计细部设计分册的设计工作。

2014 年 4 月，华东院成立了细部设计分册项目组，并与 5 月完成了细部设计分册工作大纲，10 月完成了细部设计分册初步成果。

2014 年 10 月 23—24 日，国网新源公司组织专家对细部设计分册成果进行了评审，提出了评审意见。

2014 年 12 月，按照评审意见的要求，华东院完成细部设计分册最终成果。

第2篇 方 案

第2章 洞口设计部分

2.1 设计依据

（1）《建筑给水排水设计规范》（GB 50015—2003）（2009年版）。

（2）《建筑设计防火规范》（GB 50016—2006）。

（3）《安全防范工程技术规范》（GB 50348—2004）。

（4）《民用建筑电气设计规范》（JGJ 16—2008）。

（5）《国家电网品牌标识推广应用手册》（第三版）。

（6）《抽水蓄能电站工程现场生产附属（辅助）建筑、生活文化福利设施及永临结合工程设置标准》（新源基建〔2012〕296号）。

（7）《抽水蓄能电站工程现场附属建筑及后方基地设置原则调整意见》（新源基建〔2014〕75号）。

（8）《国家建筑标准设计图集：室外工程》（12J003）。

（9）《国家建筑标准设计图集：围墙大门》（03J001）。

2.2 设计原则

2.2.1 功能优先原则

洞口设计时首先要满足洞口的交通功能，同时设计方案必须考虑洞口的安全管理功能，需要设置大门、门卫以及防恐安保门禁设施。

2.2.2 稳重美观原则

洞口设计时应考虑稳重美观，宜采用稳重大气的色彩和材料，同时外观样式宜规整正气。

2.2.3 简洁通用原则

洞口设计方案须体现简洁性，用最简单的设计语言进行展现。采用标准简洁的施工工艺，便于后期施工和建设，并在一定区域内具备通用性。

2.2.4 经济实用原则

洞口设计要经济实用，应选择方案适用地区常用的材料，采用常规的施工工艺。

2.2.5 环境融合原则

洞口设计必须与山体环境相融合，通过对洞口的装饰设计，具备一定的工业美学形象。

2.3 设计条件及要求

2.3.1 进厂交通洞洞口设计

2.3.1.1 设计条件

根据国网新源公司洞口通用设计标准，本次通用设计采用的进厂交通洞设计条件为净断面洞口尺寸为7.8m×7.8m（宽 × 高），最大坡度不超过8%，为城门洞型。结合相关工程实例，场地环境考虑为开挖型。垂直洞口两侧开挖边坡在靠近洞口处的坡脚距离洞口外边缘至少6m及以上，以保证洞口门卫房的设置。进厂交通洞平面及立面布置图如图2-1、图2-2所示。

2.3.1.2 设计要求

进厂交通洞作为进入地下厂房的重要通道，是进入电站核心的入口。洞口设计首先要满足安全性要求，在洞口设置门卫及防恐安保门禁设施，确保地下厂房安全。洞口设计要体现一定形象要求，结合工程措施对洞口装饰、门卫等进行必要的形象提升，使其在融入到周边环境的同时展现企业形象。

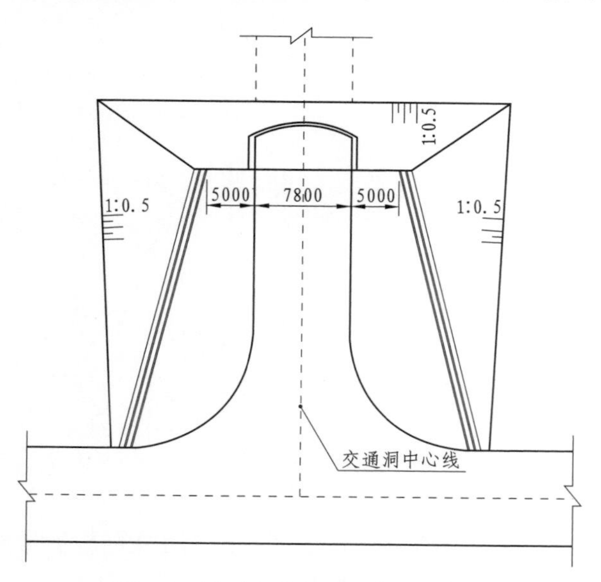

图2-1 进厂交通洞平面布置示意图

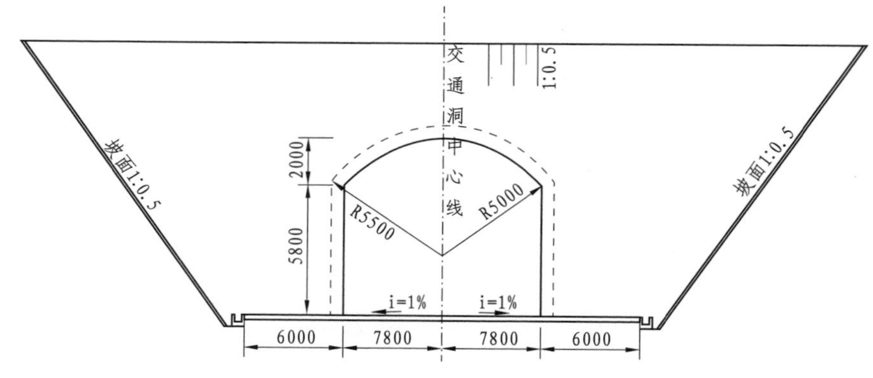

图2-2 进厂交通洞立面布置示意图

进厂交通洞洞口上方需设置“进厂交通洞”标识牌（图2-3），字体一般采用黑体，颜色为新源标准色（C100M5Y50K40, PANTONE3292C），字高60cm。

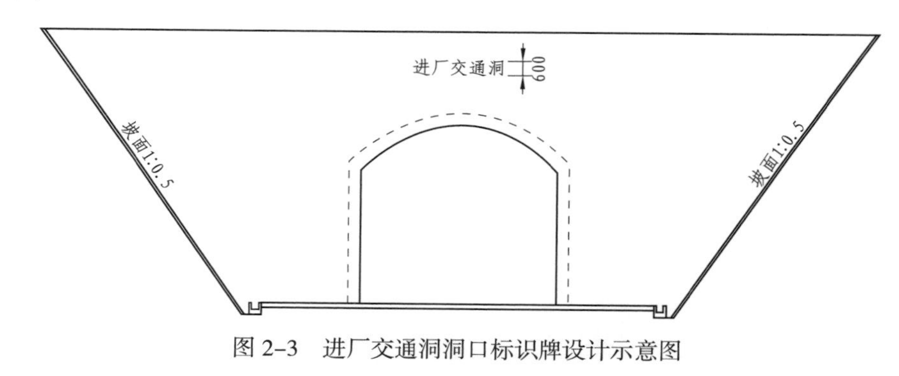

图2-3 进厂交通洞洞口标识牌设计示意图

2.3.2 其他洞口设计

2.3.2.1 设计条件

其他洞口主要指通风兼安全洞洞口、施工支洞洞口、排水洞洞口等。根据国网新源公司相关规范，本次通用设计拟采用的通风兼安全洞设计条件为净断面7.0m×6.5m（宽 × 高），最大坡度不超过9%，为城门洞型（图2-4）。施工支洞以及排水洞以实际尺寸为准。

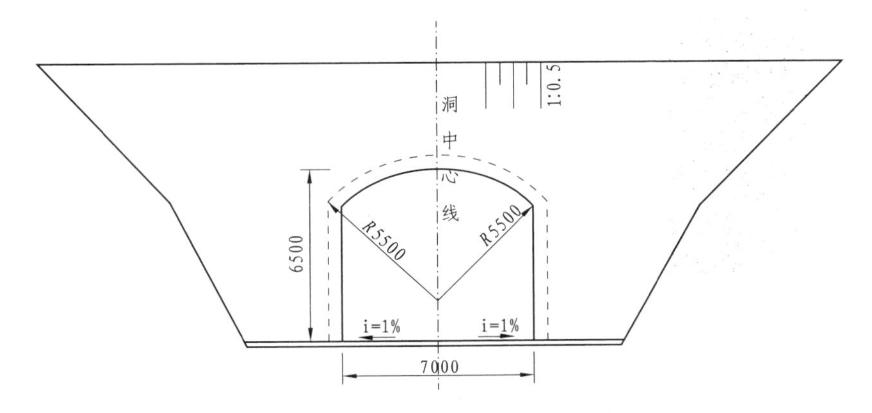

图 2-4　通风兼安全洞立面布置示意图

2.3.2.2　设计要求

通风兼安全洞洞口、施工支洞、排水洞等，需要进行封闭式管理。其中通风兼安全洞洞口设计应考虑行车和人行需要，施工支洞主要考虑行车需要，排水洞主要考虑人行需要。

其他洞口的铭牌设计可采用不锈钢挂牌，字体一般采用黑体，字体色彩采用新源标准色（C100M5Y50K40，PANTONE3292C），尺寸根据洞口大小进行制定。

2.4　方案设计总体说明

在本洞口通用设计中，以给定的洞口尺寸为基础设计，设计主要内容包括方案设计说明、主要材料说明、使用说明三部分。

进厂交通洞洞口设计主要考虑两种形式：有衬砌段和无衬砌段。根据进厂交通洞安防与管理要求，设计形成进厂交通洞南北通用型功能布置方案，并针对南方及北方的区域环境及建筑风格特点对进厂交通洞洞脸进行设计，形成南北各两个方案，材料上主要为混凝土、不锈钢、涂料等。其他洞口设计南方及北方各一个方案供选择，材料上主要为混凝土、涂料、不锈钢等。

在具体的工程设计中，应综合考虑各方面的因素，在设计时应符合现有国家、行业标准相关内容。对于不同的抽水蓄能电站，设计方案应根据进厂交通洞实际尺寸、洞前边坡地质及环境条件、不同地域的特点进行优化调整。

2.5　进厂交通洞功能布置及洞脸设计方案

2.5.1　进厂交通洞南北通用型功能布置方案

2.5.1.1　有衬砌段进厂交通洞南北通用型功能布置方案

（1）方案设计说明。洞脸与衬砌段一体设计，衬砌段局部架空，结合门卫、不锈钢隔离栅、安防系统等设置全封闭的洞口空间。由外至内分别设置伸缩门、智能升降柱（防爆桩）、不锈钢大门等安防措施。内部员工进入采用门禁系统控制。在交通流线组织上采用人车分流：车辆从正面进入，人行绕过洞脸，行至门卫房侧，刷门禁卡进入。整体平面布局为，左右两侧布置一层建筑（门卫房与配套用房），建筑单体控制在4m×6.5m左右，进深4m，面宽6.5m，建筑距离进洞道路边界为1.5m。进洞前方设置洞脸墙，洞脸墙距离建筑山墙面控制在1.5m左右。

（2）使用说明。方案南北方通用，主要适用进厂交通洞洞口场地相对宽敞的工程。在使用时，平面功能布置不可改变，尺寸可根据实际工程做适当的调整。

功能平面布置方案见图2-5和图2-6。

2.5.1.2　无衬砌段进厂交通洞南北通用型功能布置方案

（1）方案设计说明。洞脸单独设计，利用洞脸与洞口之间的空间，结合门卫、不锈钢隔离栅、安防系统等设置全封闭的洞口空间。由外至内分别设置伸缩门、智能升降柱（防爆桩）、不锈钢大门等安防措施。内部员工进入采用门禁系统控制。在交通流线组织上采用人车分流，车辆从正面进入，人行绕过洞脸，行至门卫房侧，刷门禁卡进入。整体平面布局为，左右两侧布置一层建筑（门卫房与配套用房），建筑单体控制在4m×6.5m左右，进深4m，面宽6.5m，建筑距离进洞道路边界为1.5m。进洞前方设置洞脸墙，洞脸墙距离建筑山墙面控制在1.5m左右。

（2）使用说明。方案南北方通用，主要适用进厂交通洞洞口用地相对紧张的工程。在使用时，平面功能布置不可改变，尺寸可做适当的调整。

功能平面布置方案见图2-7、图2-8。

2.5.2 进厂交通洞洞脸南方方案一

（1）方案设计说明。在洞口有衬砌段通用型功能布置方案的基础上对洞脸进行建筑样式设计。设计提取南方传统民居的风格样式，运用白墙、灰瓦、小青瓦、灰瓦压顶等元素。设计以白色墙体为主体，顶部进行深灰色压顶，同时在两侧设置竖向造型线条，整体展现南方民居建筑形象。考虑门卫房管理人员的视线要求，在洞脸墙两侧设置镂空的玻璃窗造型。洞脸两侧设置门卫房和配套用房，建筑样式与洞脸样式统一，采用坡屋顶，靠近洞脸侧山墙高度适当加高，使之与洞脸高度比和谐。

门卫房与配套用房见图2-21～图2-25。

（2）主要材料说明。洞脸墙体根据造型整体采用钢筋混凝土现浇，外侧刷涂料，主要涂料色彩有灰白色、深灰色、黑色等。在两侧竖向线条装饰的中间，点缀小青瓦贴面装饰。

封闭式玻璃窗采用铝合金窗。

洞铭牌采用钢筋混凝土现浇，深灰色涂料和灰白色涂料装饰。铭牌根据国网新源公司标识标准贴亚克力材料字体。

（3）使用说明。本方案适用于南方地区。在使用时，造型色彩原则上保持不变，建筑材料可根据当地建材市场的采购条件做适当调整，原则上不得使用石材、真石漆，以涂料为主。尺寸可根据进场交通洞洞口实际尺寸进行相应的修改。

进厂交通洞洞脸南方方案一见图2-9～图2-11。

2.5.3 进厂交通洞洞脸南方方案二

（1）方案设计说明。在洞口无衬砌段通用型功能布置方案的基础上对洞脸进行建筑样式设计。设计采用现代大气的手法，以暖色涂料方格画线为背景墙体。顶部进行线条压顶，同时在洞口两侧设置两条竖向线条，构建门帘形象，整体展现现代简洁的形象。考虑门卫房管理人员的视线要求，在洞脸墙两侧设置镂空的玻璃窗造型。洞脸两侧设置门卫房和配套用房，建筑样式与洞脸样式统一，采用坡屋顶。

门卫房与配套用房见图2-21～图2-25。

（2）主要材料说明。洞脸墙体根据造型整体采用钢筋混凝土现浇，外侧刷涂料，主要涂料色彩有浅黄色、红褐色等。

封闭式玻璃窗采用铝合金窗。

洞铭牌根据国网新源公司标识标准贴亚克力材料字体。

（3）使用说明。本方案适用于南方地区。在使用时，造型色彩原则上保持不变，建筑材料可根据当地建材市场的采购条件做适当调整，原则上不得使用石材、真石漆，以涂料为主。尺寸可根据进场交通洞洞口实际尺寸进行相应的修改。

进厂交通洞洞脸南方方案二见图2-12～图2-14。

2.5.4 进厂交通洞洞脸北方方案一

（1）方案设计说明。在洞口有衬砌段通用型功能布置方案的基础上对洞脸进行建筑样式设计。设计以“门”作为设计理念，通过两个规整的“门”字形框，作为洞脸主体墙体，强调入口概念，体现大气稳重形象。整体采用暖色调，通过浅黄色、红褐色涂料进行展现。考虑门卫房管理人员的视线要求，在洞脸墙两侧设置镂空的玻璃窗造型。洞脸两侧设置门卫房和配套用房，建筑样式与洞脸样式统一，采用坡屋顶。

门卫房与配套用房见图2-21～图2-25。

（2）主要材料说明。洞脸墙体根据造型整体采用钢筋混凝土现浇，外侧刷涂料，主要涂料色彩有浅黄色、米黄色等。

封闭式玻璃窗采用铝合金窗。

洞铭牌采用钢筋混凝土现浇，浅黄色涂料和米黄色涂料装饰。铭牌根据国网新源公司标识标准贴亚克力材料字体。

（3）使用说明。本方案适用于北方地区。在使用时，造型色彩原则上保持不变，建筑材料可根据当地建材市场的采购条件做适当调整，原则上不得使用石材、真石漆，以涂料为主。尺寸可根据进场交通洞洞口实际工程尺寸进行相应的修改。

进厂交通洞北方方案一见图 2-15 ～图 2-17。

2.5.5 进厂交通洞洞脸北方方案二

（1）方案设计说明。在洞口无衬砌段通用型功能布置方案的基础上对洞脸进行建筑样式设计。设计以北方的城墙为形象载体进行简化，东墙两侧设计一定的斜度。立面上形成三个层次，顶部采用黄褐色压顶，上部采用浅黄色涂料风格画线装饰，下部采用黄褐色涂料画线装饰，体现厚重感。考虑门卫房管理人员的视线要求，在洞脸墙两侧设置镂空的玻璃窗造型。洞脸两侧设置门卫房和配套用房，建筑样式与洞脸样式统一，采用坡屋顶。

门卫房与配套用房见图 2-21 ～图 2-25。

（2）主要材料说明。洞脸墙体根据造型整体采用钢筋混凝土现浇，外侧刷涂料，主要涂料色彩有黄褐色、浅黄色等。

封闭式玻璃窗采用铝合金窗。

洞铭牌采用钢筋混凝土现浇，黄褐色涂料和浅黄色涂料装饰。铭牌根据国网新源公司标识标准贴亚克力材料字体。

（3）使用说明。本方案适用于北方地区。在使用时，造型色彩原则上保持不变，建筑材料可根据当地建材市场的采购条件做适当调整，原则上不得使用石材、真石漆，以涂料为主。尺寸可根据进场交通洞洞口实际工程尺寸进行相应的修改。

进厂交通洞北方方案二见图 2-18 ～图 2-20。

2.6 其他洞口设计方案使用说明

2.6.1 南方设计方案

（1）方案设计说明。以通风兼安全洞为例，其他洞口根据尺寸进行相应的微调。洞脸基础采用钢筋混凝土形成垂直面，在面上和洞顶进行土黄色塑石塑形，整体体现生态性。洞口进行封闭式管理，采用不锈钢格栅门。考虑车行以及人行的需要，在不锈钢格栅门的基础上开设小门，便于管理。

施工支洞洞门以车行为主，不设置人行小门。排水洞以人行为主，设置小门。其余施工洞口均采取封闭管理。

（2）主要材料说明。洞脸采用土黄色塑石；洞口格栅门采用不锈钢材质。

（3）使用说明。本方案适用于南方地区。在使用时，风格样式原则上保持不变，具体尺寸可根据洞口实际尺寸进行相应的修改。格栅门材料不可变，格栅门的样式可根据实际工程需要进行微调，但整体风格以简洁、大方，便于管理维护为主。

其他洞口南方方案见图 2-26 ～图 2-29。

2.6.2 北方设计方案

（1）方案设计说明。以通风兼安全洞为例，其他洞口根据尺寸进行相应的微调。洞脸基础采用钢筋混凝土形成垂直面，在面上和洞顶进行青灰色塑石造型，使之与周边山体相融。整个洞口进行封闭式管理，采用不锈钢格栅门。

考虑车行以及人行的需要，在不锈钢格栅门的基础上开设小门，便于管理。

施工支洞洞门以车行为主，不设置人行小门。排水洞以人行为主，设置小门。其余施工洞口均采取封闭管理。

（2）主要材料说明。洞脸采用青灰色塑石塑形；洞口格栅门采用不锈钢材质。

（3）使用说明。本方案适用于北方地区。在使用时，风格样式原则上保持不变，具体尺寸可根据洞口实际尺寸进行相应的修改。格栅门材料不可变，格栅门的样式根据实际工程进行微调，但整体风格以简洁、大方，便于管理维护为主。

其他洞口北方方案图纸见图 2-30 ～图 2-32；其中格栅门同南方方案，见图 2-29。

2.7 设计图

设计图目录见表 2-1。

表 2-1　　设计图目录

序号	图　名	图　号
1	有衬砌段进厂交通洞功能平面图（南北通用方案）	图 2-5、图 2-6
2	无衬砌段进厂交通洞功能平面图（南北通用方案）	图 2-7、图 2-8
3	进厂交通洞洞脸设计图（进厂交通洞洞脸南方方案一）	图 2-9 ~ 图 2-11
4	进厂交通洞洞脸设计图（进厂交通洞洞脸南方方案二）	图 2-12 ~ 图 2-14
5	进厂交通洞洞脸设计图（进厂交通洞洞脸北方方案一）	图 2-15 ~ 图 2-17
6	进厂交通洞洞脸设计图（进厂交通洞洞脸北方方案二）	图 2-18 ~ 图 2-20
7	进厂交通洞洞口门卫房（南北通用方案）设计图	图 2-21 ~ 图 2-23
8	进厂交通洞洞口门卫房配套用房（南北通用方案）设计图	图 2-24 ~ 图 2-25
9	通风兼安全洞设计图（其他洞口南方方案）	图 2-26 ~ 图 2-28
10	各类洞口格栅门设计图（其他洞口南方方案）	图 2-29
11	通风兼安全洞设计图（其他洞口北方方案）	图 2-30 ~ 图 2-32

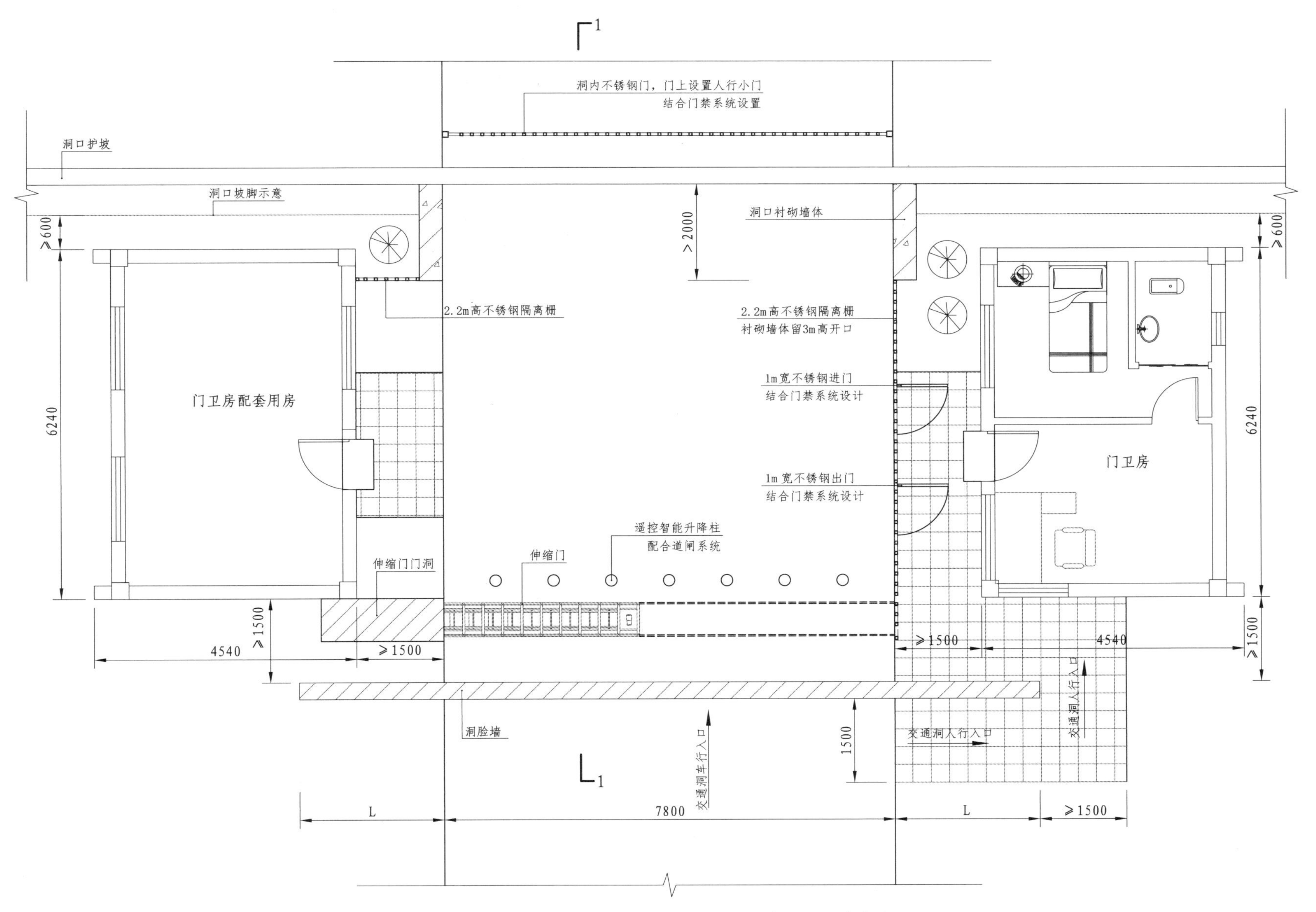

图 2-5 有衬砌段进厂交通洞功能平面图（南北通用方案）

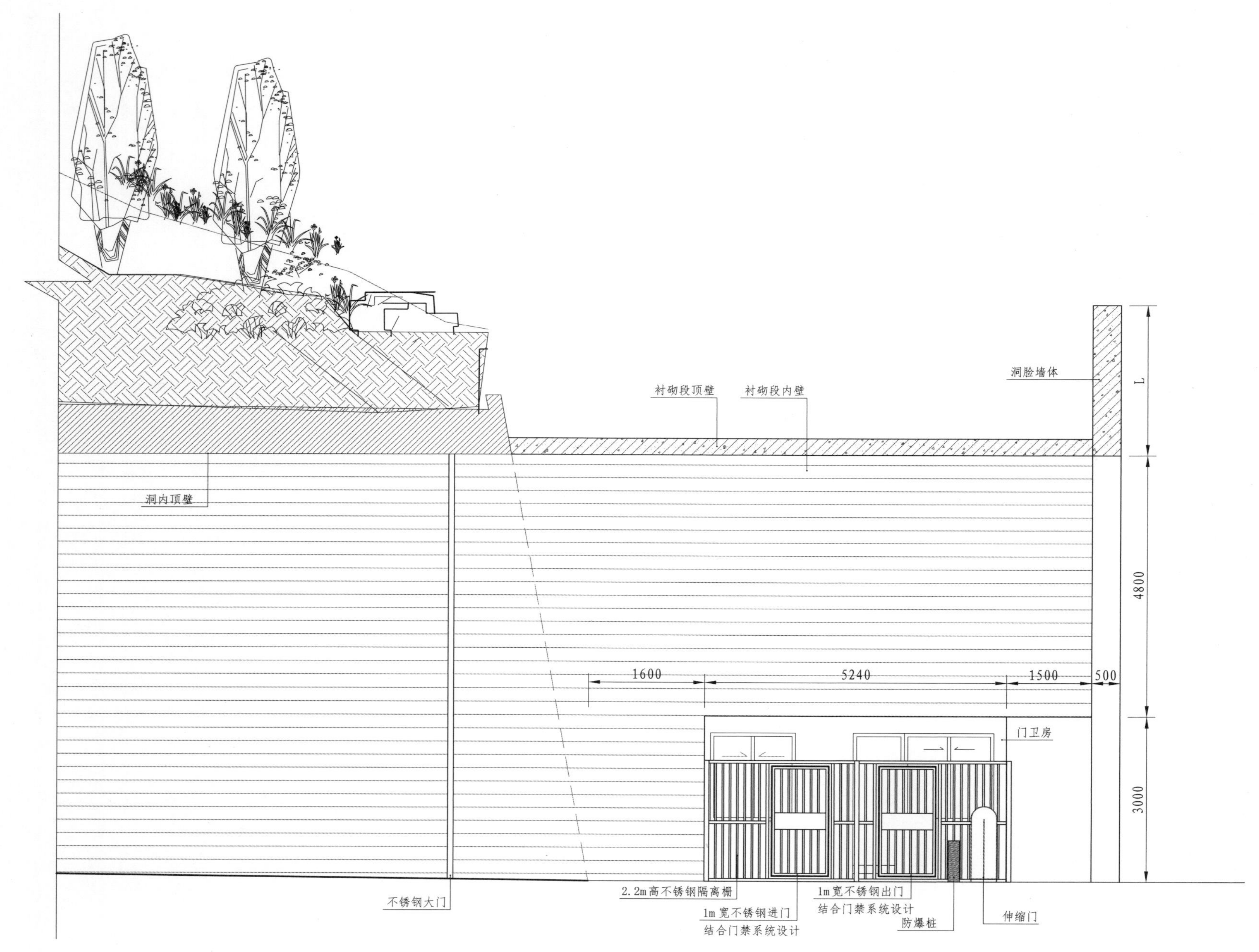

图 2-6　有衬砌段进厂交通洞功能 1—1 剖面图（南北通用方案）

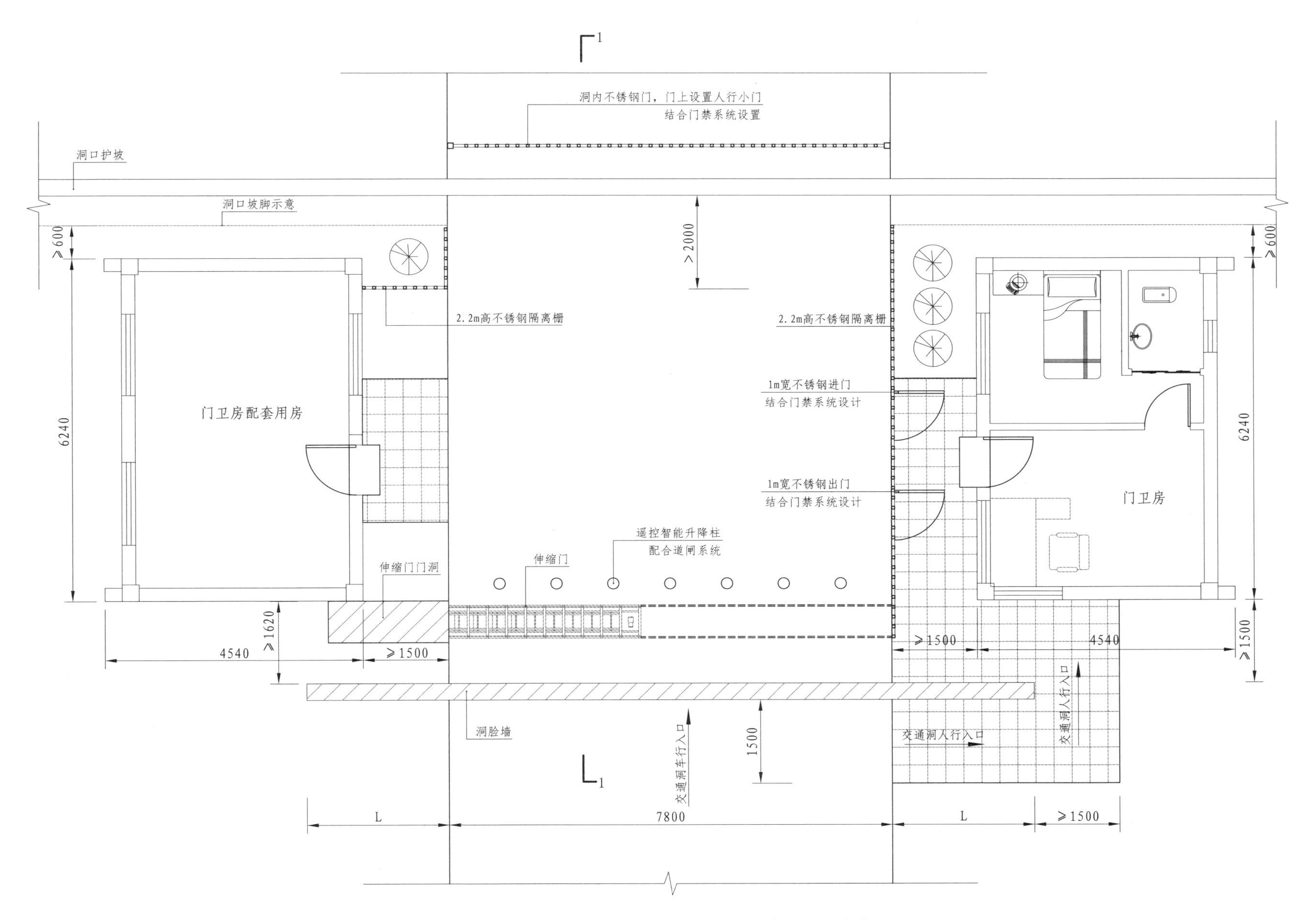

图 2-7　无衬砌段进厂交通洞功能平面图（南北通用方案）

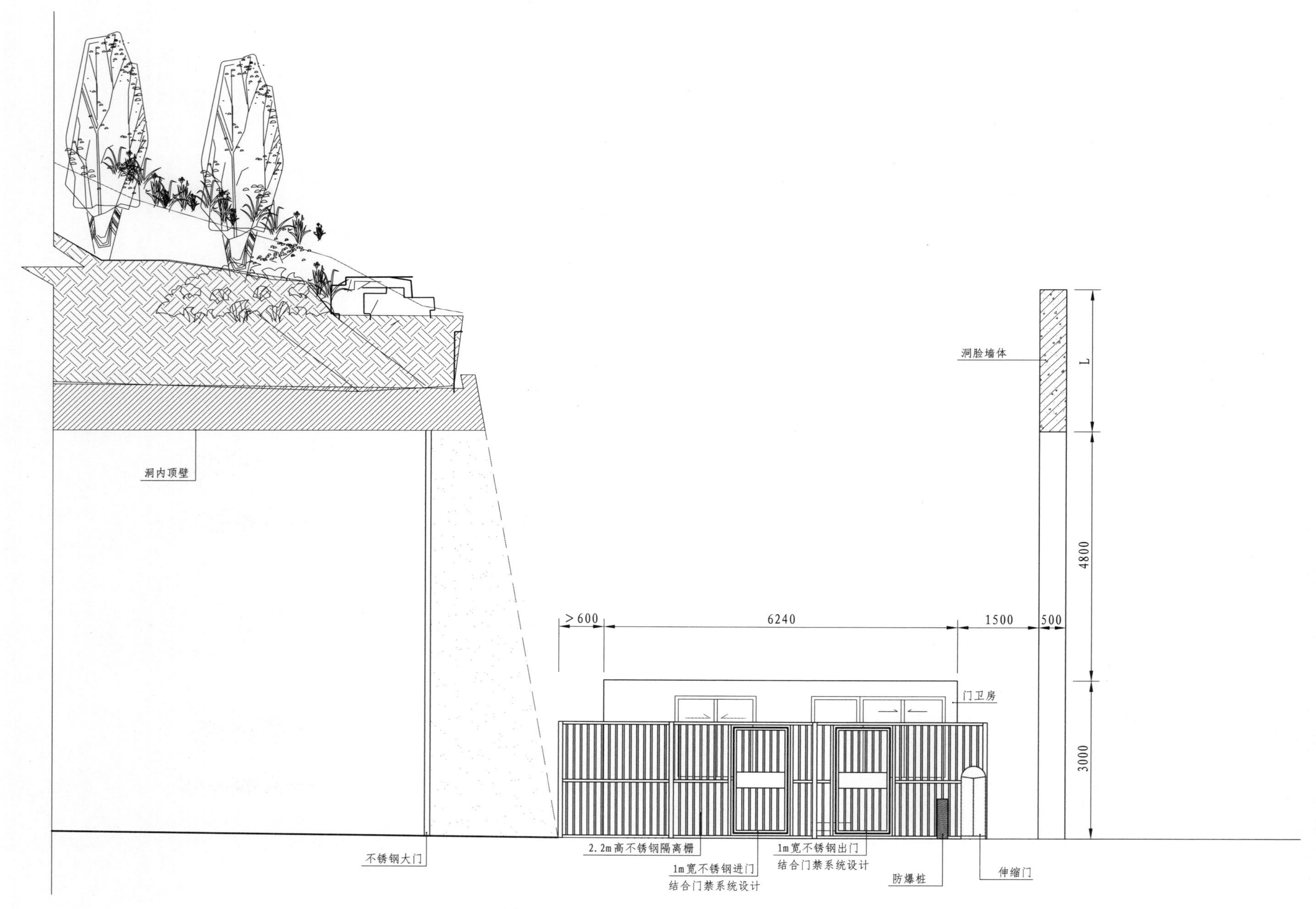

图 2-8　无衬砌段进厂交通洞功能 1-1 剖面图（南北通用方案）

图 2-9　进厂交通洞洞脸效果图（进厂交通洞洞脸南方方案一）

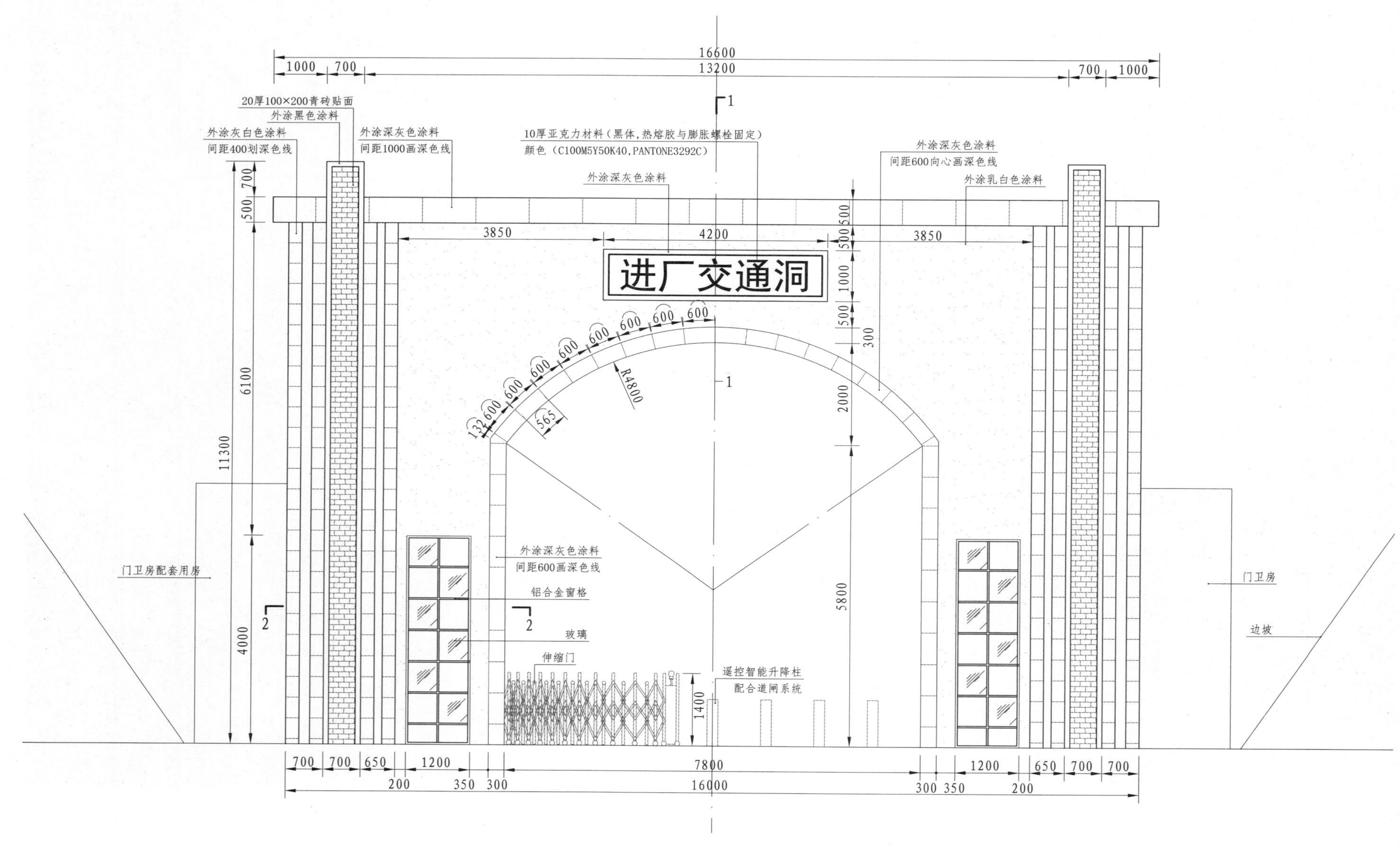

图 2-10　进厂交通洞洞脸正立面图（进厂交通洞洞脸南方方案一）

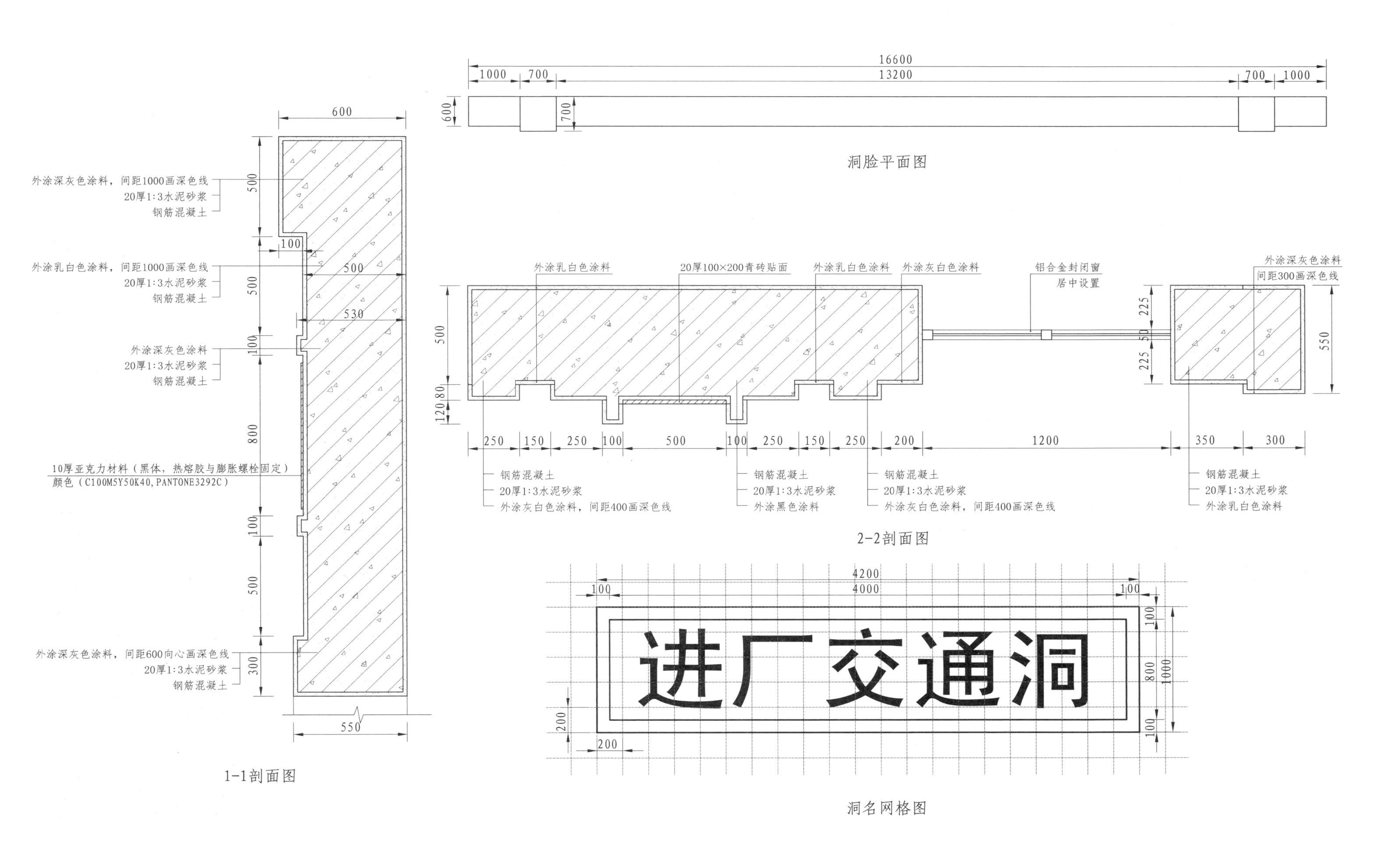

图 2-11　洞脸平面、1-1 剖面图、2-2 剖面图及洞名网格图（进厂交通洞洞脸南方方案一）

图 2–12　进厂交通洞洞脸效果图（进厂交通洞洞脸南方方案二）

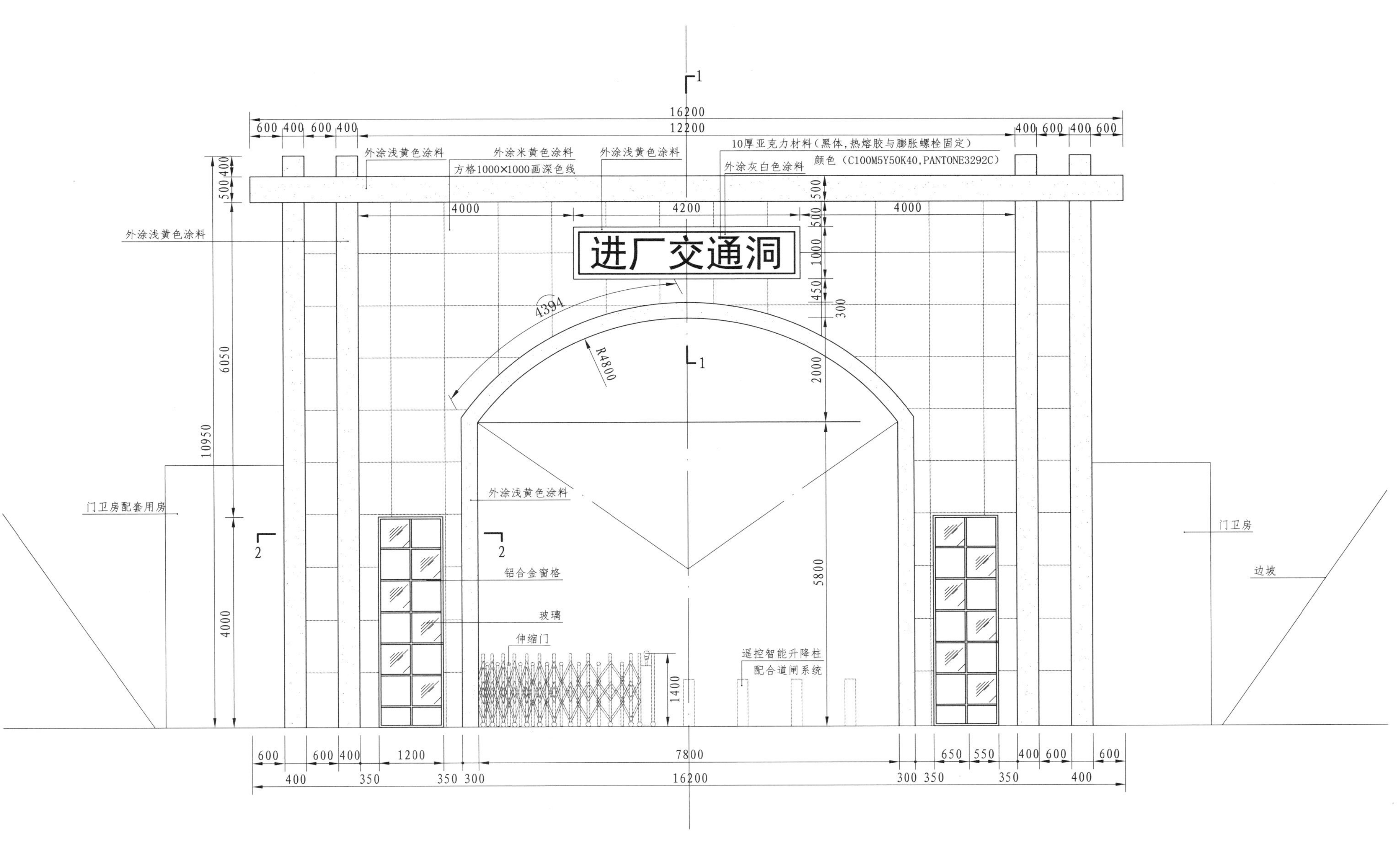

图 2-13　进厂交通洞洞脸正立面图（进厂交通洞洞脸南方方案二）

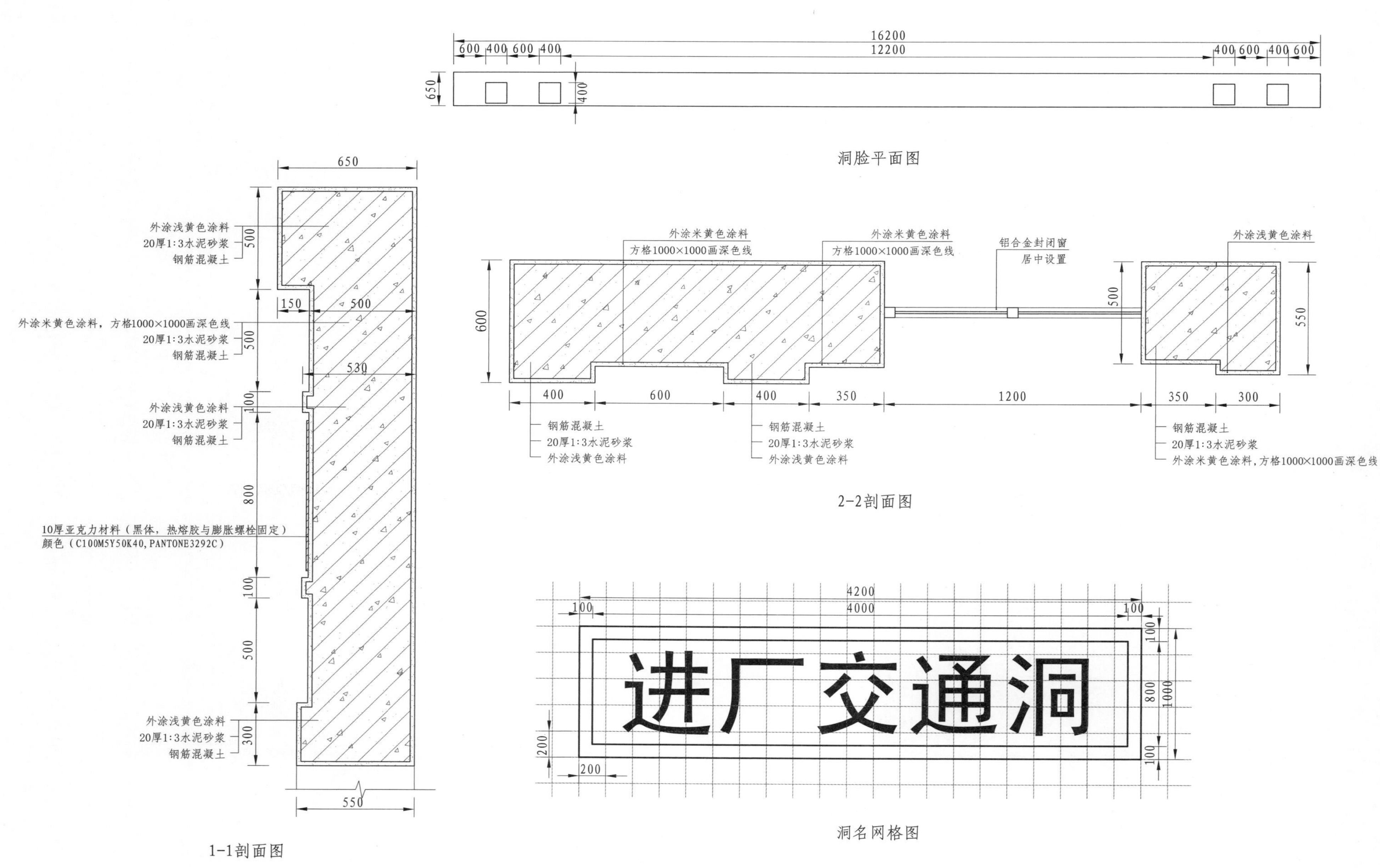

图 2-14 洞脸平面图、1-1 剖面图、2-2 剖面图及洞名网格图（进厂交通洞洞脸南方方案二）

图 2–15　进厂交通洞洞脸效果图（进厂交通洞洞脸北方方案一）

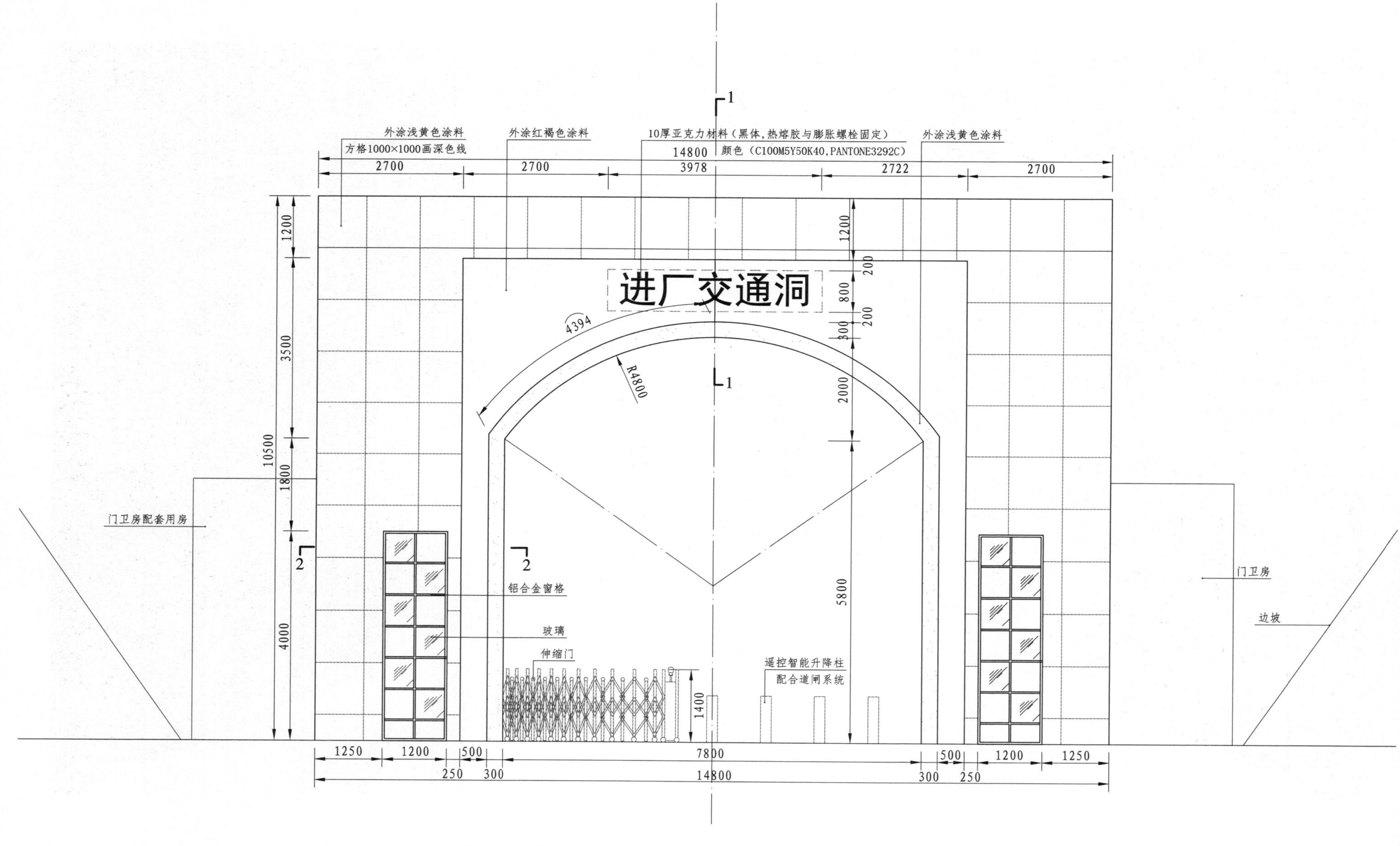

图 2-16　进厂交通洞洞脸正立面图（进厂交通洞洞脸北方方案一）

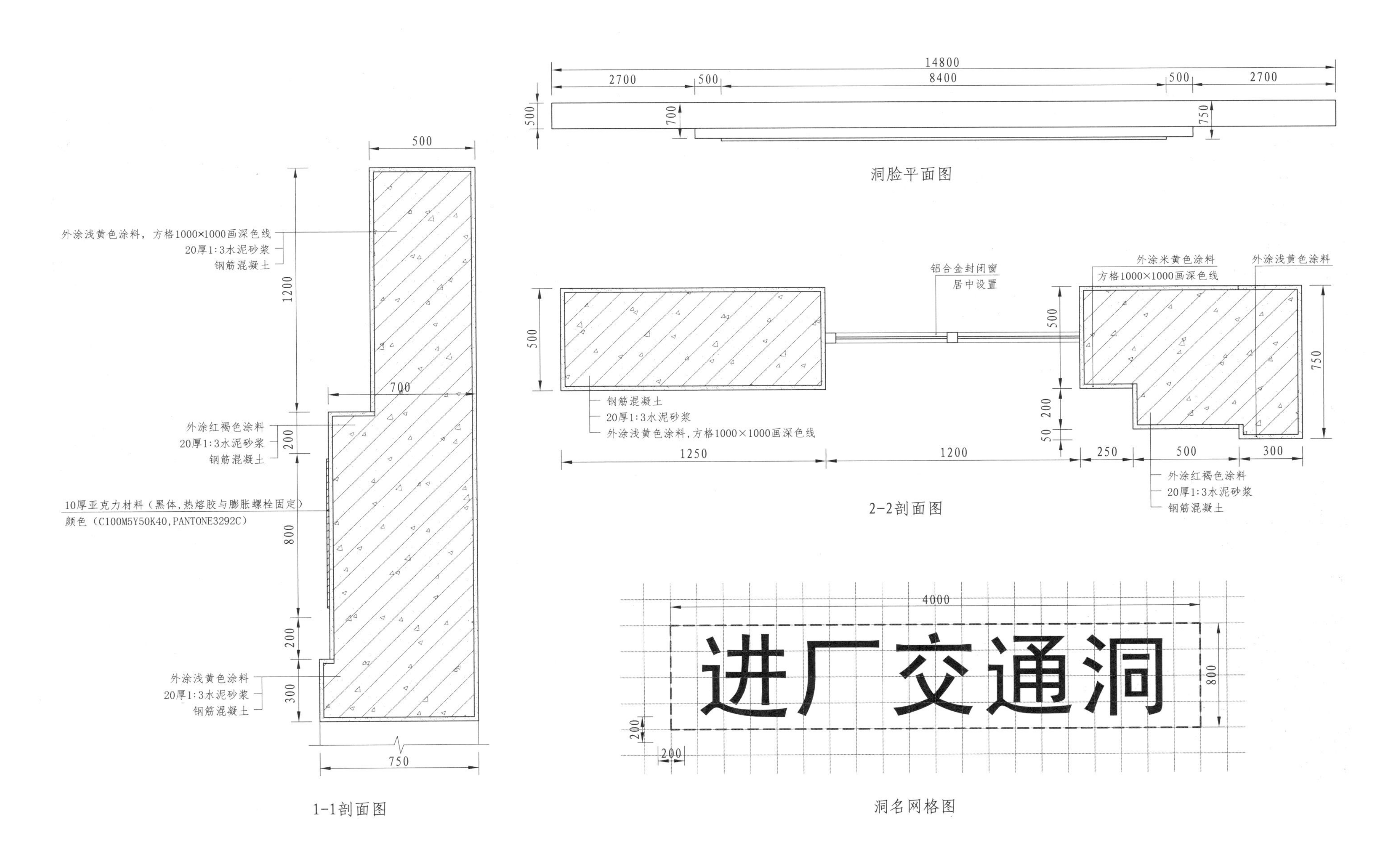

图 2-17　洞脸平面图、1-1 剖面图、2-2 剖面图及洞名网格图（进厂交通洞洞脸北方方案一）

图 2–18　进厂交通洞洞脸效果图（进厂交通洞洞脸北方方案二）

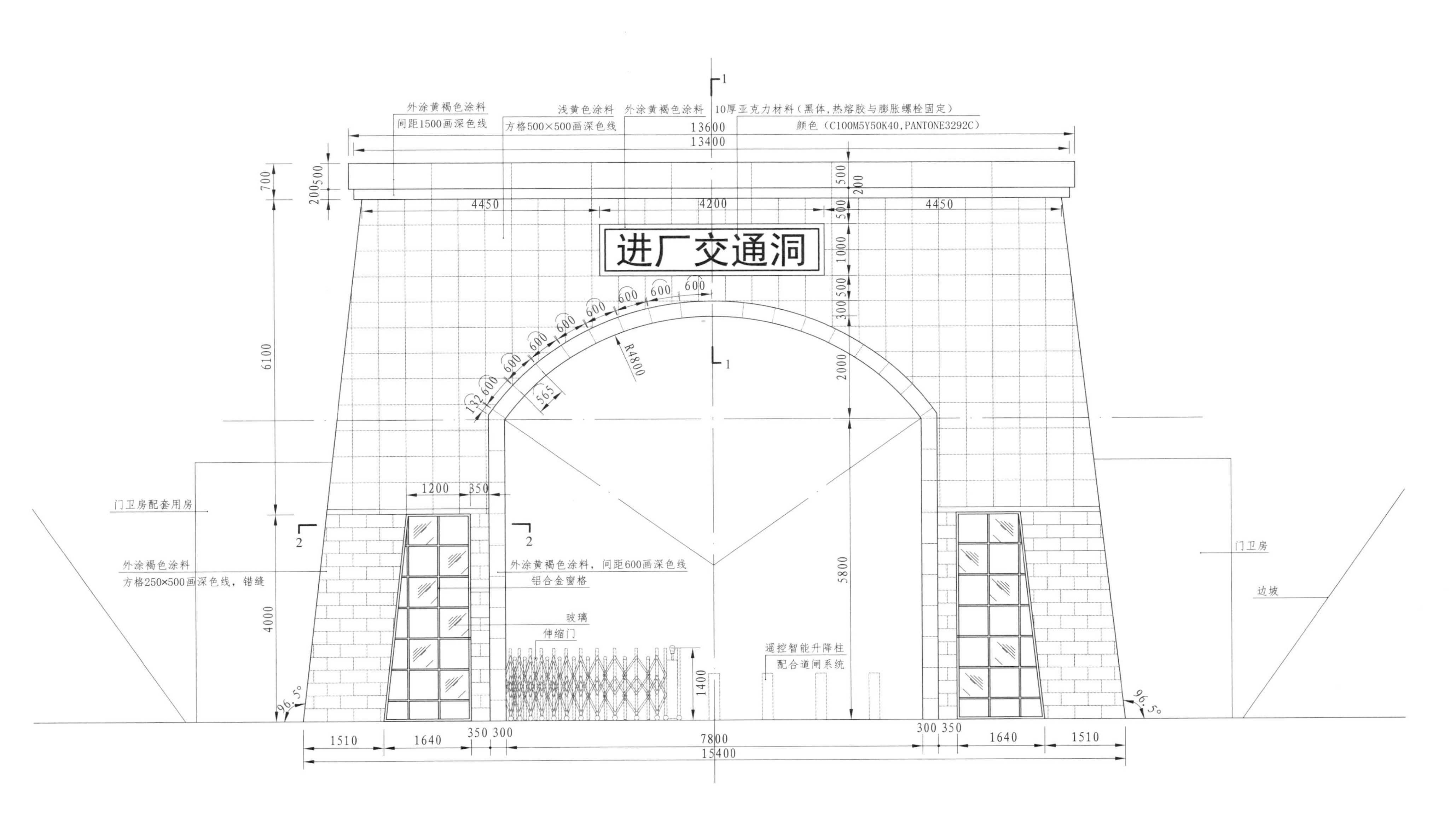

图 2-19　进厂交通洞洞脸正立面图（进厂交通洞洞脸北方方案二）

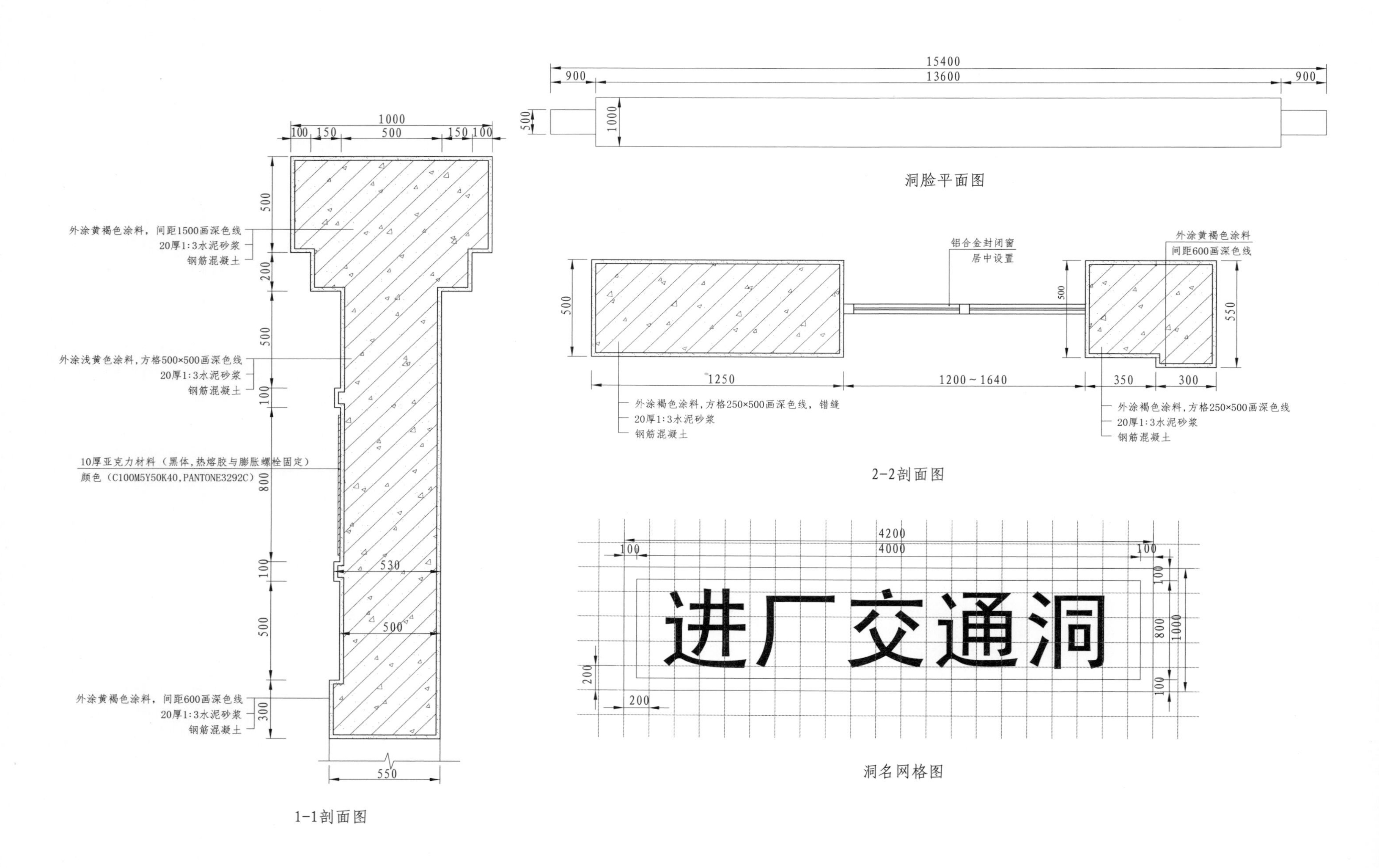

图 2-20　洞脸平面图、1-1 剖面图、2-2 剖面图及洞名网格图（进厂交通洞洞脸北方方案二）

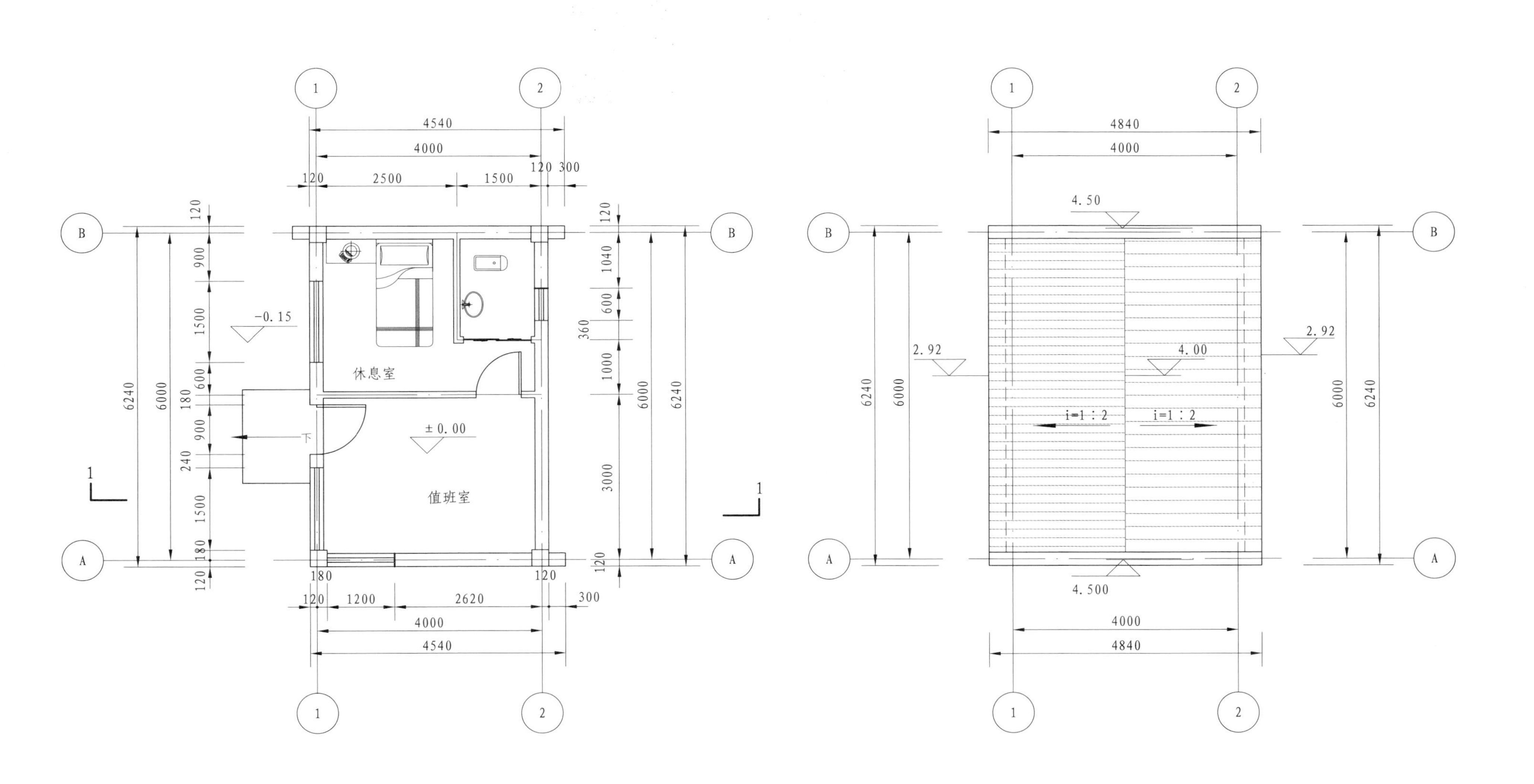

图 2-21　进厂交通洞洞口门卫房（南北通用方案）平面图（建筑面积：26.46m²）

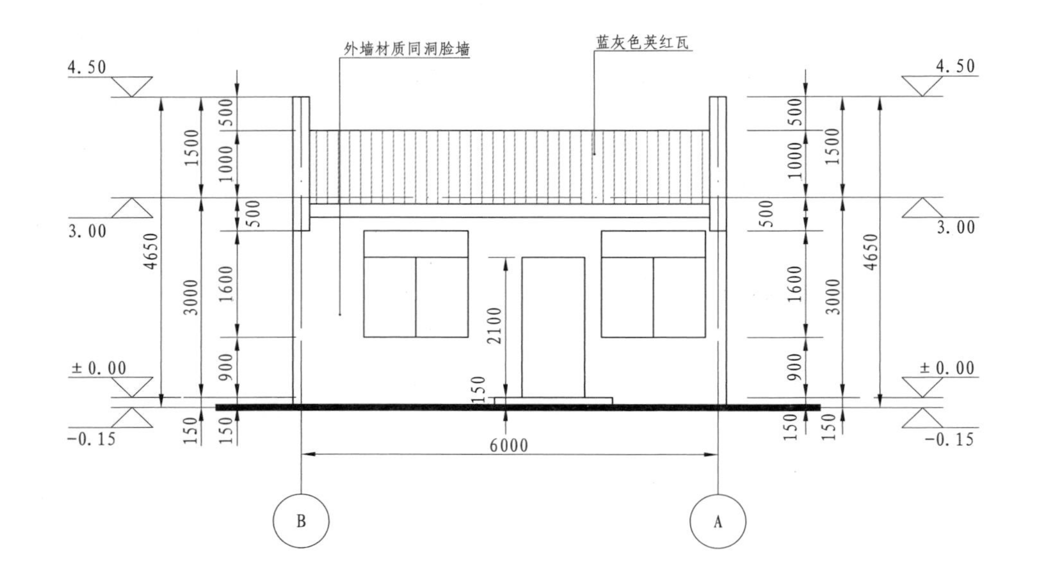

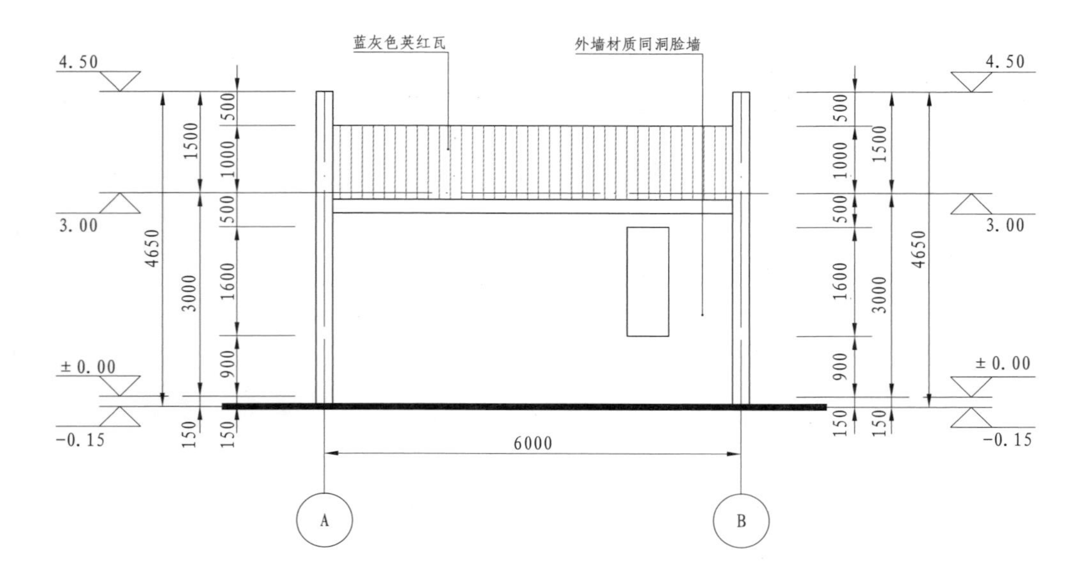

图 2-22 进厂交通洞洞口门卫房（南北通用方案）B-A、A-B 轴立面图

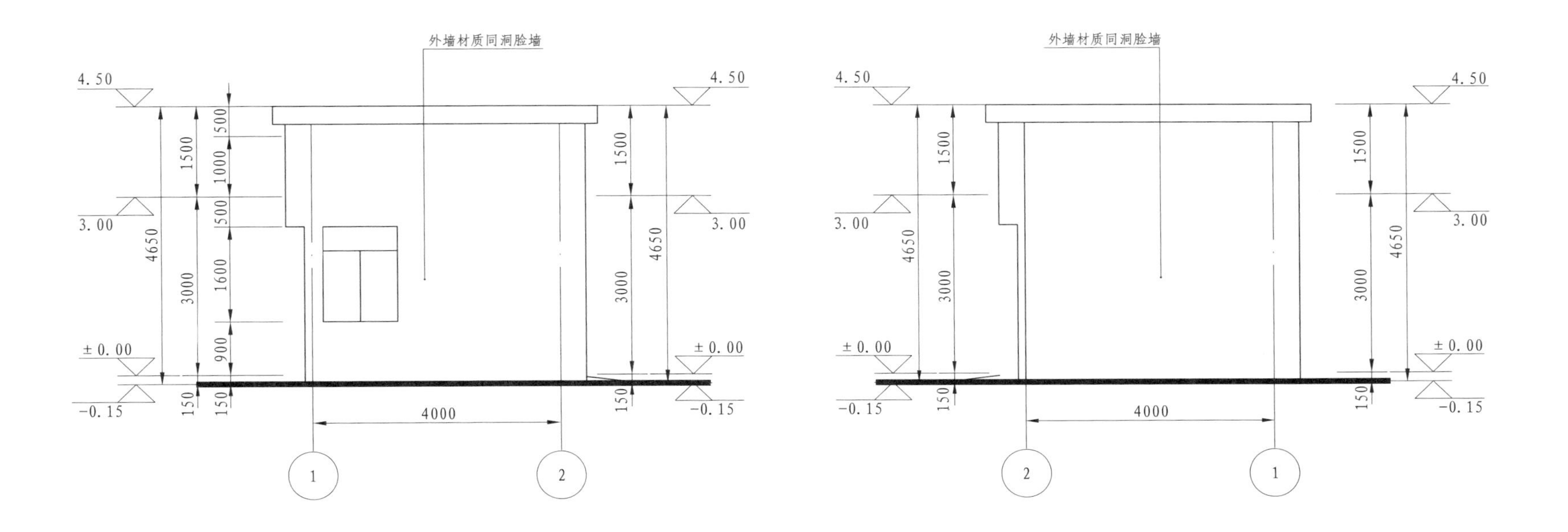

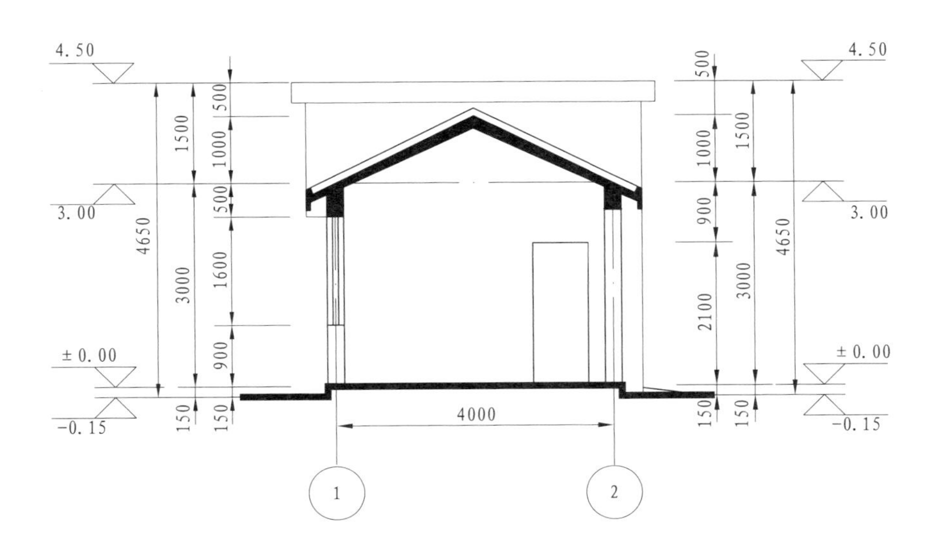

图 2-23　进厂交通洞洞口门卫房（南北通用方案）立面图、剖面图

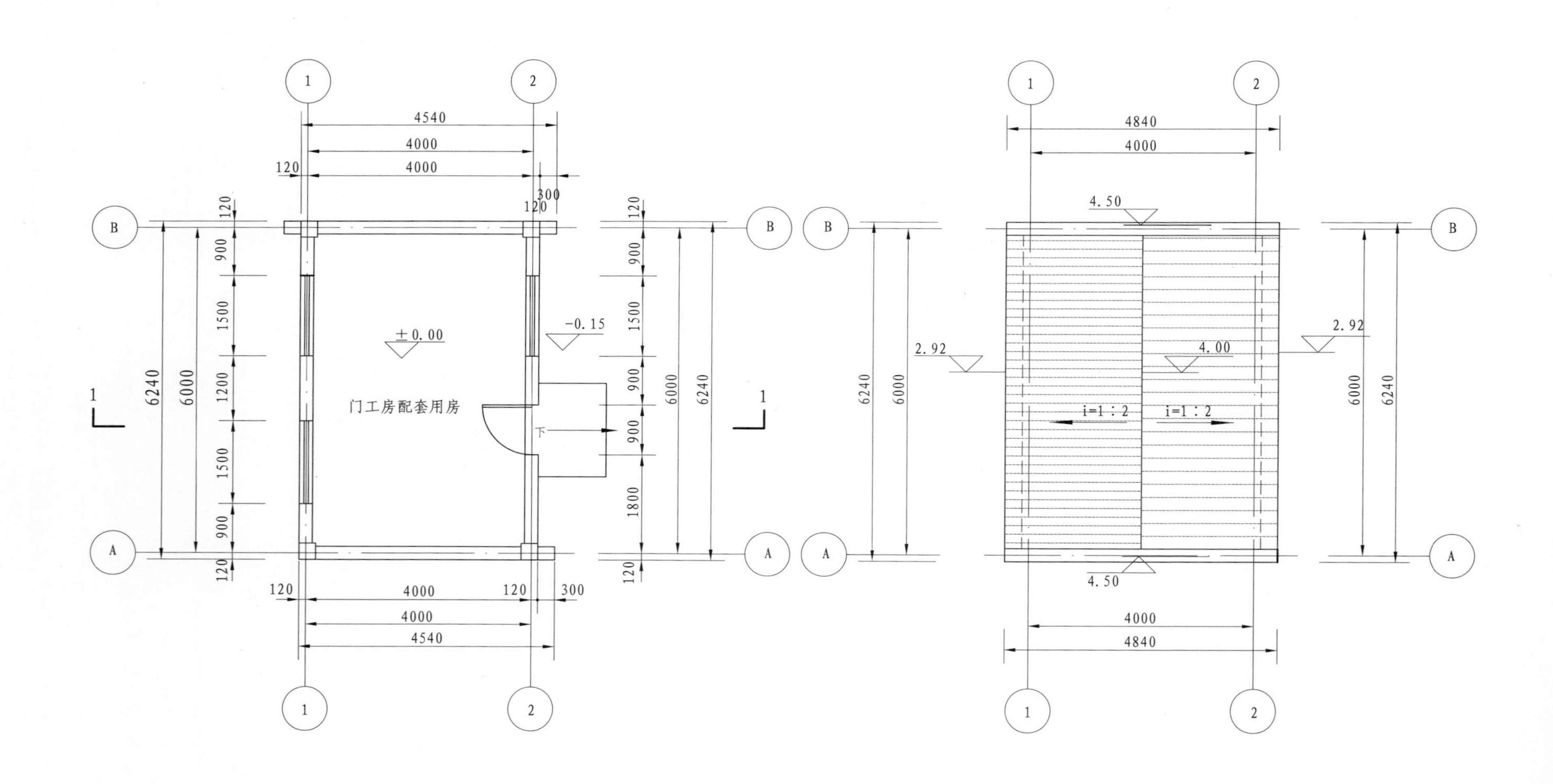

图 2-24　进厂交通洞洞口门卫房配套用房（南北通用方案）平面图（建筑面积：26.46m²）

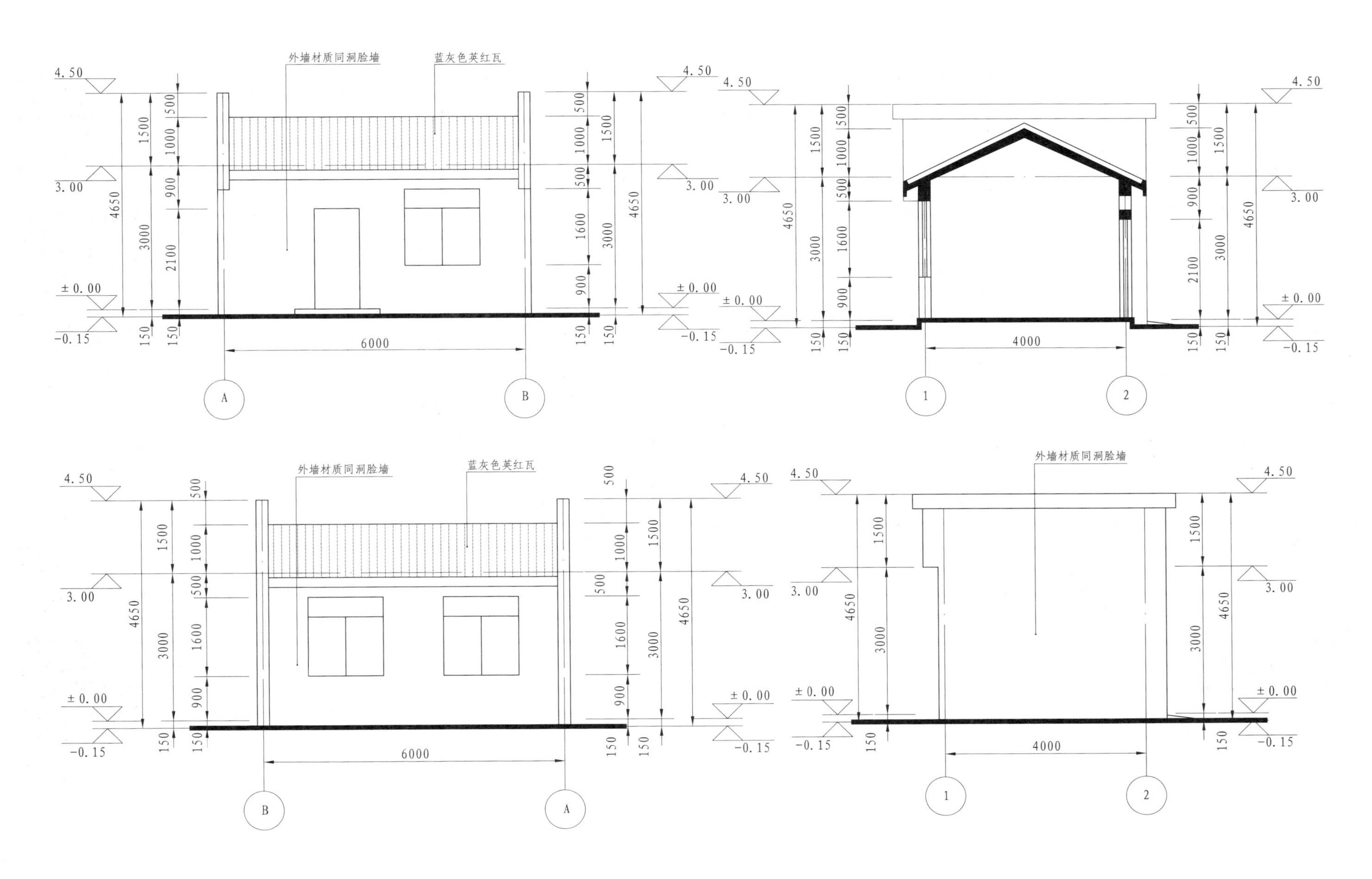

图 2-25 进厂交通洞洞口门卫房配套用房（南北通用方案）立面图、剖面图

注：本图为其他洞口设计，以通风兼安全洞为例。

图 2-26　通风兼安全洞效果图（其他洞口南方方案）

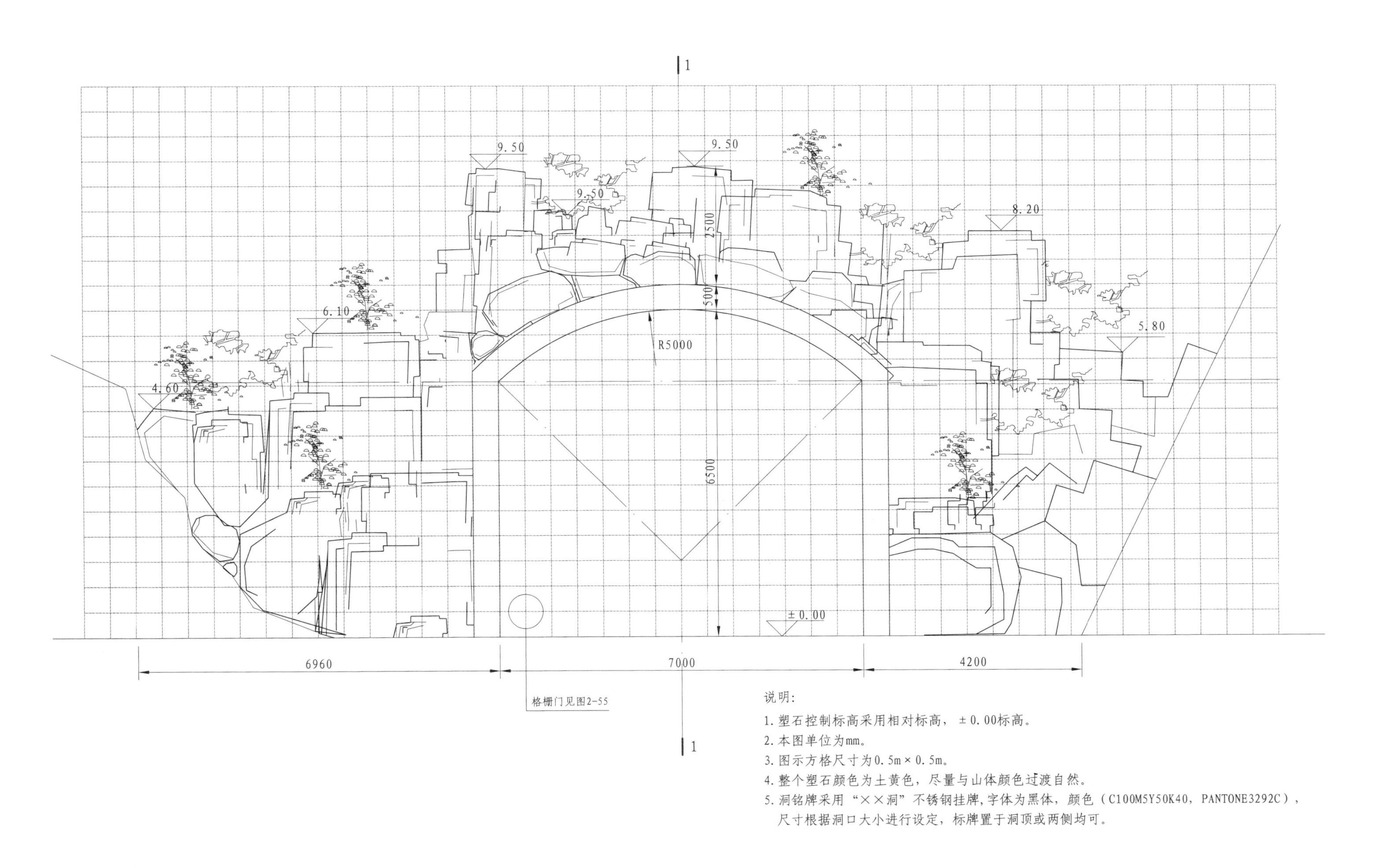

图 2-27　通风兼安全洞立面图（其他洞口南方方案）

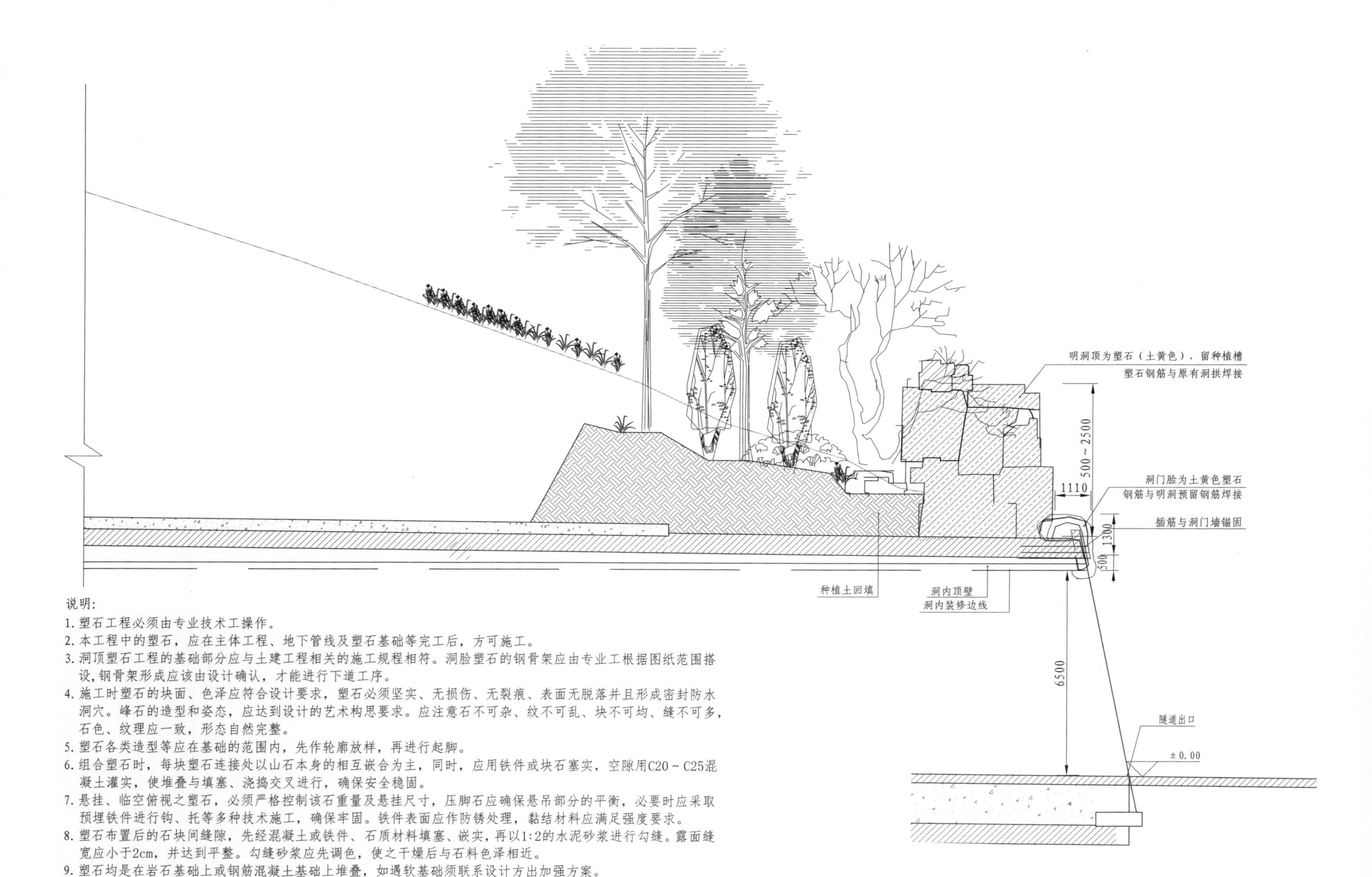

说明：

1. 塑石工程必须由专业技术工操作。
2. 本工程中的塑石，应在主体工程、地下管线及塑石基础等完工后，方可施工。
3. 洞顶塑石工程的基础部分应与土建工程相关的施工规程相符。洞脸塑石的钢骨架应由专业工根据图纸范围搭设，钢骨架形成应该由设计确认，才能进行下道工序。
4. 施工时塑石的块面、色泽应符合设计要求，塑石必须坚实、无损伤、无裂痕、表面无脱落并且形成密封防水洞穴。峰石的造型和姿态，应达到设计的艺术构思要求。应注意石不可杂、纹不可乱、块不可均、缝不可多，石色、纹理应一致，形态自然完整。
5. 塑石各类造型等应在基础的范围内，先作轮廓放样，再进行起脚。
6. 组合塑石时，每块塑石连接处以山石本身的相互嵌合为主，同时，应用铁件或块石塞实，空隙用C20～C25混凝土灌实，使堆叠与填塞、浇捣交叉进行，确保安全稳固。
7. 悬挂、临空俯视之塑石，必须严格控制该石重量及悬挂尺寸，压脚石应确保悬吊部分的平衡，必要时应采取预埋铁件进行钩、托等多种技术施工，确保牢固。铁件表面应作防锈处理，黏结材料应满足强度要求。
8. 塑石布置后的石块间缝隙，先经混凝土或铁件、石质材料填塞、嵌实，再以1:2的水泥砂浆进行勾缝。露面缝宽应小于2cm，并达到平整。勾缝砂浆应先调色，使之干燥后与石料色泽相近。
9. 塑石均是在岩石基础上或钢筋混凝土基础上堆叠，如遇软基础须联系设计方出加强方案。

图2-28　通风兼安全洞1-1剖面图（其他洞口南方方案）

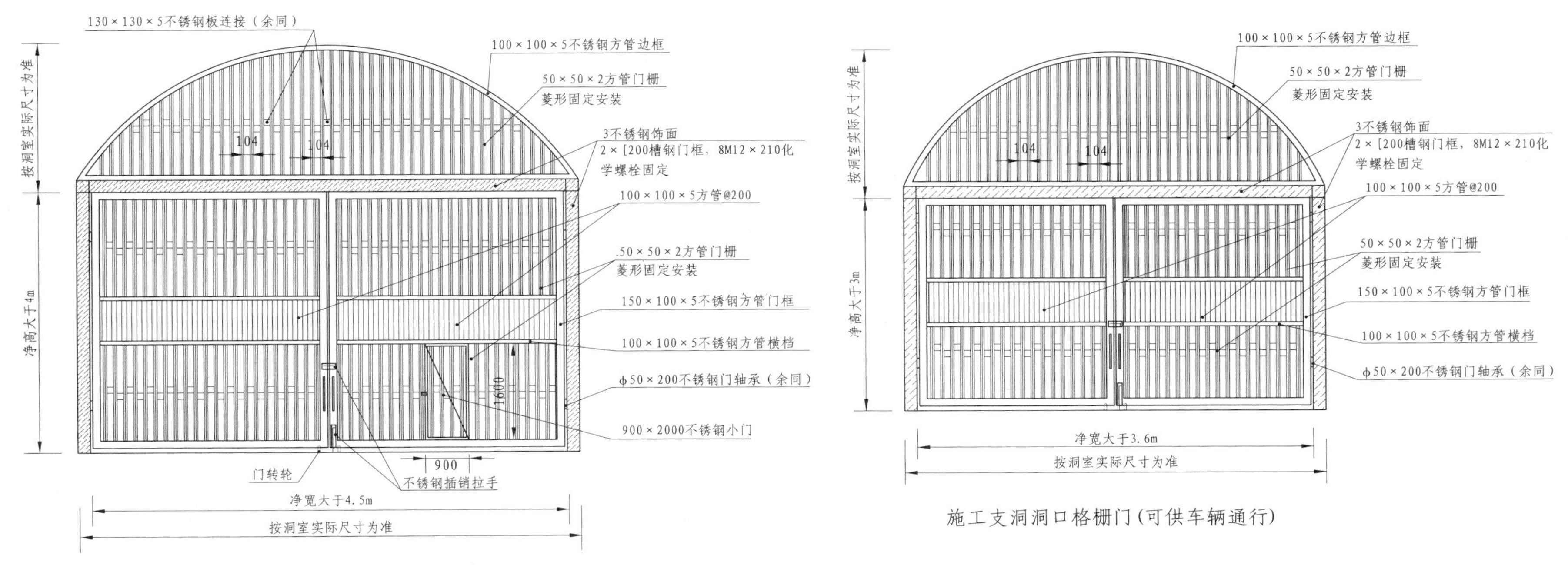

通风兼安全洞口格栅门(兼顾人行及车辆通行)

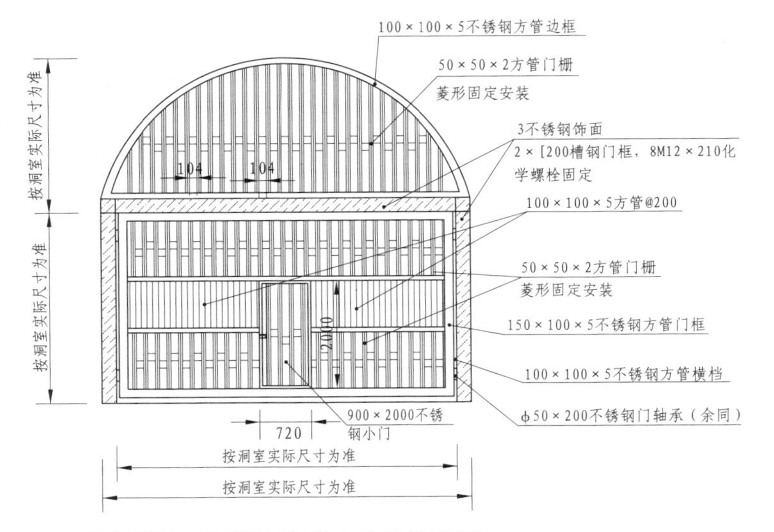

排水洞洞口格栅门(仅供人员巡视通行)

说明：

1.本图根据各类洞口功能需要，进行格栅门样式设计。

2.本图尺寸除特别标注外均以 mm 计，洞口尺寸以现场实际情况为准。

3.其他各类洞口根据其洞口通行要求，相应设置人行、车行或兼顾人车通行的格栅门。

图 2–29　各类洞口格栅门设计图（其他洞口南方方案）

注：本图为其他洞口设计，以通风兼安全洞为例。

图 2-30　通风兼安全洞效果图（其他洞口北方方案）

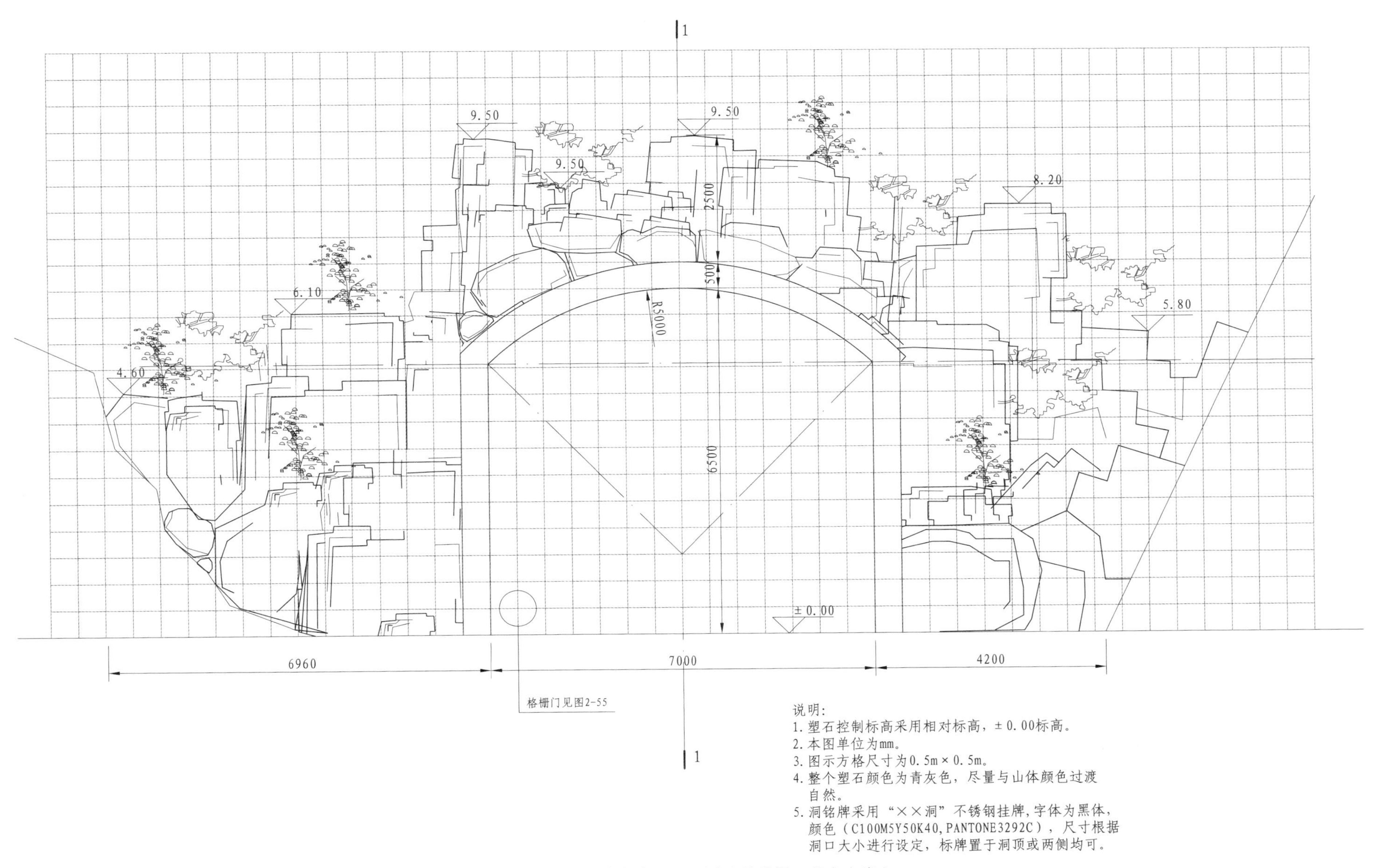

说明:
1. 塑石控制标高采用相对标高，±0.00标高。
2. 本图单位为mm。
3. 图示方格尺寸为0.5m×0.5m。
4. 整个塑石颜色为青灰色，尽量与山体颜色过渡自然。
5. 洞铭牌采用“××洞”不锈钢挂牌，字体为黑体，颜色（C100M5Y50K40，PANTONE3292C），尺寸根据洞口大小进行设定，标牌置于洞顶或两侧均可。

图 2-31　通风兼安全洞立面图（其他洞口北方方案）

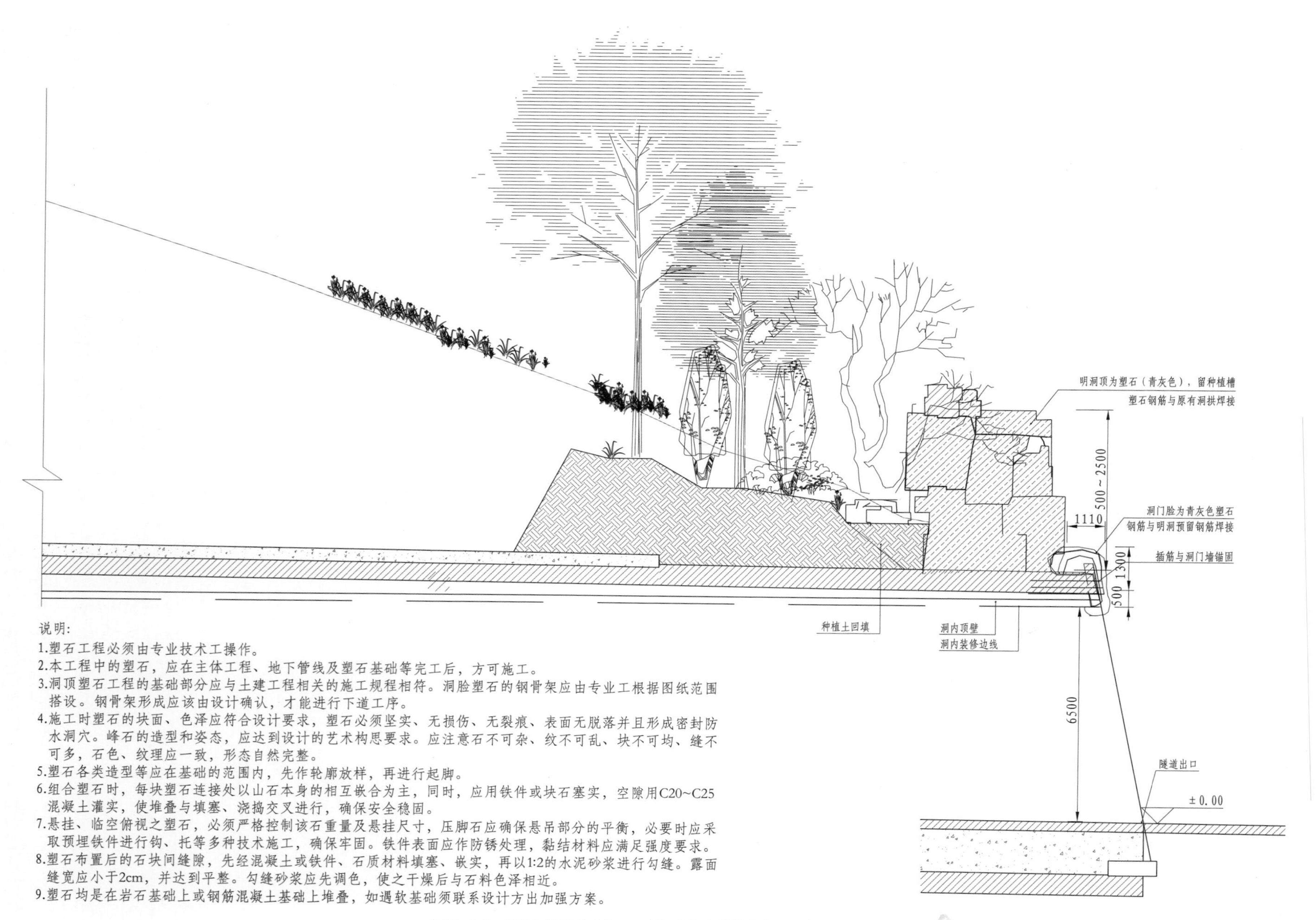

说明:

1.塑石工程必须由专业技术工操作。

2.本工程中的塑石，应在主体工程、地下管线及塑石基础等完工后，方可施工。

3.洞顶塑石工程的基础部分应与土建工程相关的施工规程相符。洞脸塑石的钢骨架应由专业工根据图纸范围搭设。钢骨架形成应该由设计确认，才能进行下道工序。

4.施工时塑石的块面、色泽应符合设计要求，塑石必须坚实、无损伤、无裂痕、表面无脱落并且形成密封防水洞穴。峰石的造型和姿态，应达到设计的艺术构思要求。应注意石不可杂、纹不可乱、块不可均、缝不可多，石色、纹理应一致，形态自然完整。

5.塑石各类造型等应在基础的范围内，先作轮廓放样，再进行起脚。

6.组合塑石时，每块塑石连接处以山石本身的相互嵌合为主，同时，应用铁件或块石塞实，空隙用C20~C25混凝土灌实，使堆叠与填塞、浇捣交叉进行，确保安全稳固。

7.悬挂、临空俯视之塑石，必须严格控制该石重量及悬挂尺寸，压脚石应确保悬吊部分的平衡，必要时应采取预埋铁件进行钩、托等多种技术施工，确保牢固。铁件表面应作防锈处理，黏结材料应满足强度要求。

8.塑石布置后的石块间缝隙，先经混凝土或铁件、石质材料填塞、嵌实，再以1:2的水泥砂浆进行勾缝。露面缝宽应小于2cm，并达到平整。勾缝砂浆应先调色，使之干燥后与石料色泽相近。

9.塑石均是在岩石基础上或钢筋混凝土基础上堆叠，如遇软基础须联系设计方出加强方案。

图 2-32　通风兼安全洞 1-1 剖面图（其他洞口北方方案）

第3章 入口、门卫及围墙设计部分

3.1 设计依据

（1）《安全防范工程技术规范》（GB 50348—2004）。

（2）《国家电网品牌标识推广应用手册》（第三版）。

（3）《抽水蓄能电站工程现场生产附属（辅助）建筑、生活文化福利设施及永临结合工程设置标准》（新源基建〔2012〕296号）。

（4）《抽水蓄能电站工程现场附属建筑及后方基地设置原则调整意见》（新源基建〔2014〕75号）。

（5）《国家建筑标准设计图集：室外工程》（12J003）。

（6）《国家建筑标准设计图集：围墙大门》（03J001）。

3.2 设计原则

（1）功能原则。入口、门卫及围墙设计时首要满足作为电站不同入口的功能要求，需设置与相关入口相关门卫及围墙设施。

（2）稳重原则。入口、门卫及围墙设计应考虑稳重的原则，宜采用稳重大气造型、色彩和材料，同时外观样式宜规整正气。

（3）简洁原则。入口、门卫及围墙设计须体现简洁性，用最简单的设计语言进行展现。采用标准简洁的施工工艺，便于后期施工和建设，并在一定区域内具备通用性。

（4）实用原则。入口、门卫及围墙设计要经济实用，在满足实用要求的前提下，适当进行艺术化处理。同时选择适用地区常用材料和常规施工工艺。

3.3 设计条件及要求

3.3.1 电站入口

（1）设计条件。本次通用设计拟采用的场景设计条件为8.5m入口直行道路，两侧为平整绿地。其中道路右侧设置门卫房，道路左侧设置电站标识牌。

入口大门采用伸缩门，根据《国家建筑标准设计图集：围墙大门》（03J001）中伸缩门规范，高度采用1.4m。

电站入口设计条件见图3-1。

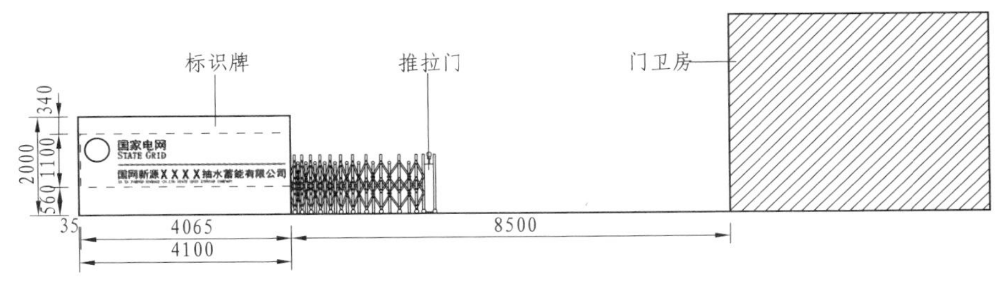

图3-1 电站入口设计示意图（单位：mm）

门卫房设计参见第4章厂区零星建筑。

（2）设计要求。电站入口需要进行封闭式管理，设计时应考虑设置大门及门卫等管理设施。同时入口设计要体现国网新源公司抽水蓄能电站企业形象。

标识牌以横向国网新源标识铭牌为基础，根据新源企业标识标准，铭牌外边尺寸为红线框所示1100mm×4100mm，铭牌边框距离标识牌顶部和底部的距离为黄金比例。

字体采用黑体，颜色采用新源标准色（C100M5Y50K40，PANTONE 3292C）。

3.3.2 营地入口

（1）设计条件。营地入口主要由入口标识牌、大门、门卫房以及围墙（详见3.3.4围墙设计相关内容）组成。进入营地道路设置为L，其右侧设置门卫房。

入口大门采用伸缩门，根据《国家建筑标准设计图集：围墙大门》（03J001）中伸缩门规范，高度采用 1.4m。

业主营地入口设计条件见图 3-2。

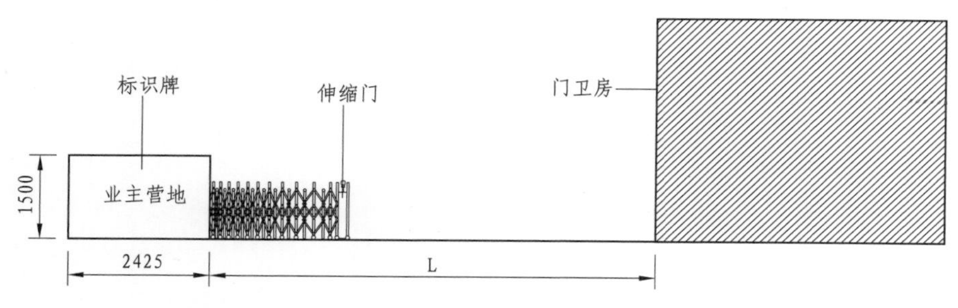

图 3-2　业主营地入口设计条件示意图（单位：mm）

门卫房设计参见第 4 章厂区零星建筑。

（2）设计要求。业主营地是电站前期建设以及后期运行主要人为活动集中点，具备办公、生活、活动等一系列功能。因此营地是电站生活办公的核心场所，需要进行封闭式管理。设计大门、门卫及围墙以保证营地的出入安全。

标识牌高度与长度比按照黄金比例法则制定，高度高于伸缩门（伸缩门采用 1.4m 高）定为 1.5m。字体采用黑体，字体高度 25cm，颜色采用新源标准色（C100M5Y50K40，PANTONE3292C）。

3.3.3　生产区入口

（1）设计条件。生产区入口设置进入道路至少 3m，大门宽度一般为 6m，在右侧设置门卫房，两侧设置围墙（详见 3.3.4 围墙设计相关内容）。

大门根据《国家建筑标准设计图集：围墙大门》（03J001）中高度采用 2.4m。

生产区入口设计条件见图 3-3。

门卫房参见第 4 章厂区零星建筑。

（2）设计要求。生产区作为电站的生产场所需要进行封闭式管理，入口设计考虑以人行为主，车行频率相对较低，因此增加小门设计，可在格栅大门上套叠小门或在围墙上另设置小门，整体设计宜简洁大方。

在大门门柱上设置“生产区”字样标识牌，字体高度 200cm，位置根据门柱造型进行放置。字体颜色采用新源标准色（C100M5Y50K40，PANTONE3292C）。

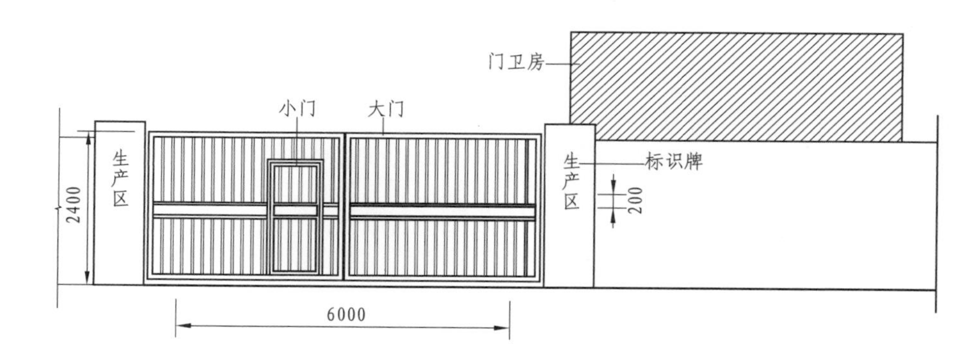

图 3-3　生产区入口设计条件示意图（单位：mm）

3.3.4　围墙

（1）设计条件。电站围墙设计分为两种类型：一是电站厂区内部需要封闭式管理的区域，如业主营地、生产区等；二是电站征地边界围栏。

根据《国家建筑标准设计图集：围墙大门》（03J001），围墙高度不低于 2m。因此本设计中围墙高度为最低处 2m，部分为 2.2m。

征地边线的围墙采用处理的绿色隔离栅，高度不低于 1.8m。

（2）设计要求。围墙设计要美观大方，部分围墙应与入口统一考虑。同时在围墙设计中要考虑园林式的实体围墙设计，更好地与周边自然环境融合。

3.4　方案设计总体说明

在本章通用设计中，各方案以给定的尺寸为基础设计，主要设计内容包括方案设计说明、主要材料说明、使用说明。

设计以南方及北方的典型区域特征为例，对电站入口、营地入口、生产区入口及相应的门卫房、围墙进行组合案例设计，提供南方方案及北方方案两个设计示例供参考。其中南方方案采用南方中式风格，整体采用灰白基调，加深灰色线条装饰。北方方案采用清水混凝土色作为主色调，结合钢材，塑造现代工业之感。

在具体的工程设计中，应综合考虑各方面的因素，在设计时应符合现有国家、行业标准相关内容。对于不同抽水蓄能电站，应根据现场环境、地质以及不同地域的特点进行优化调整。

3.5 设计方案及使用说明

3.5.1 南方方案

3.5.1.1 电站入口设计

（1）方案设计说明。电站入口设计包括入口标识牌、大门、及门卫房。整个标牌设计以灰白色为主基调，顶部进行蓝灰色线条装饰，展现南方中式风格，标识牌设计成一定的斜度，便于标识的识别。在倾斜面设置电站标识铭牌，标识铭牌根据新源标识标准用亚克力材质。门卫房与标识牌风格统一，具体详见第 4 章厂区零星建筑设计章节中的门卫房设计。大门采用 1.4m 高的不锈钢伸缩门。

（2）主要材料说明。标识牌采用钢筋混凝土现浇，外涂灰白色涂料，顶部采用蓝灰色涂料线条装饰。

伸缩门采用不锈钢，整体厂家定制。

（3）使用说明。本方案适用于南方地区。在使用时，造型色彩尺寸原则上保持不变，建筑材料可根据当地建材市场的采购条件做适当调整，原则上不得使用石材、真石漆。伸缩门可以调整，条件允许下可以采用道闸门。同时入口大门可根据工程实际情况确定是否采用人车分流设计。

电站入口南方方案见图 3-4 ～图 3-7。

3.5.1.2 营地入口设计

（1）方案设计说明。营地入口采用人车分流的形式，设计包括入口标识牌、门卫房、大门以及围墙（详见本章围墙设计相关内容）。入口标识牌在模板的基础上，对造型增加细节设计，以灰白色面层装饰为主基调，同时顶部增加蓝灰色线条装饰，整体形态以电站入口标识牌为基础进行简化。在标识牌正中位置粘贴亚克力材质的“业主营地”字样。门卫房与标识牌风格统一，具体设计详见第 4 章厂房零星建筑设计章节中的门卫房设计。车行大门采用 1.4m 高的不锈钢伸缩门，人行小门采用不锈钢门。

（2）主要材料说明。标识牌采用钢筋混凝土现浇，外涂灰白色真石漆，顶部压顶涂蓝灰色真石漆。

伸缩门和人行小门采用不锈钢，整体厂家定制。

（3）使用说明。本方案适用于南方地区。在使用时，造型色彩尺寸原则上保持不变，建筑材料可根据当地建材市场的采购条件做适当调整。伸缩门可以调整，条件允许下可以采用道闸门。

营地入口南方方案见图 3-8 ～图 3-10。

3.5.1.3 生产区入口设计

（1）方案设计说明。生产区入口设计包括门卫房、大门、围墙（详见本章围墙设计相关内容）。大门采用 2.4m 高的方形平开门，在平开门中增加小门，便于行人出入。门柱采用灰白色柱体，顶部进行线条压顶。门卫房与大门风格统一，具体设计详见第 4 章厂房零星建筑设计章节中的门卫房设计。

（2）主要材料说明。大门采用方钢焊接，外涂蓝灰色真石漆。

门柱采用钢筋混凝土现浇，外涂灰白色真石漆，顶部造型压顶外涂蓝灰色真石漆。

（3）使用说明。本方案适用于南方地区。在使用时，造型色彩原则上保持不变，建筑材料可根据当地建材市场的采购条件做适当调整。平开门尺寸可以调整。

生产区入口南方方案见图 3-11 ～图 3-14。

3.5.1.4 围墙设计

（1）方案设计说明。本次围墙设计中形成三套方案：通透式围墙一、通透式围墙二和园林式围墙。

通透式围墙一：采用围墙柱结合钢栅栏的形式，围墙柱采用白色墙体，顶部进行蓝灰色线条装饰。钢栅栏进行蓝灰色氟碳漆处理，整体展现南方中式风格。

通透式围墙二：采用白色条形墙体底部作为基础，上部以蓝灰色的钢栅栏，体现现代简洁感。

园林式围墙：顶部采用小青瓦压顶，墙体上部为灰白色，底部蓝灰色。在墙体中设置镂空窗。

围栏：采用围网隔离栅的形式，样式参考高速公路隔离栅，由厂家定制。隔离栅相关参数如下：

1）丝径：塑前 2.2 ～ 5.0mm，塑后 2.7 ～ 5.7mm。

2）网孔为： 5cm×10cm；立柱为：60cm×2mm。

3）外形尺寸为：1.8m×3m、2m×3m。

4）表面处理：一般采用浸塑工艺。

（2）主要材料说明。通透式围墙一、二墙体采用砖砌体，外涂灰白色涂料，顶部蓝灰色涂料线条装饰。钢栅栏采用方钢，外喷蓝灰色氟碳漆。

园林式围墙墙体采用砖砌体，墙体上部外涂灰白色涂料，底部外涂蓝灰色涂料。顶部采用小青瓦压顶。镂空窗内部采用钢圈焊接窗花，外喷蓝灰色氟碳漆。

围栏材质（附图册中暂定为不锈钢材料）由厂家制定，要求采用抗腐蚀强的材料。

（3）使用说明。本方案适用于南方地区。在使用时，造型色彩原则上保持不变，建筑材料可根据当地建材市场的采购条件做适当调整，原则上不得使用石材和真石漆。高度可以根据实际需要在保证安全和符合相关规范的前提下适当加高，但结合安全使用要求，不允许降低围墙高度。

围墙南方方案见图 3-15 ～图 3-24。

3.5.2 北方方案

3.5.2.1 电站入口设计

（1）方案设计说明。电站入口设计包括入口标识牌、门卫房以及大门。电站入口标识牌尺寸严格按照模板要求，对外形进行装饰设计，标识牌分为上、中、下三部分，上部和下部垂直于地面，中间设计成一定的斜度，便于标识的识别。在上、中、下三部分的交接处镶嵌钢材，外涂深灰色氟碳漆，其他区域用素混凝土抹面，整体体现现代工业风格。在中部倾斜处设置电站标识铭牌，标识铭牌根据新源标识标准用亚克力材质进行粘贴。门卫房与标识牌风格统一，具体设计详见第 4 章厂区零星建筑设计章节中的门卫房设计。大门采用 1.4m 高的不锈钢伸缩门。

（2）主要材料说明。标识牌采用钢筋混凝土现浇，外涂混凝土色涂料，局部镶嵌钢条，外喷深灰色氟碳漆。

伸缩门采用不锈钢，整体厂家定制。

（3）使用说明。本方案适用于北方地区。在使用时，造型色彩尺寸原则上保持不变，建筑材料可根据当地建材市场的采购条件做适当调整，原则上不得使用石材和真石漆。伸缩门可以调整，条件允许下可以采用道闸门。同时入口大门可根据工程实际情况确定是否采用人车分流设计。

电站入口北方方案见图 3-25 ～图 3-28。

3.5.2.2 业主营地入口设计

（1）方案设计说明。业主营地入口采用人车分流的形式，设计包括入口标识牌、门卫房、大门以及围墙（详见本章围墙设计相关内容）。入口标识牌根据设计条件进行设计，标识牌分为上、中、下三部分，上部和下部垂直于地面，中间设计成一定的斜度。在上、中、下三部分的交接处镶嵌钢材，外涂深灰色氟碳漆，其他区域用素混凝土抹面。在标识牌的正中位置粘贴亚克力材质的“业主营地”字样。门卫房与标识牌风格统一，具体设计详见第 4 章厂房零星建筑设计章节中的门卫房设计。车行大门采用 1.4m 高的不锈钢伸缩门，人行小门采用不锈钢门。

（2）主要材料说明。标识牌采用钢筋混凝土现浇，素混凝土抹面，局部镶嵌钢条，外涂深灰色氟碳漆。

伸缩门和人行小门采用不锈钢，整体厂家定制。

（3）使用说明。本方案适用于北方地区。在使用时，造型色彩尺寸原则上保持不变，建筑材料可根据当地建材市场的采购条件做适当调整。伸缩门可以调整，条件允许下可以采用道闸门。

营地入口北方方案见图 3-29 ～图 3-31。

3.5.2.3 生产区入口设计

（1）方案设计说明。生产区入口设计包括门卫房、大门、围墙（详见本章围墙设计相关内容）。大门采用 2.4m 高的方形平开门，显得稳重大气，在平开门中增加小门，便于行人出入。大门柱采用方形柱体，顶部进行线条装饰，中间部分内凹，粘贴“生产区”字样，字样采用亚克力材质，整体用素混凝土抹面。门卫房与大门风格统一，具体设计详见第 4 章厂区零星建筑设计章节中的门卫房设计。

（2）主要材料说明。大门采用方钢焊接，外涂深灰色氟碳漆。

门柱采用钢筋混凝土现浇，素混凝土抹面，中间内凹区域涂灰白色真石漆。

（3）使用说明。本方案适用于北方地区。在使用时，造型色彩原则上保持不变，建筑材料可根据当地建材市场的采购条件做适当调整，原则上不得使用石材和真石漆。平开门尺寸可以调整。

生产区入口北方方案见图 3-32 ～图 3-35。

3.5.2.4 围墙设计

（1）方案设计说明。围墙设计采用现代工业风格围墙，设计形成通透、半通透围墙方案。

通透围墙方案一：采用围墙柱结合钢栅栏的形式，围墙柱采用混凝土色墙体，钢栅栏进行深灰色氟碳漆处理。

通透围墙方案二：采用混凝土色条形底部作为基础，上部以深灰色的钢栅栏，体现工业感。

半通透围墙：基座采用实体墙体，柱子和造型框构成围墙的骨架，造型框内以及围墙柱之间采用竖向钢格栅。

围栏设计参照南方方案围栏设计。

（2）主要材料说明。通透围墙方案一、二采用混凝土现浇，外涂混凝土色涂料。钢栅栏采用方钢，外喷深灰色氟碳漆。

半通透围墙采用混凝土现浇，局部增加钢筋混凝土横梁，外涂混凝土色涂料。钢栅栏采用方钢，外喷深灰色氟碳漆。

（3）使用说明。本方案适用于北方地区。设计时，造型色彩原则上保持不变，建筑材料可根据当地建材市场的采购条件做适当调整，原则上不得使用石材和真石漆。围墙高度可以根据实际需要在保证安全和符合相关规范的前提下适当加高，但结合安全使用要求，不允许降低围墙高度。

围墙北方方案见图 3-36 ～图 3-40。

3.6 设计图

设计图目录见表 3-1。

表 3-1　　设计图目录

序号	图　名	图　号
1	电站入口设计图（电站入口南方方案）	图 3-4 ～图 3-7
2	业主营地入口设计图（业主营地入口南方方案）	图 3-8 ～图 3-10
3	生产区入口设计图（生产区入口南方方案）	图 3-11 ～图 3-14
4	围墙及围栏设计图（南方方案）	图 3-15 ～图 3-24
5	电站入口设计图（电站入口北方方案）	图 3-25 ～图 3-28
6	业主营地入口设计图（业主营地入口北方方案）	图 3-29 ～图 3-31
7	生产区入口设计图（生产区入口北方方案）	图 3-32 ～图 3-35
8	围墙设计图（北方方案）	图 3-36 ～图 3-40

图 3-4　电站入口效果图（电站入口南方方案）

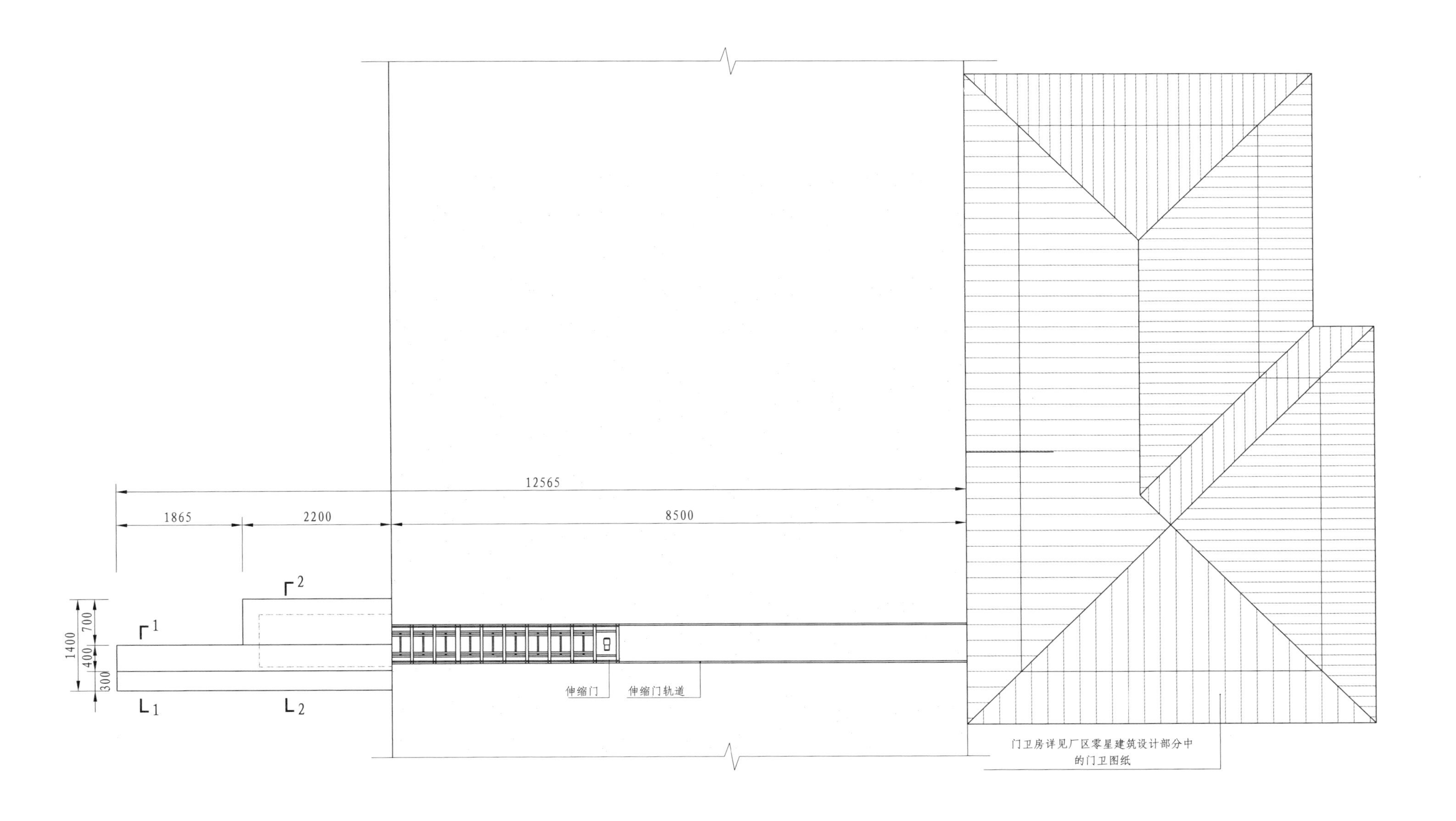

图 3-5　电站入口平面图（电站入口南方方案）

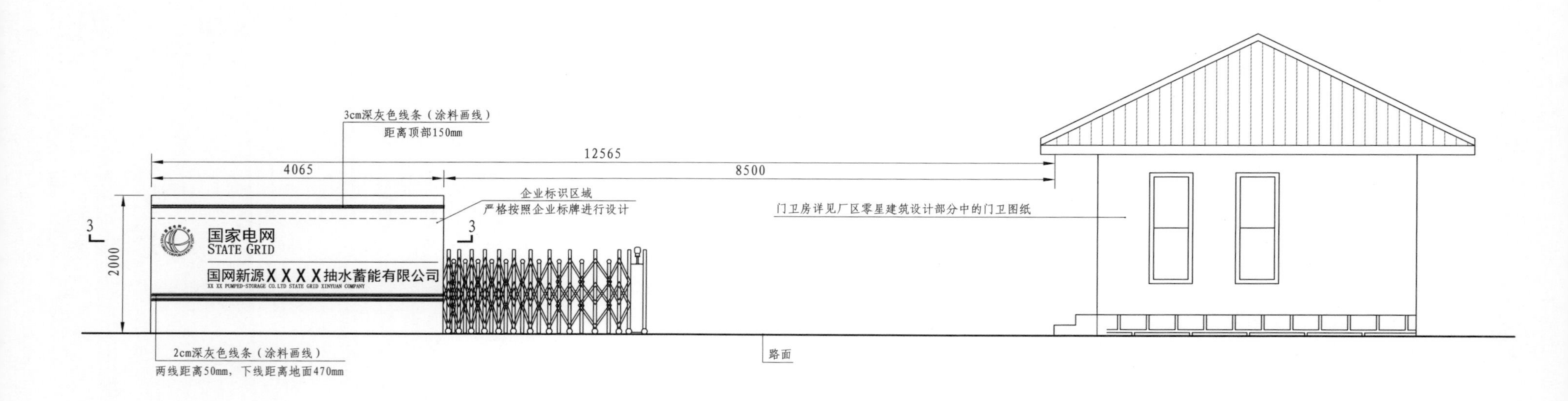

图3-6 电站入口正立面图（电站入口南方方案）

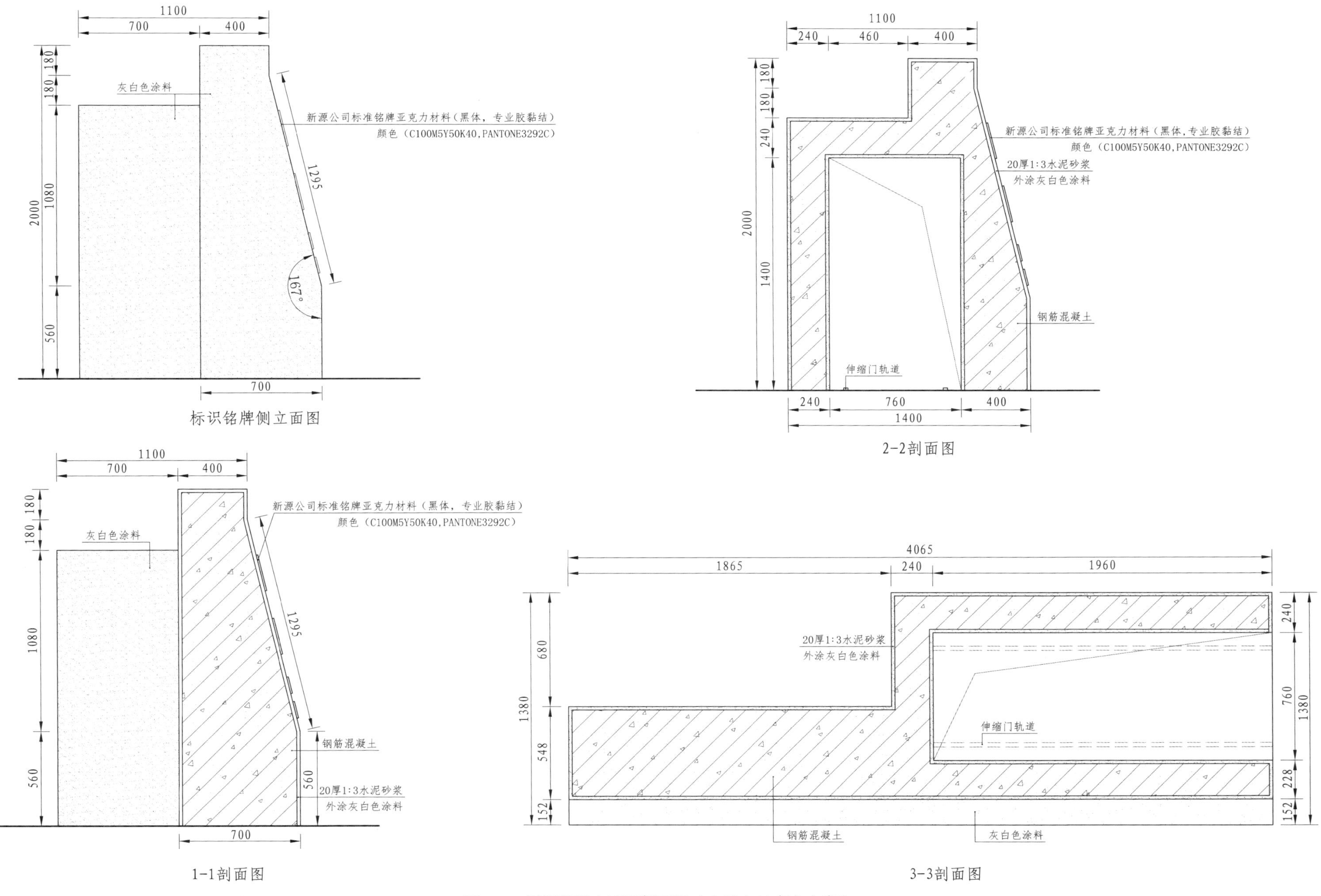

图 3-7　标识铭牌立面及剖面图（电站入口南方方案）

图 3-8　业主营地入口效果图（业主营地入口南方方案）

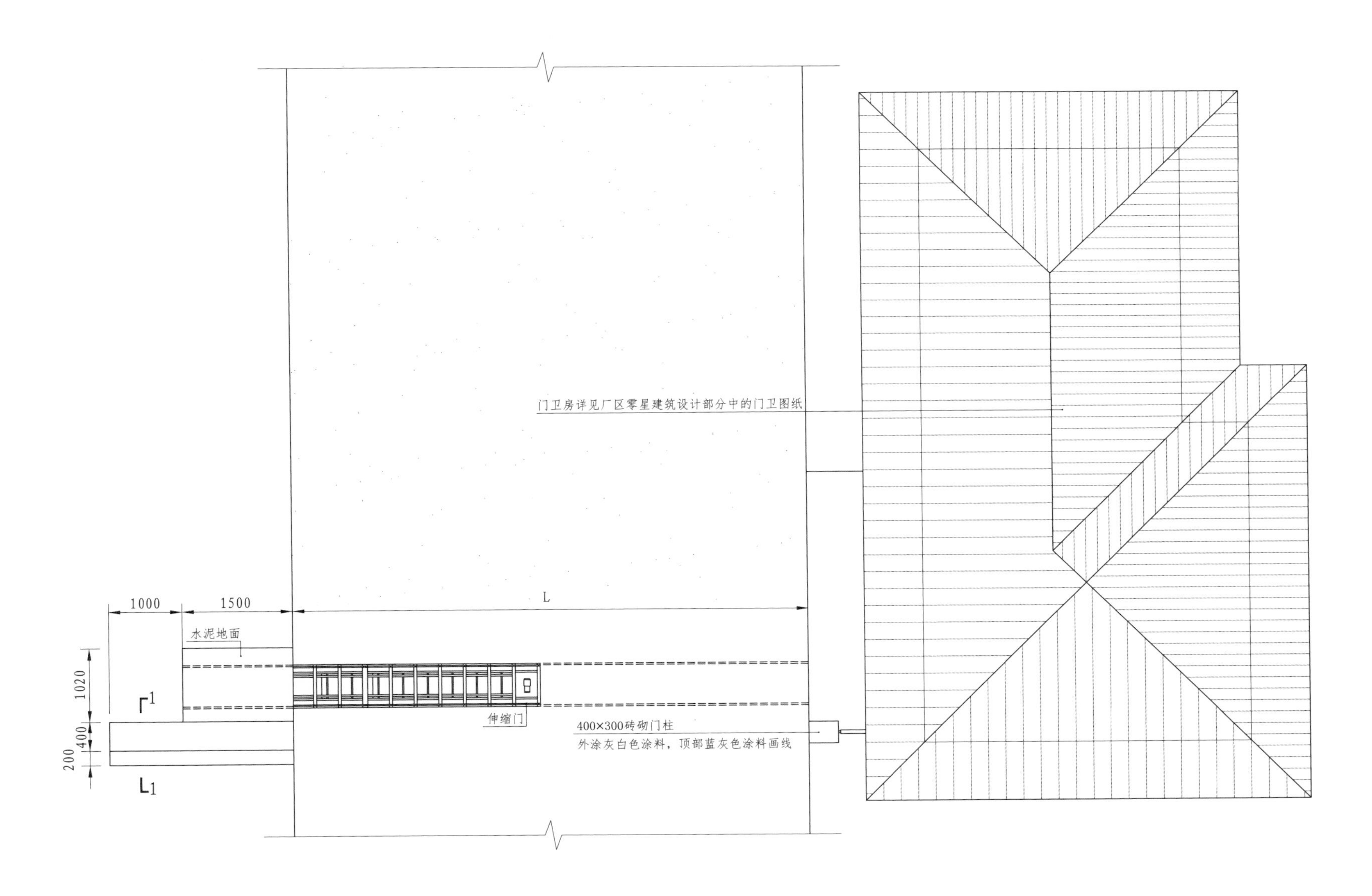

图 3-9　业主营地入口正立面图（业主营地入口南方方案）

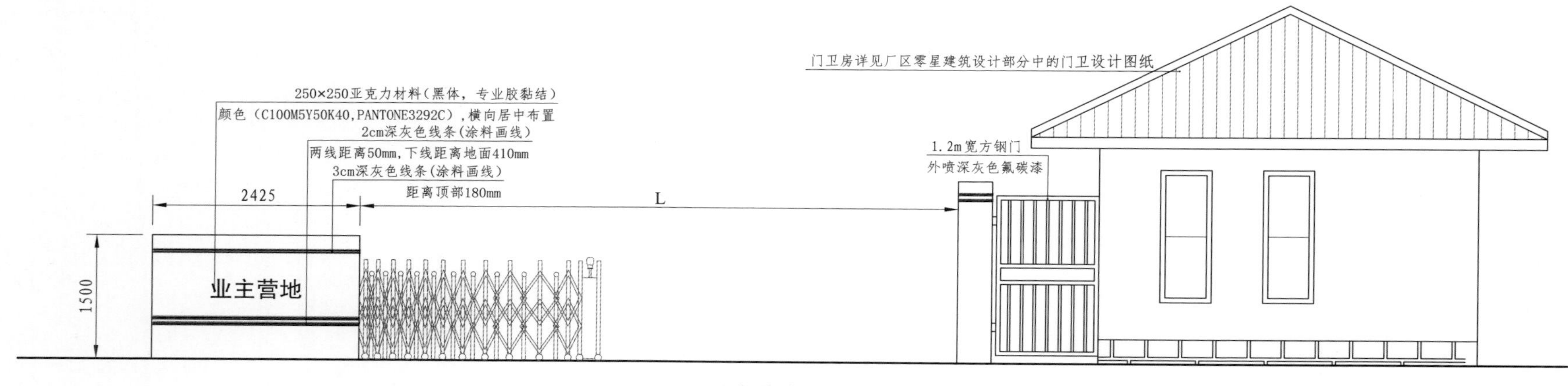

业主营地入口正立面图

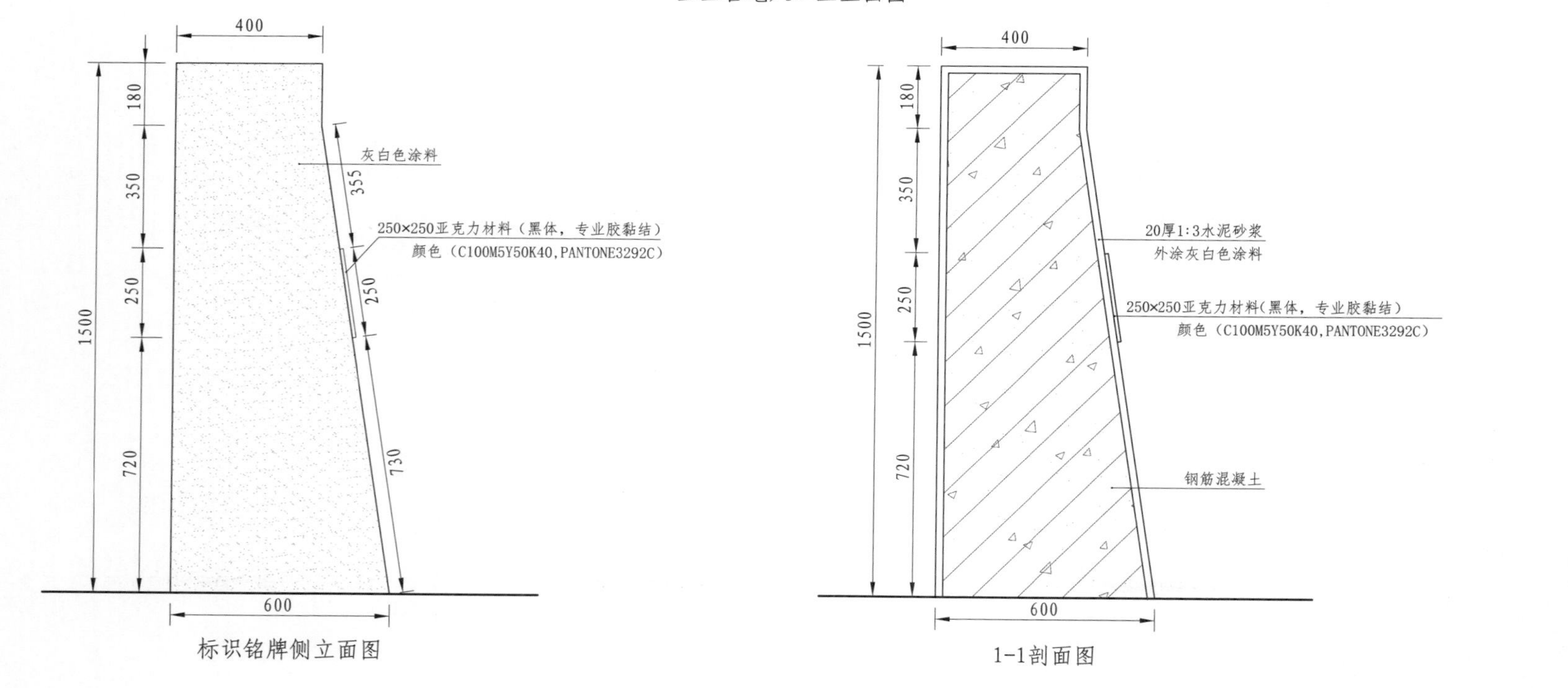

标识铭牌侧立面图

1-1剖面图

图 3-10　业主营地入口正立面及标识铭牌立面图、剖面图（业主营地入口南方方案）

图 3-11　生产区入口效果图（生产区入口南方方案）

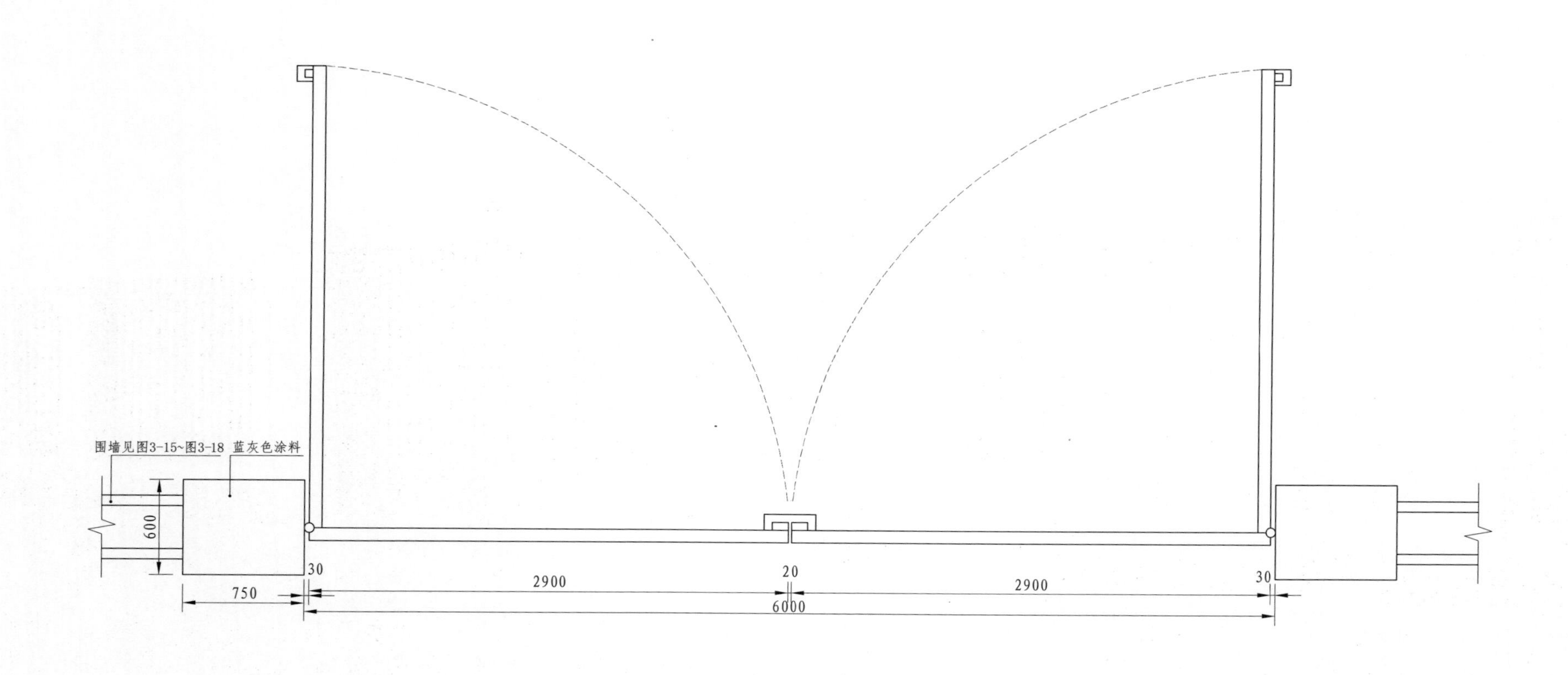

图 3-12　生产区入口平面图（生产区入口南方方案）

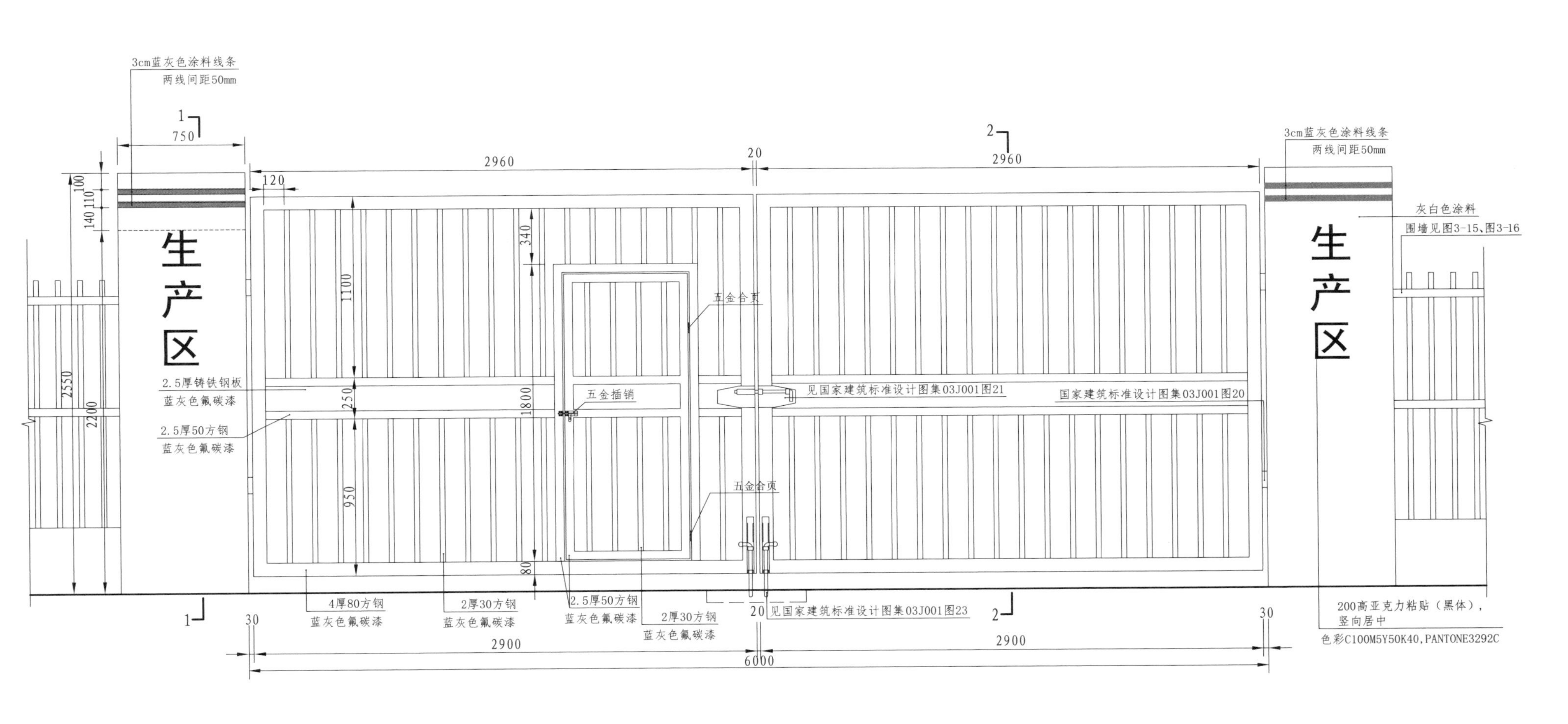

图 3-13　生产区入口正立面图（生产区入口南方方案）

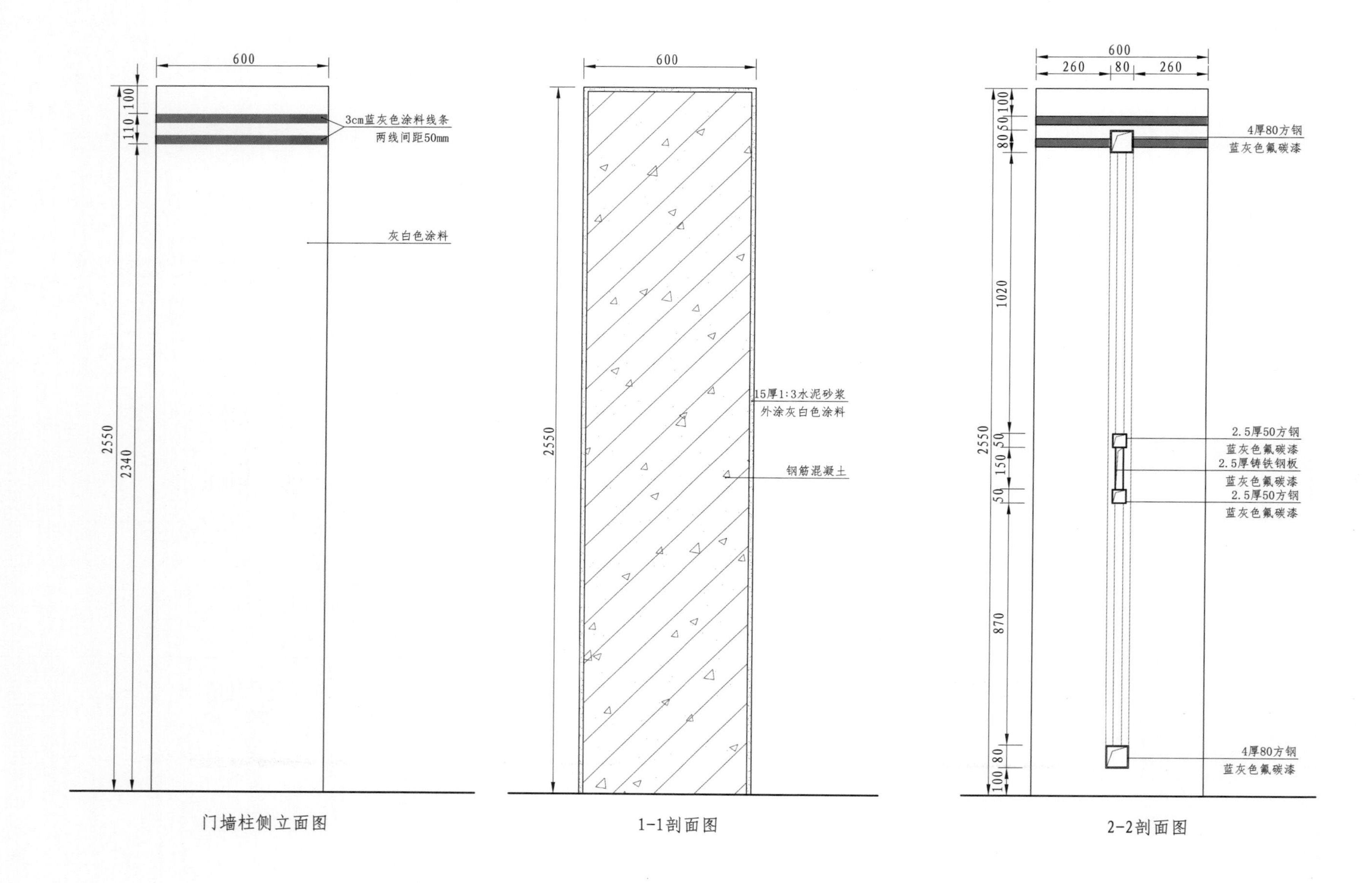

图 3-14　门墙柱侧立面图及 1-1 剖面图、2-2 剖面图（生产区入口南方方案）

图 3-15　通透围墙效果图（围墙南方方案一）

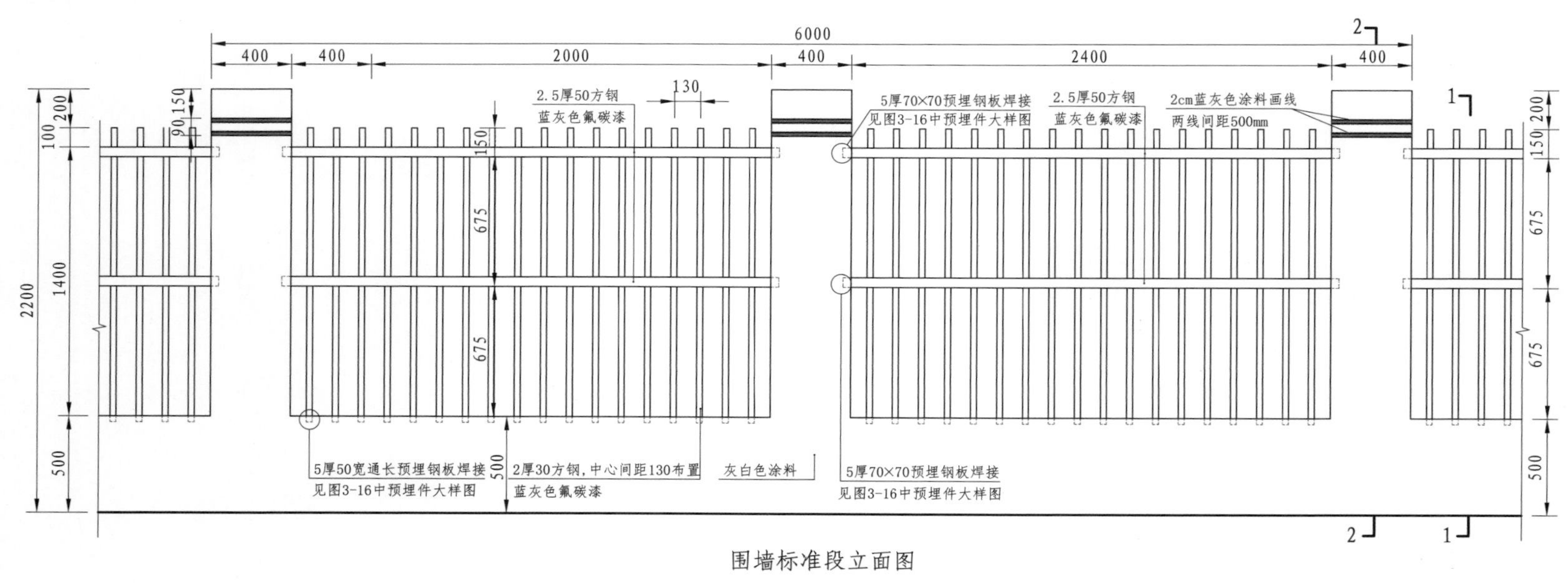

围墙标准段立面图

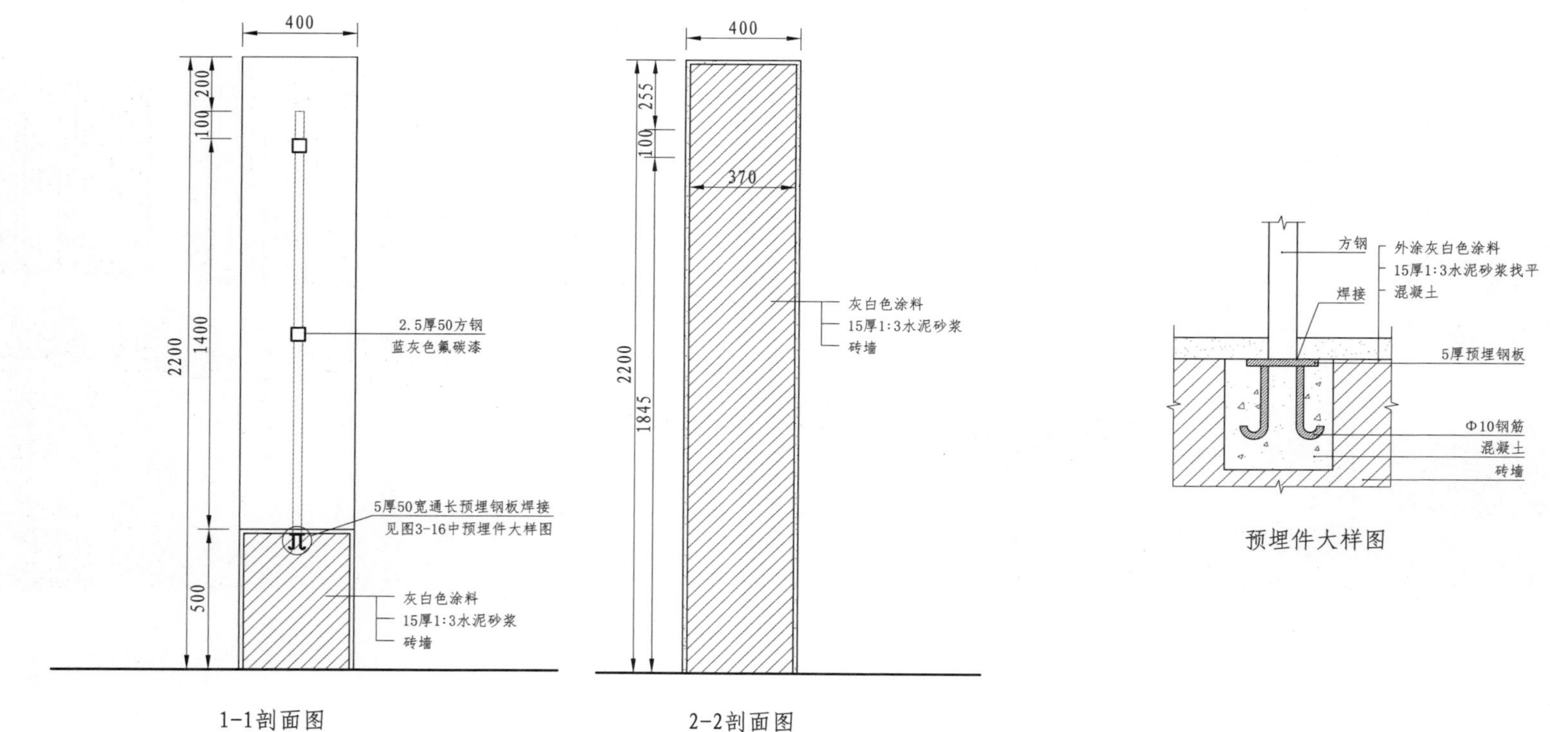

1-1剖面图

2-2剖面图

预埋件大样图

图 3-16　通透围墙标准段设计图（围墙南方方案一）

图 3-17　通透围墙效果图（围墙南方方案）

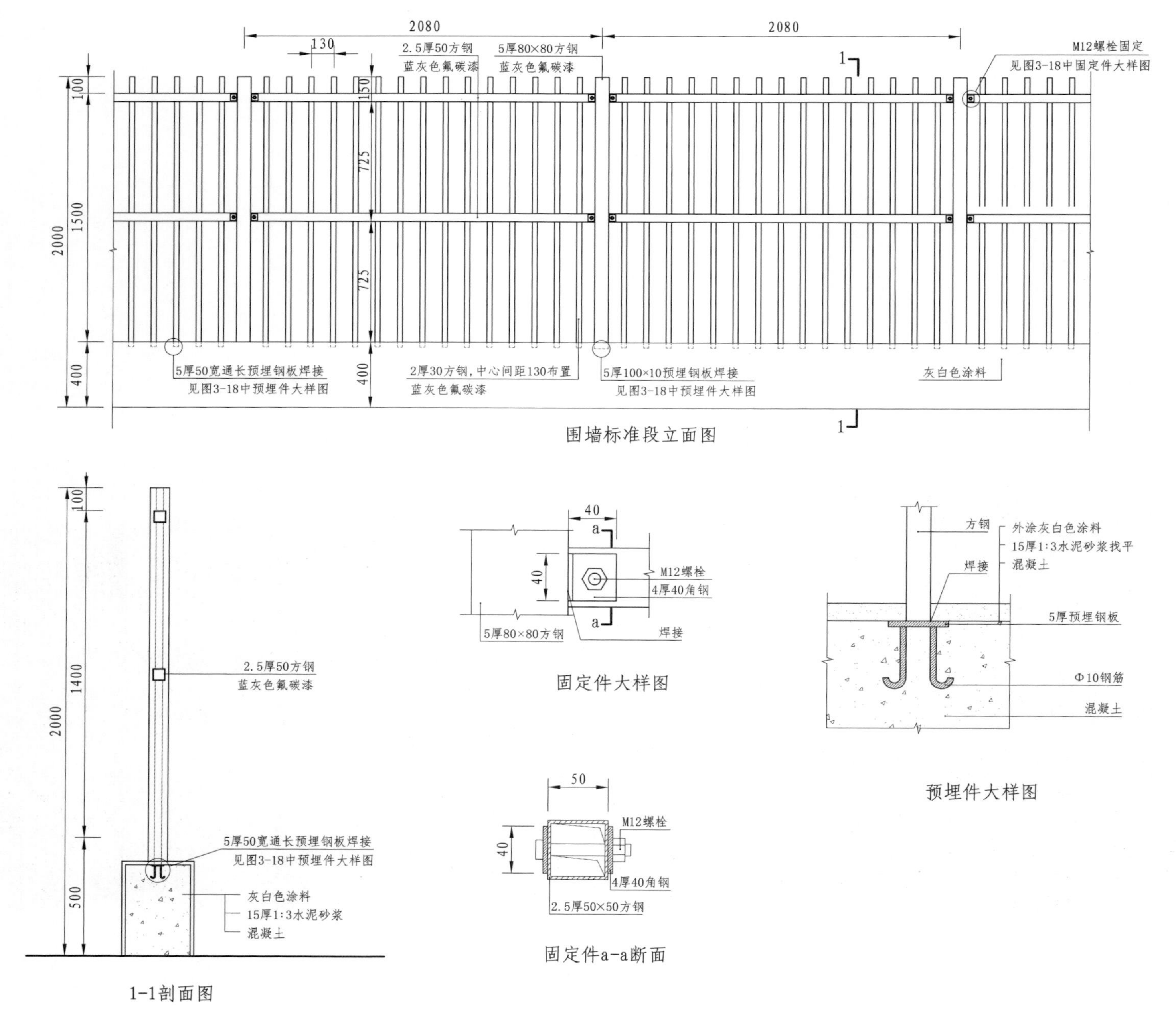

图 3-18　通透围墙标准段设计图（围墙南方方案二）

图 3-19　园林围墙效果图（围墙南方方案三）

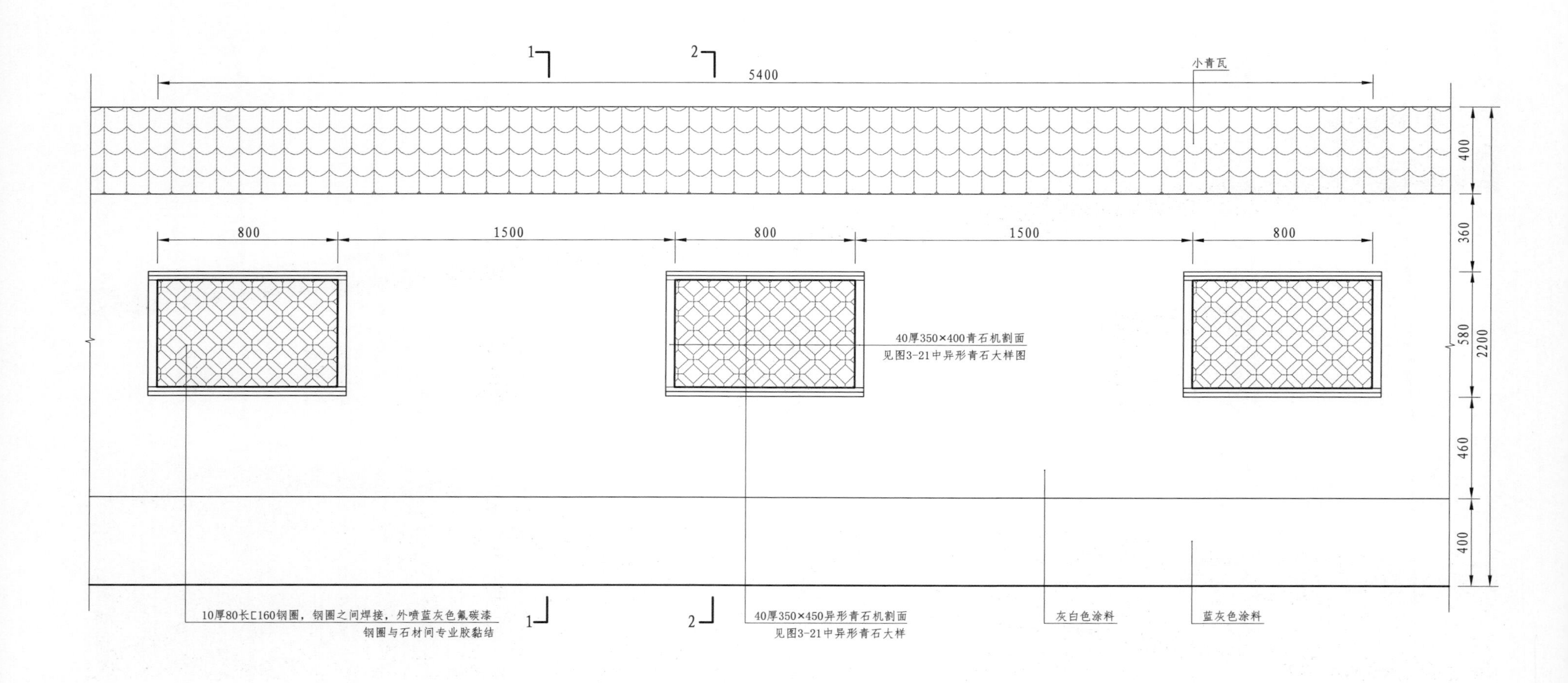

图 3-20　园林围墙标准段正立面图（围墙南方方案三）

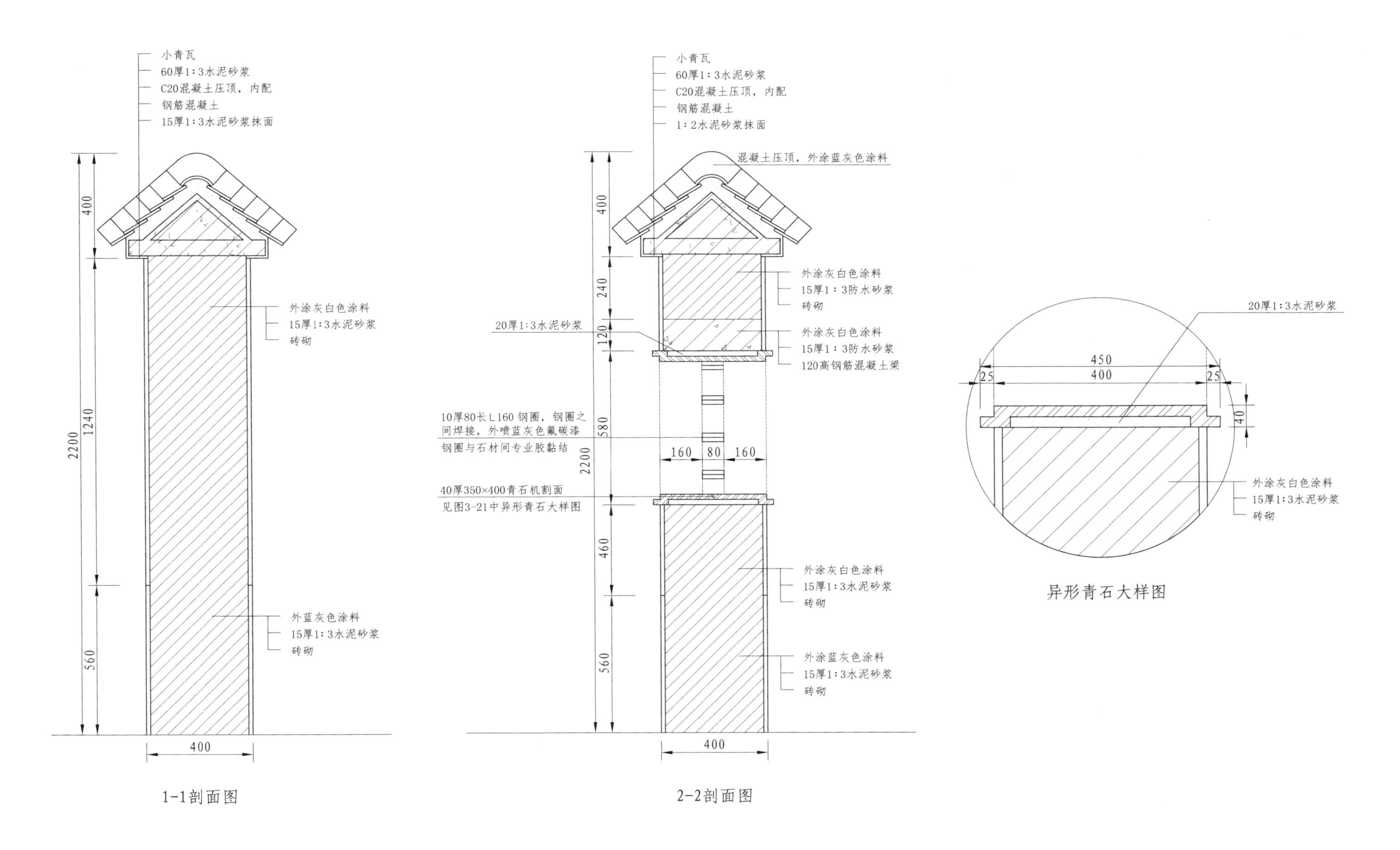

图 3-21　园林围墙标准段 1-1 剖面图、2-2 剖面图及异形青石大样图（围墙南方方案三）

图 3–22　围栏效果意向图（围栏南方方案）

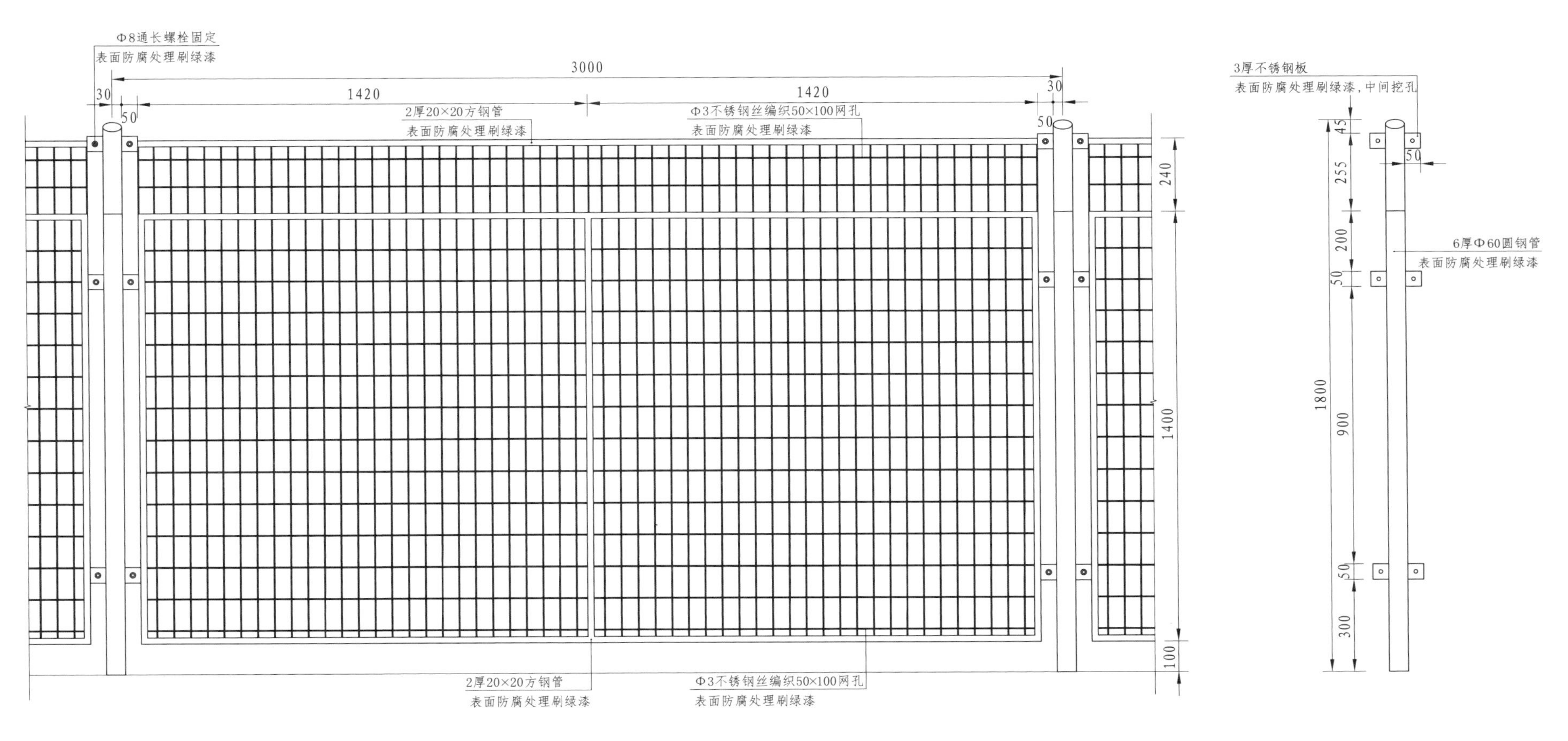

图 3-23　围栏标准段立面图及围栏柱立面图（围栏南方方案）

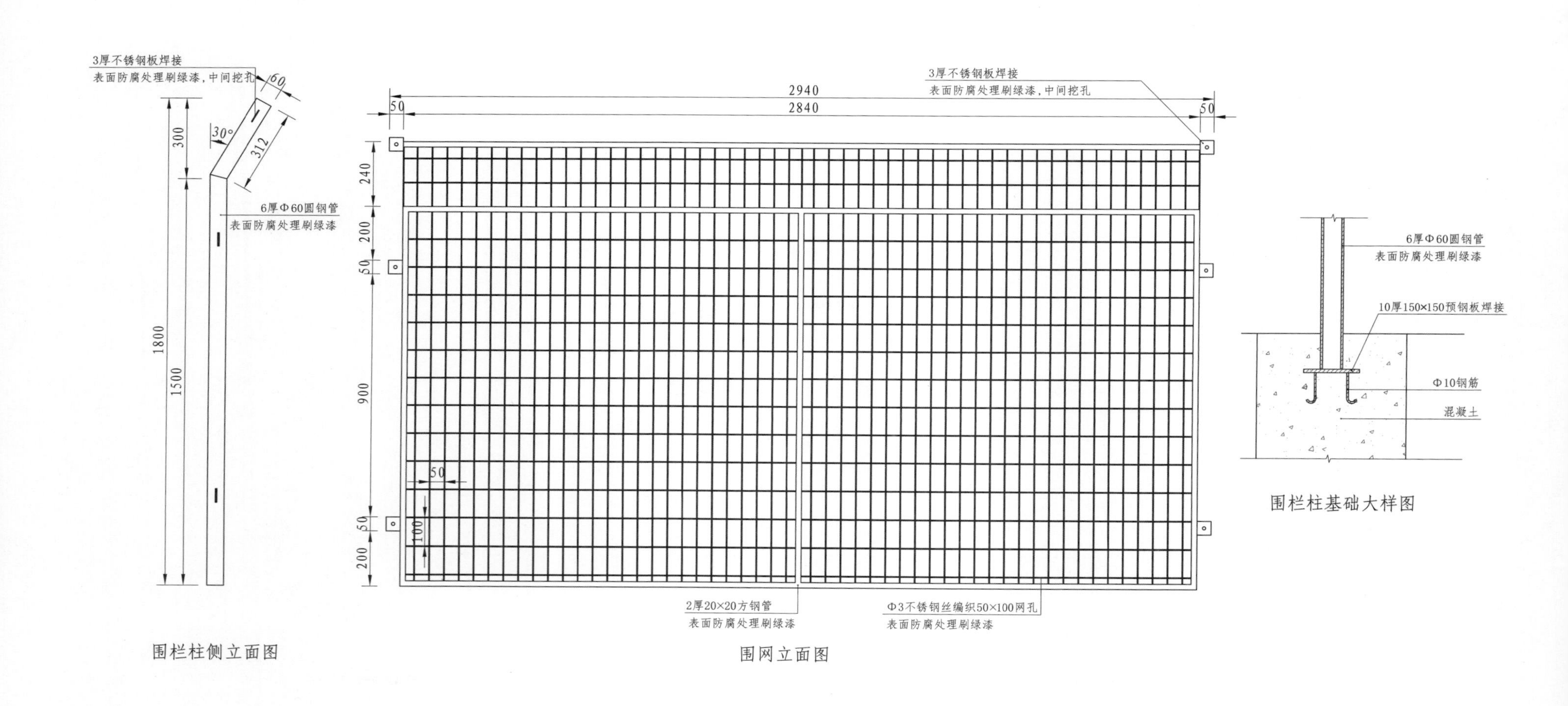

图 3-24　围栏柱侧立面、围网立面及围栏柱基础大样图（围栏南方方案）

图 3-25　电站入口效果图（电站入口北方方案）

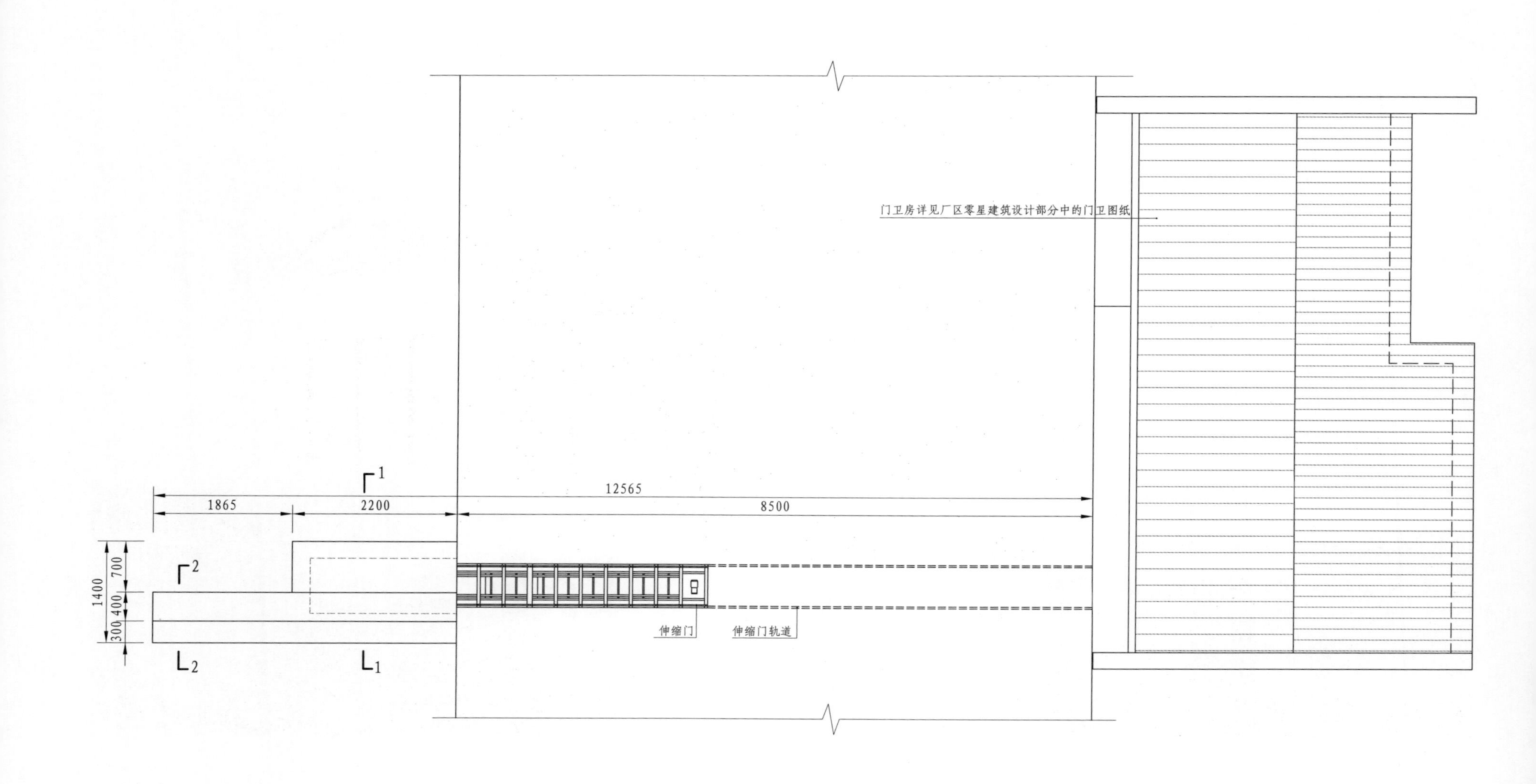

图 3-26　电站入口平面图（电站入口北方方案）

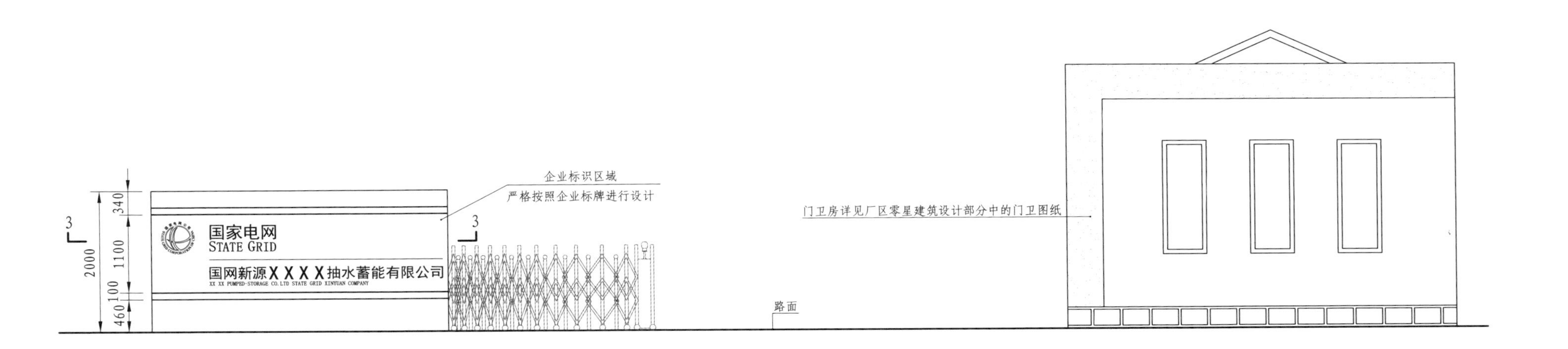

图 3-27　电站入口正立面图（电站入口北方方案）

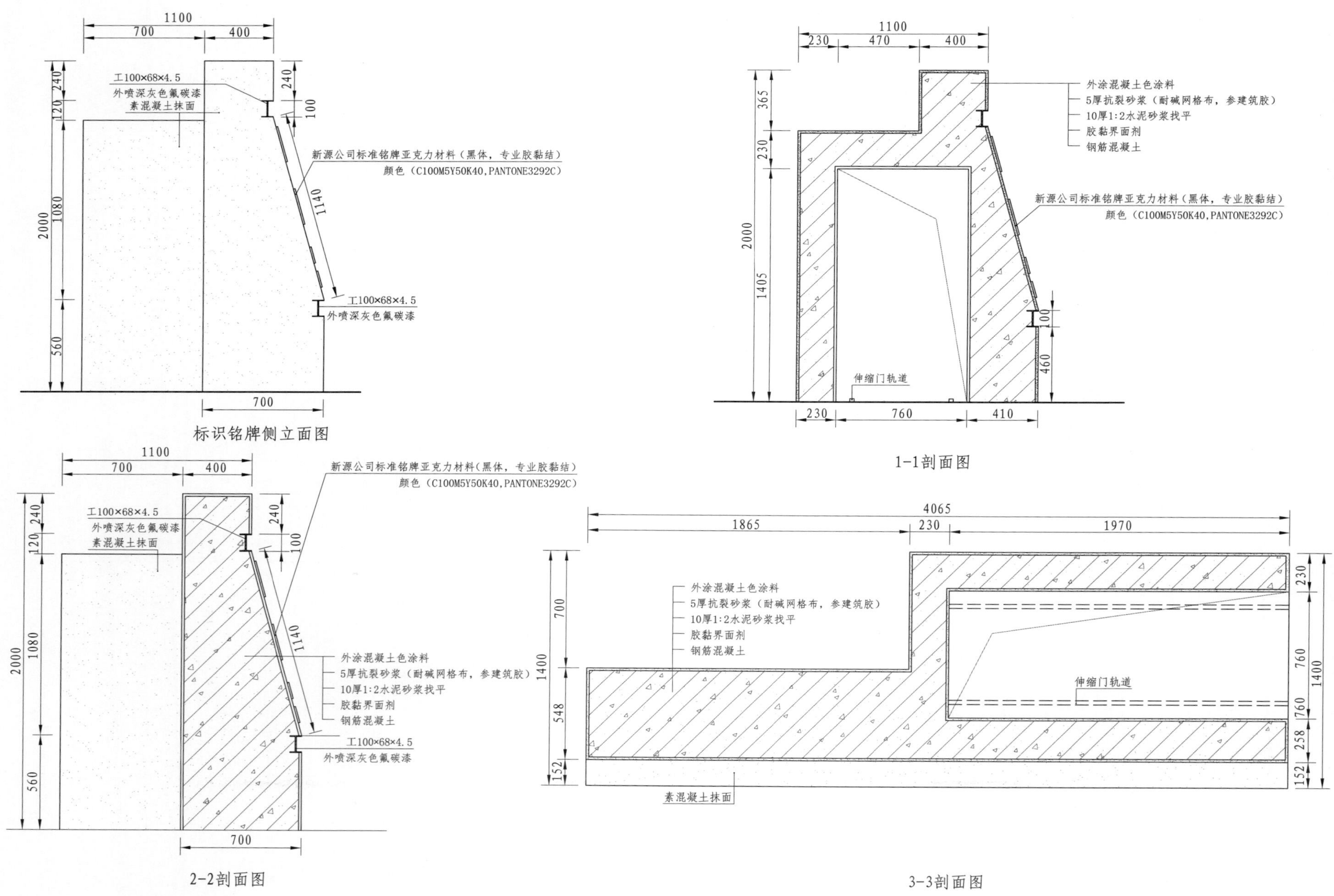

图 3-28　标识铭牌侧立面图及 1-1 剖面图、2-2 剖面图、3-3 剖面图（电站入口北方方案）

图 3-29　业主营地入口效果图（业主营地入口北方方案）

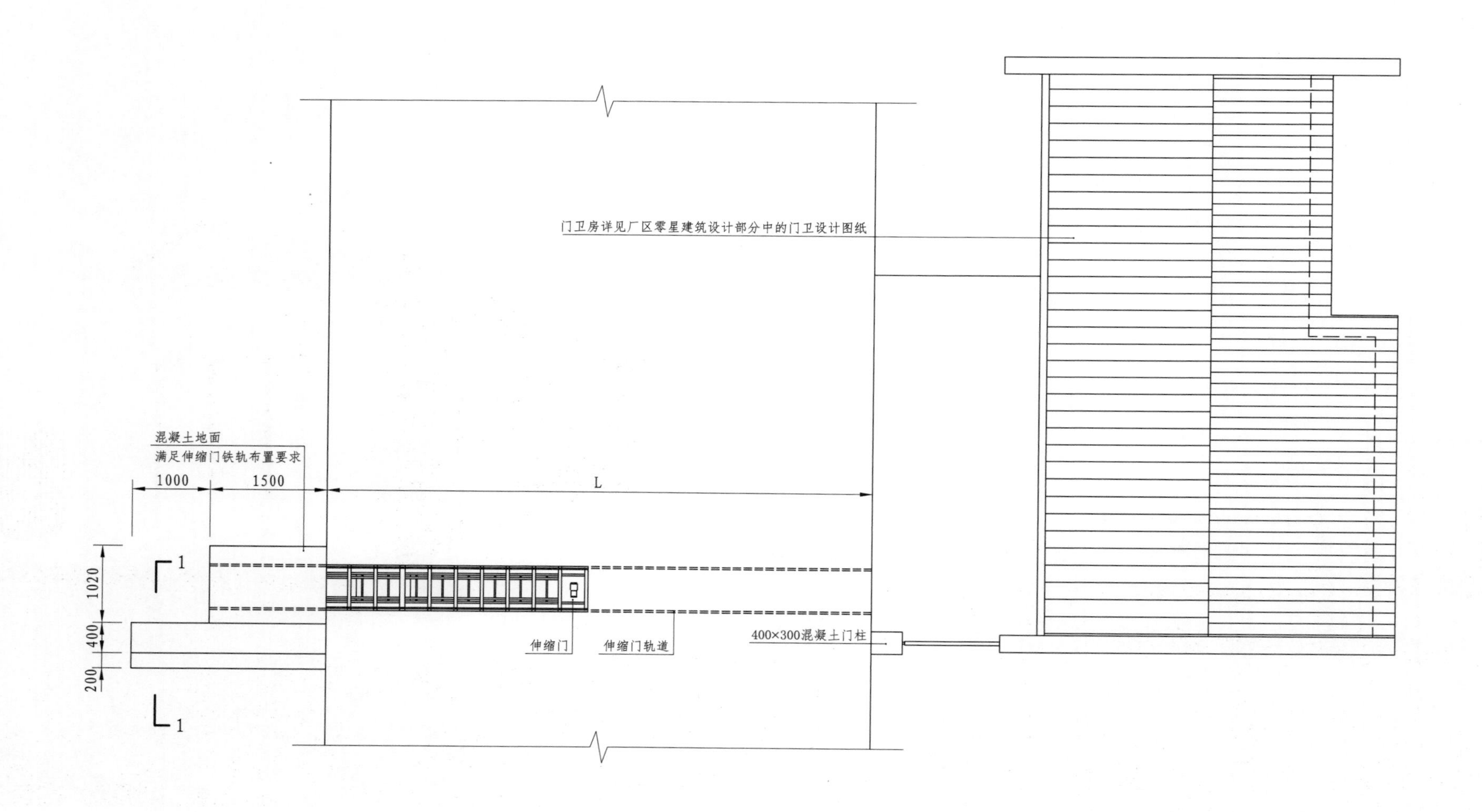

图 3-30　业主营地入口正立面图（业主营地入口北方方案）

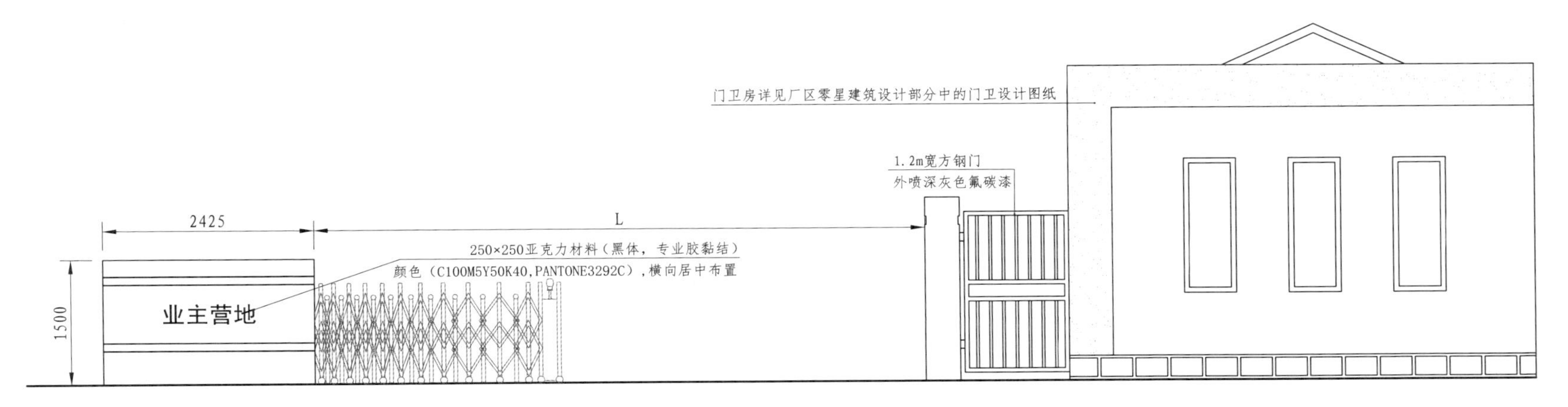

业主营地入口正立面图

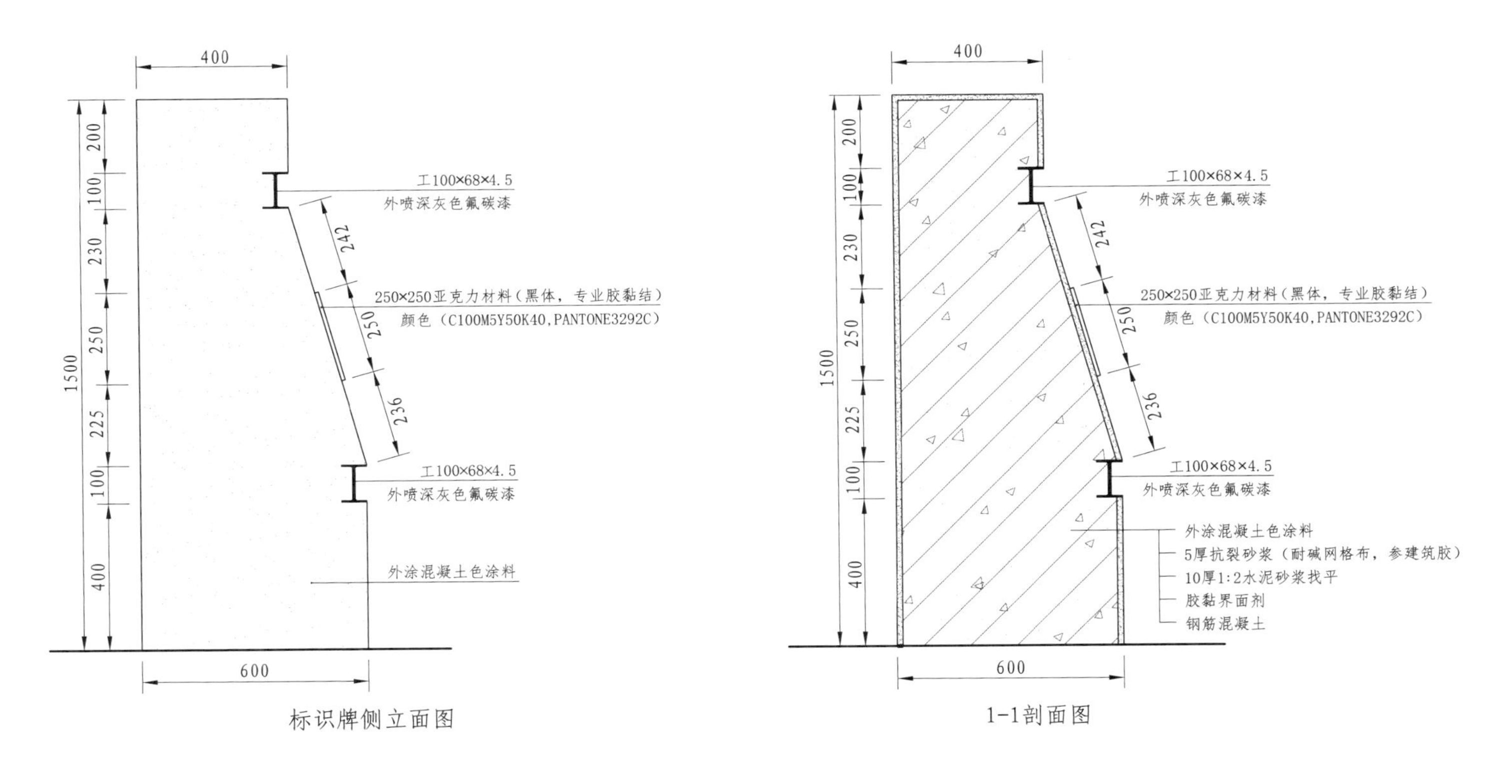

标识牌侧立面图

1-1剖面图

图 3-31　业主营地入口正立面及标识铭牌侧立面图、1-1 剖面图（业主营地入口北方方案）

图 3-32　生产区入口效果图（生产区入口北方方案）

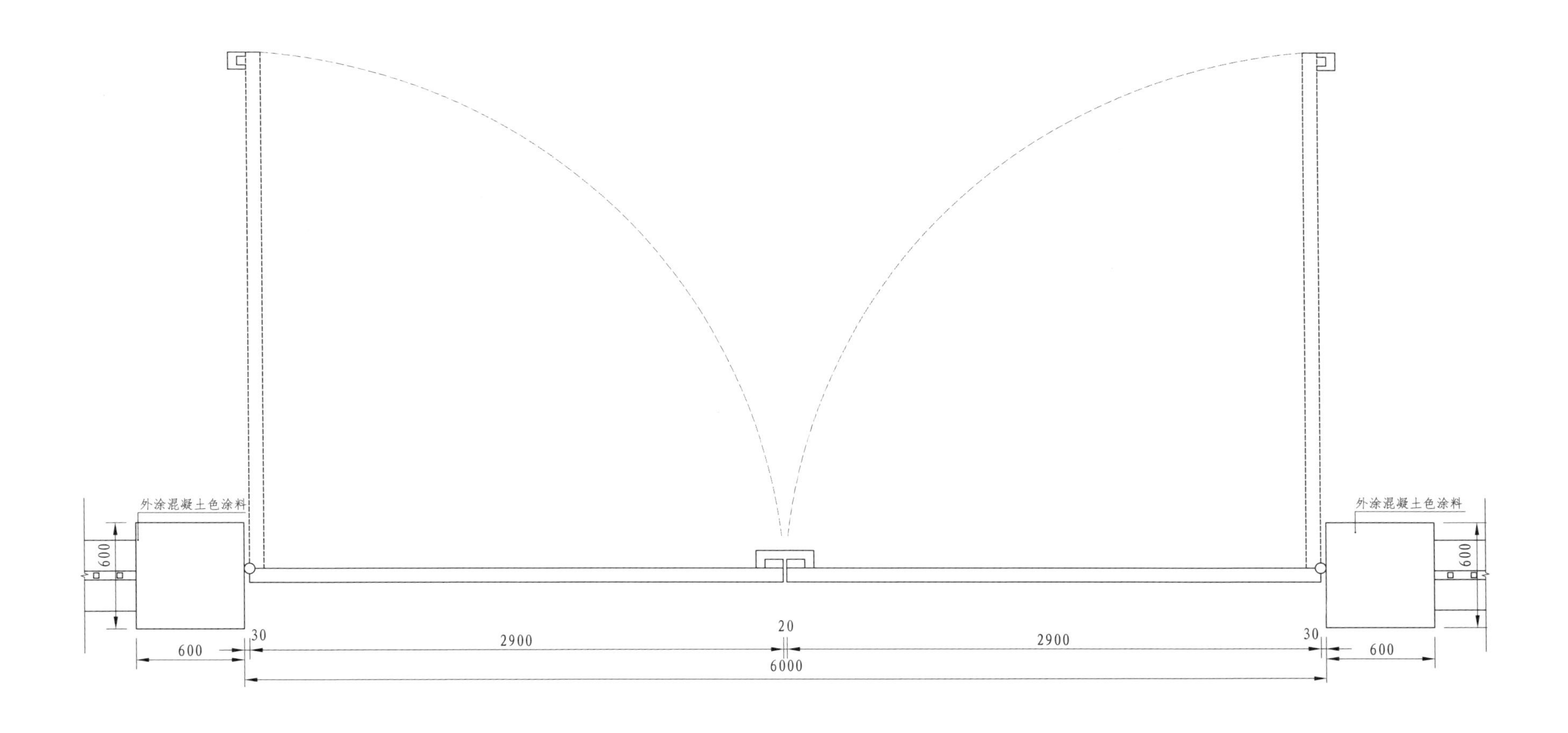

图 3-33　生产区入口平面图（生产区入口北方方案）

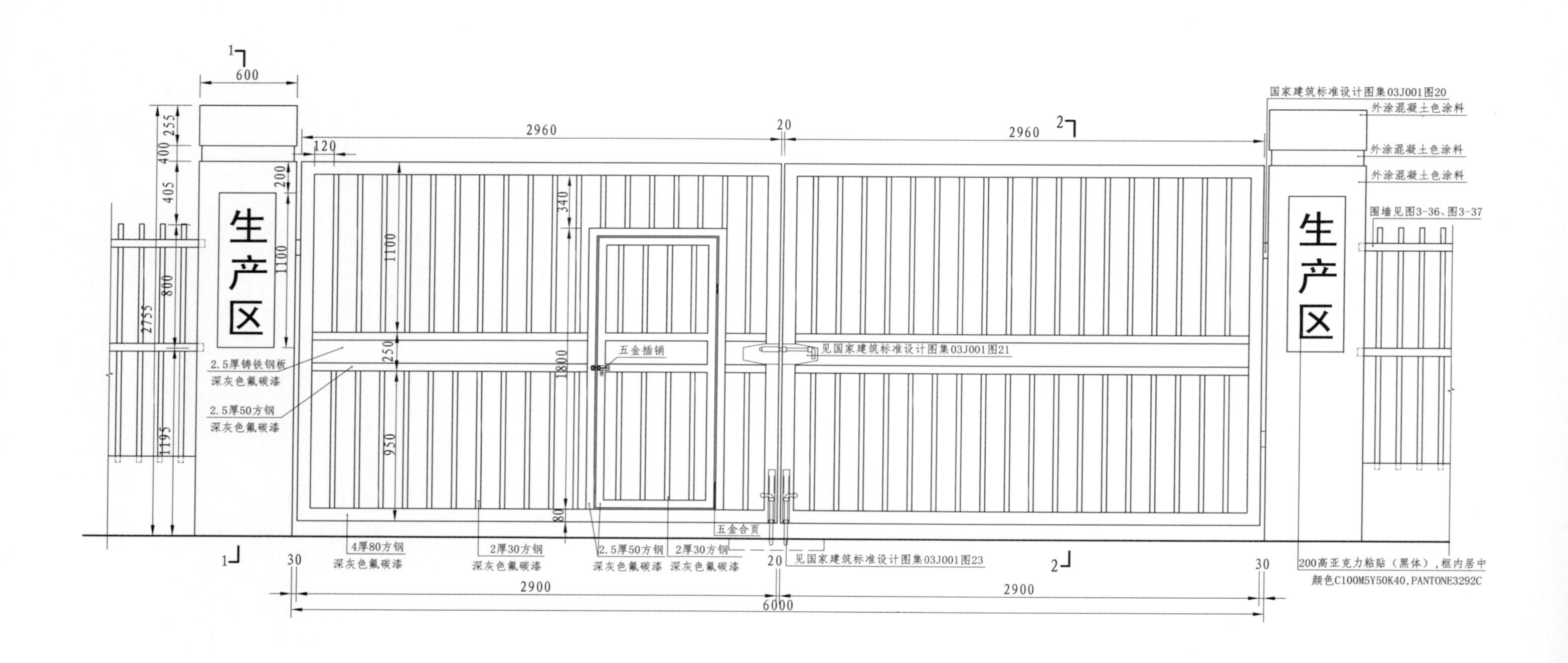

图 3-34　生产区入口正立面图（生产区入口北方方案）

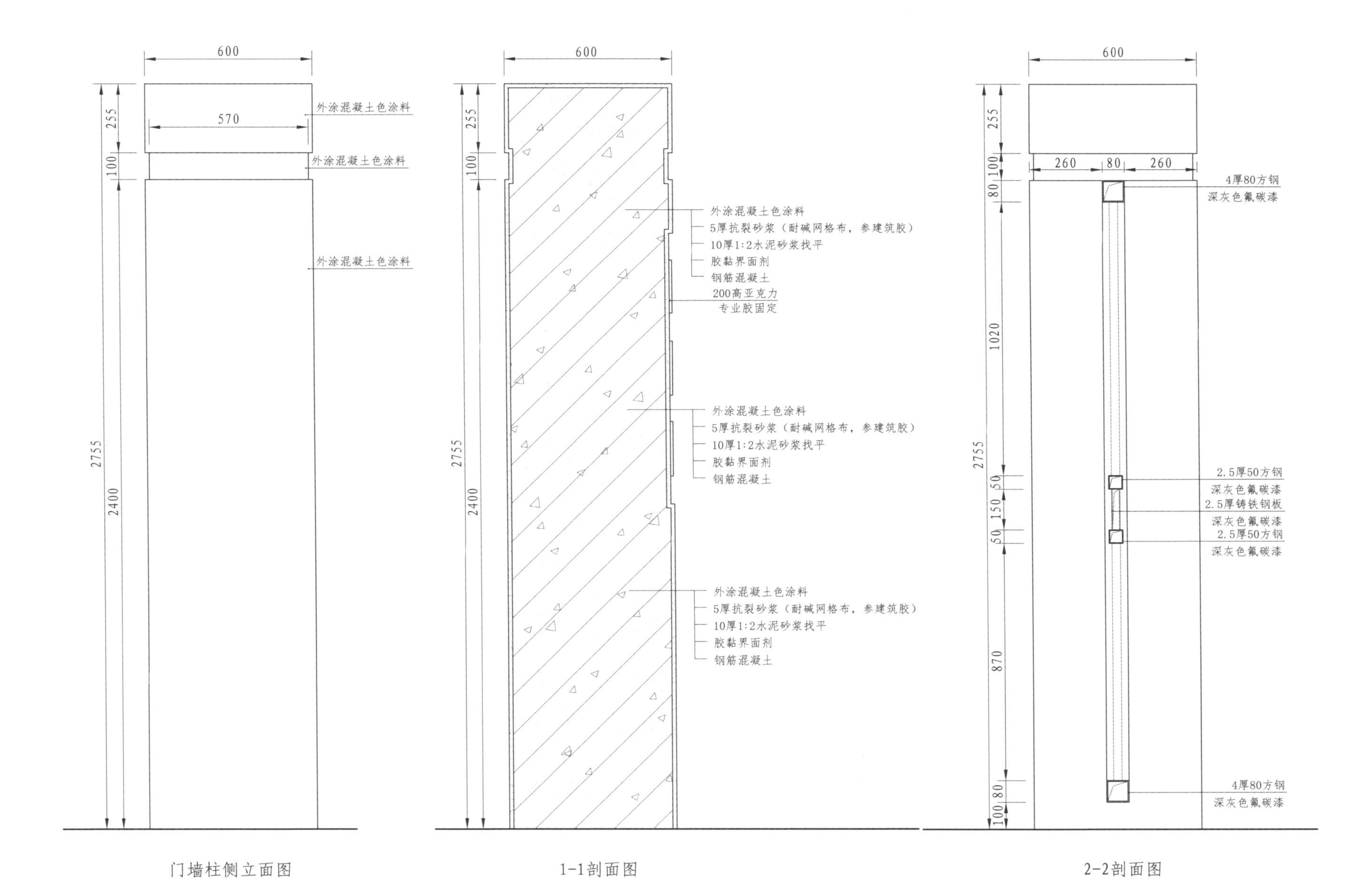

图 3-35　门墙柱侧立面图及 1-1 剖面图、2-2 剖面图（生产区入口北方方案）

图 3-36　通透式围墙效果图（围墙北方方案一）

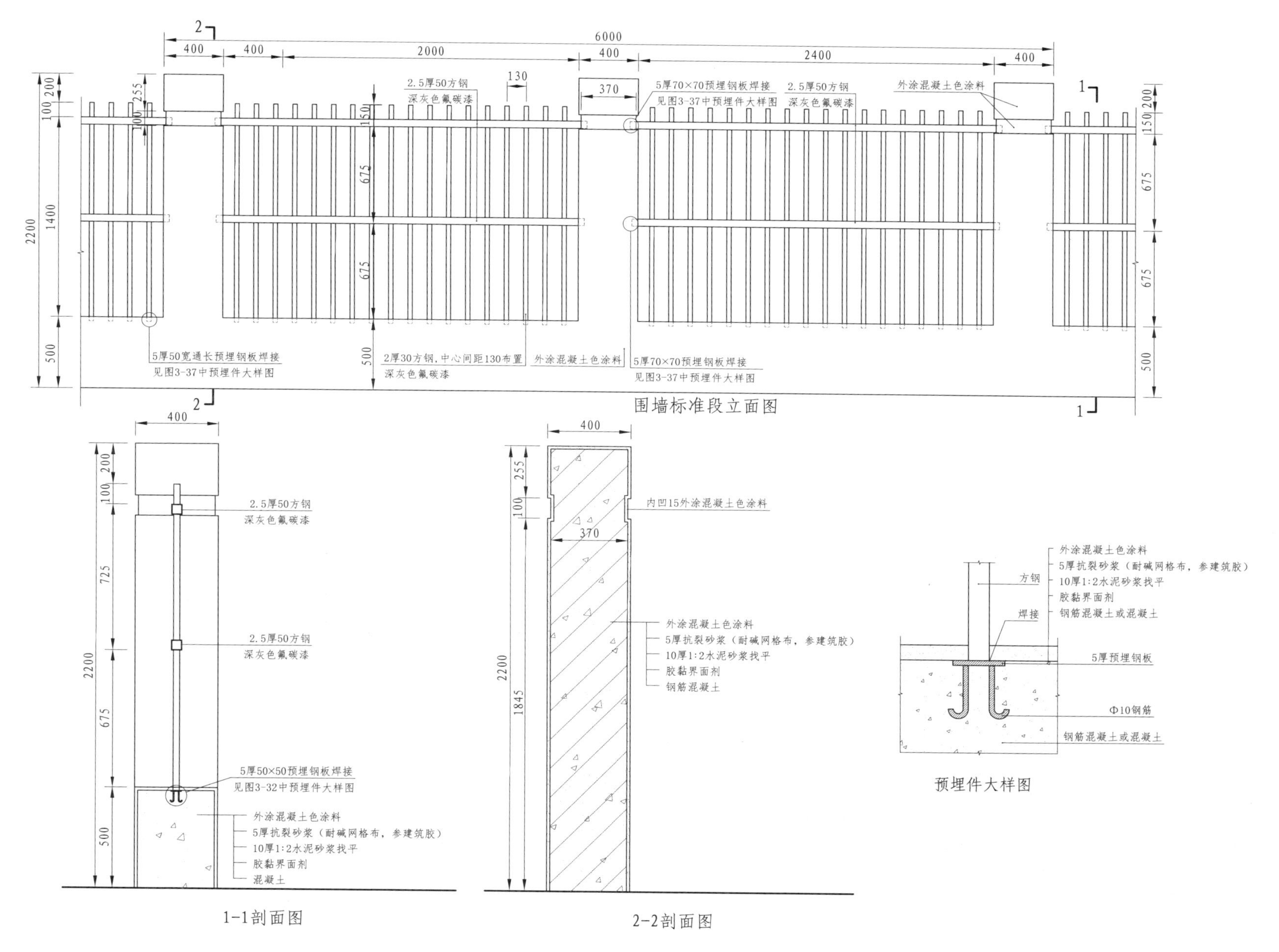

图 3-37　围墙标准段设计图（围墙北方方案一）

图 3-38　通透围墙效果图（围墙北方方案二）

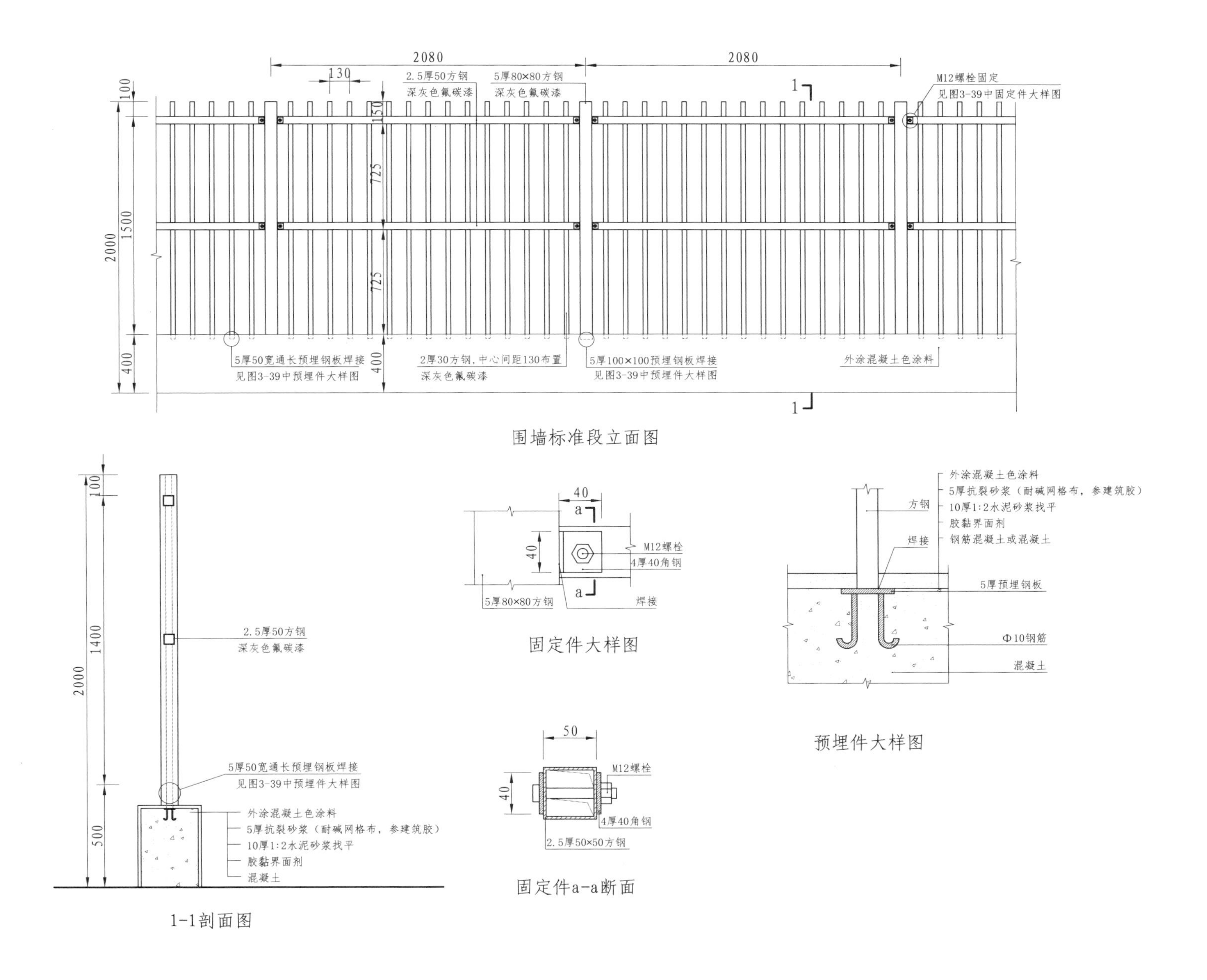

图 3-39　通透围墙标准段设计图（围墙北方方案二）

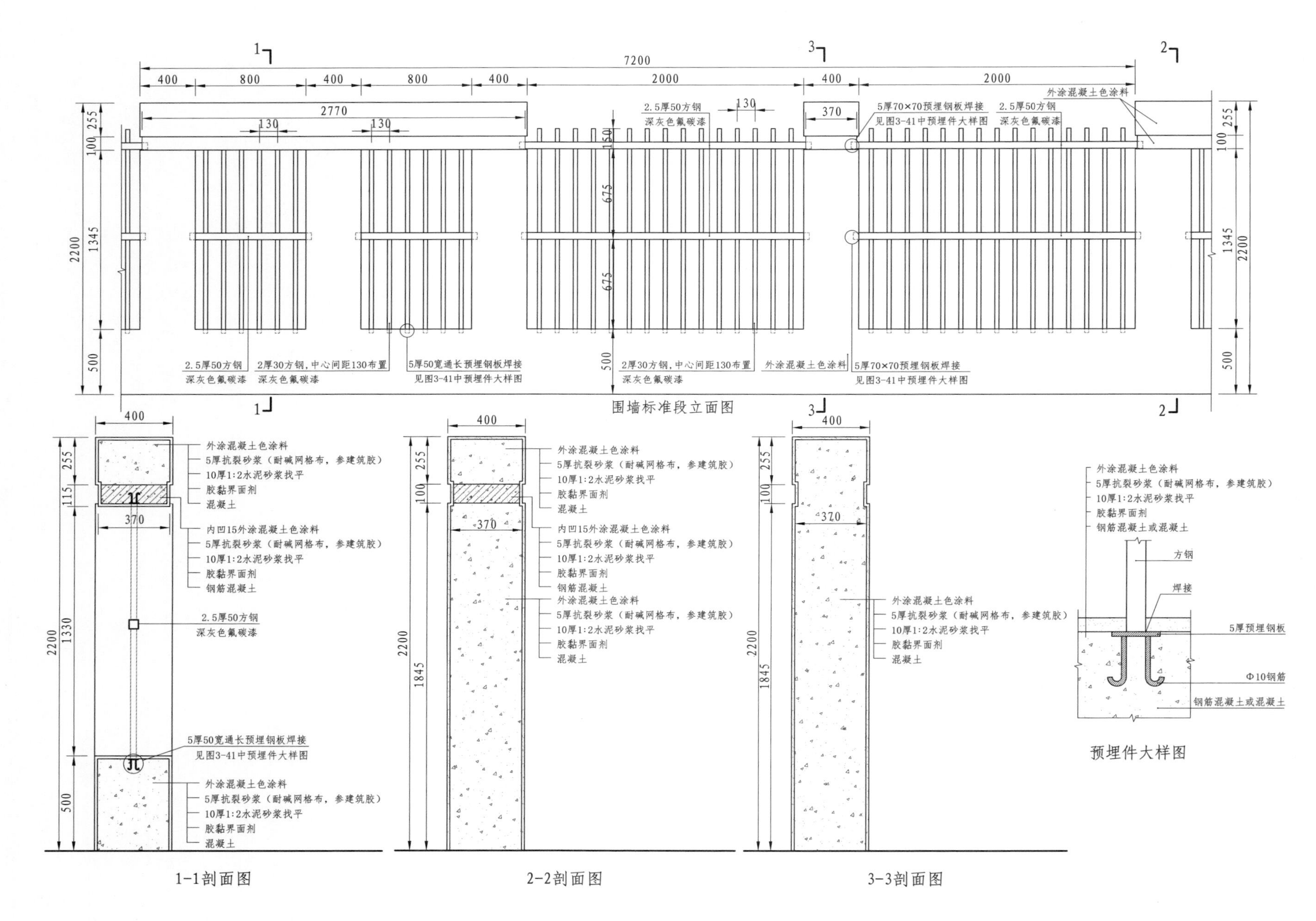

图 3-40　半通透围墙标准段设计图（围墙北方方案三）

第 4 章　厂区零星建筑设计部分

4.1　设计依据

（1）《建筑设计防火规范》（GB 50016—2006）。

（2）《建筑内部装修设计防火规范》（GB 50222—95）（2001 修订版）。

（3）《屋面工程技术规范》（GB 50345—2012）。

（4）国网新源控股有限公司《抽水蓄能电站工程通用设计工作方案》。

（5）其他相关的规范、规程及工程质量验收文件。

4.2　设计原则

（1）功能性原则。厂区零星建筑设计必须首先考虑各自的使用功能，在满足使用功能的基础上进行建筑平面的布置，同时进行外观的设计。

（2）稳重性原则。厂区零星建筑设计应考虑稳重性原则，建筑体量和造型应规整正气稳重，符合电站大气稳重的环境氛围。

（3）简洁性原则。厂区零星建筑设计须体现简洁性，用最简单的设计语言进行展现。采用标准简洁的施工工艺，便于后期施工和建设，并在一定区域内具备通用性。

（4）实用性原则。厂区零星建筑设计要实用，建筑空间根据功能需要进行布置。同时选择适用地区常用的材料，采用常规的施工工艺。

（5）美观性原则。厂区零星建筑设计要在满足功能，经济实用的前提下，考虑美观性，做到与周边环境和谐，体现自然生态美感。

（6）地域性原则。厂区零星建筑设计要考虑地域性，根据南北方不同的地域环境特色，选择合适的屋顶造型、墙体保暖措施以及其他跟地域环境有关的要素，做到适地适用。

4.3　方案设计总体说明

本章通用设计以给定的尺寸为基础设计，主要包括排风竖井房、配电间、通风机房、门卫房的功能平面设计，分别以南方及北方的典型区域特征为例，进行单体建筑的风格统一设计。在具体的工程设计中，应综合考虑南北方区域各种因素，在设计时应与现有国家、行业标准相关内容配套使用。对于不同抽水蓄能电站，根据实际需求尺寸、环境条件、不同地域的特点进行优化调整。

（1）南方方案设计内容包括排风竖井房、配电间、通风机房、门卫房。设计提取南方特有的白墙、黛瓦、漏窗等建筑元素，融入到建筑中，并采用坡屋顶，便于排水。其中敞开式排风竖井房样式简洁大气可以南北通用。

（2）北方方案设计内容包括配电间、通风机房、门卫房。整体体现电站的工业特色，采用浅灰色外墙涂料粗拉毛进行装饰。同时考虑北方降雪，屋顶设置成坡屋顶。

4.4　设计方案及使用说明

4.4.1　南方方案

南方方案体现南方建筑特色的风格，将白墙、黛瓦、漏窗等建筑元素以现代化、工业化、简洁化的方式提炼出来，运用到零星建筑的立面设计中。使零星建筑自然的融入到南方地域环境中。考虑南方大部分地区多雨，屋顶基本采用坡屋顶的形式。

在建筑饰面材料方面，考虑到价格、施工工艺、应用广泛性等因素，在南方方案中主要运用外墙涂料、英红瓦、钢制百叶窗等价格适中、施工工艺成熟、应用较为广泛的材料。

考虑到南方大部分地区为夏热冬冷和夏热冬暖地区，工业性质的建筑屋面均采用 40mm 厚的挤塑板隔热，为机械设备在南方夏天的高温条件下提供隔热的构造措施。门卫房等民用建筑的构造均考虑节能的构造措施，满足国家建筑节能的技术要求与施工要求。

4.4.1.1 敞开式排风竖井房

根据抽蓄电站厂房排烟需要所设置的机房。排风百叶面积根据地下厂房总排风量确定。

敞开式排风竖井房均采用 11.76m×11.76m 的轴间平面尺寸，层数为一层，层高 6.00m，建筑面积为 144m^2。

敞开式排风竖井房南方方案见图 4-1 ～图 4-5。

4.4.1.2 配电房

在上库库区和下库库区的进出水口启闭机房之间设有配电室，配电房内设有 2 台干式配电变压器、4 面 10kV 环网柜、5 面 0.4kV 低压配电屏。

配电房采用 17.48m×5.76m 的轴间平面尺寸，层数为一层，层高 4.40m，建筑面积为 106.4 m²。

配电房南方方案见图 4-6 ～图 4-10。

4.4.1.3 通风机房

设置通风设备的设备用房。通风机房的排风百叶面积根据地下厂房总排风量确定。

通风机房采用 14.2m×10m 的轴间平面尺寸，层数为两层，一层层高为 6.6m，二层层高为 7.5m，建筑面积为 299.49m^2。

通风机房南方方案见图 4-11 ～图 4-18。

4.4.1.4 门卫房

单人门卫房根据国网新源控股有限公司《抽水蓄能电站工程现场生产附属（辅助）建筑、生活文化福利设施及永临结合工程设置标准》进行设计，设值班室、休息室及卫生间，面积约 30m^2。增加夫妻岗门卫房设计，面积约 60m^2。

单人门卫房层数一层，层高 3m，主要功能有值班室、休息室、卫生间及简易餐厨空间。双人门卫房层数一层，层高 3m，主要功能有值班室、餐厅、休息室、卫生间及厨房。

门卫房南方方案见图 4-19 ～图 4-27。

4.4.2 北方方案

北方方案旨在体现北方特色环境下水电工业建筑的现代化。建筑立面通过简洁的体块变化，以及浅灰色拉毛的外立面装饰体现工业感。考虑到北方冬天多雪，屋顶均采用坡屋顶形式。

在建筑饰面材料方面，主要采用外墙涂料、英红瓦等应用广泛和施工工艺成熟的材料，局部如墙脚采用适量石材贴面。通过涂料色彩选择和面层处理，提升工业建筑的艺术性。

考虑到北方地区冬天温度较低，屋面采用 80mm 厚挤塑板，保证低温下机械的正常运转。

4.4.2.1 配电房

在上库库区和下库库区的进出水口启闭机房之间设有配电房，配电房内设有 2 台干式配电变压器、4 面 10kV 环网柜、5 面 0.4kV 低压配电屏。

配电房采用 17.48m×5.76m 的轴间平面尺寸，层数为一层，层高 4.5m，建筑面积为 106.4m^2。

配电房北方方案见图 4-28 ～图 4-33。

4.4.2.2 通风机房

设置通风设备的设备用房。通风机房的排风百叶面积根据地下厂房总排风量确定。

通风机房采用 14.2m×10m 的轴间平面尺寸，层数为两层，一层层高为 6.6m，二层层高为 7.5m，建筑面积为 299.49m^2。

通风机房北方方案见图 4-34 ～图 4-42。

4.4.2.3 门卫房

门卫房外观根据功能布局，采用规整的方形，外墙采用清水混凝土挂板装饰，体现现代工业感。

门卫房的平面设计同南方方案。

门卫房北方方案见图 4-43 ～图 4-51。

4.5 设计图

设计图目录见表 4-1。

表 4-1 设计图目录

序号	图　名	图号
1	敞开式排风竖井房（南北通用方案）	图 4-1 ～图 4-5
2	配电房（南方方案）	图 4-6 ～图 4-10
3	通风机房（南方方案）	图 4-11 ～图 4-18
4	门卫房（南方方案）	图 4-19 ～图 4-23
5	夫妻门卫房（南方方案）	图 4-24 ～图 4-27
6	配电房（北方方案）	图 4-28 ～图 4-33
7	通风机房（北方方案）	图 4-34 ～图 4-42
8	门卫房（北方方案）	图 4-43 ～图 4-47
9	夫妻门卫房（北方方案）	图 4-48 ～图 4-51

图 4–1　敞开式排风竖井房（南北通用方案）效果图

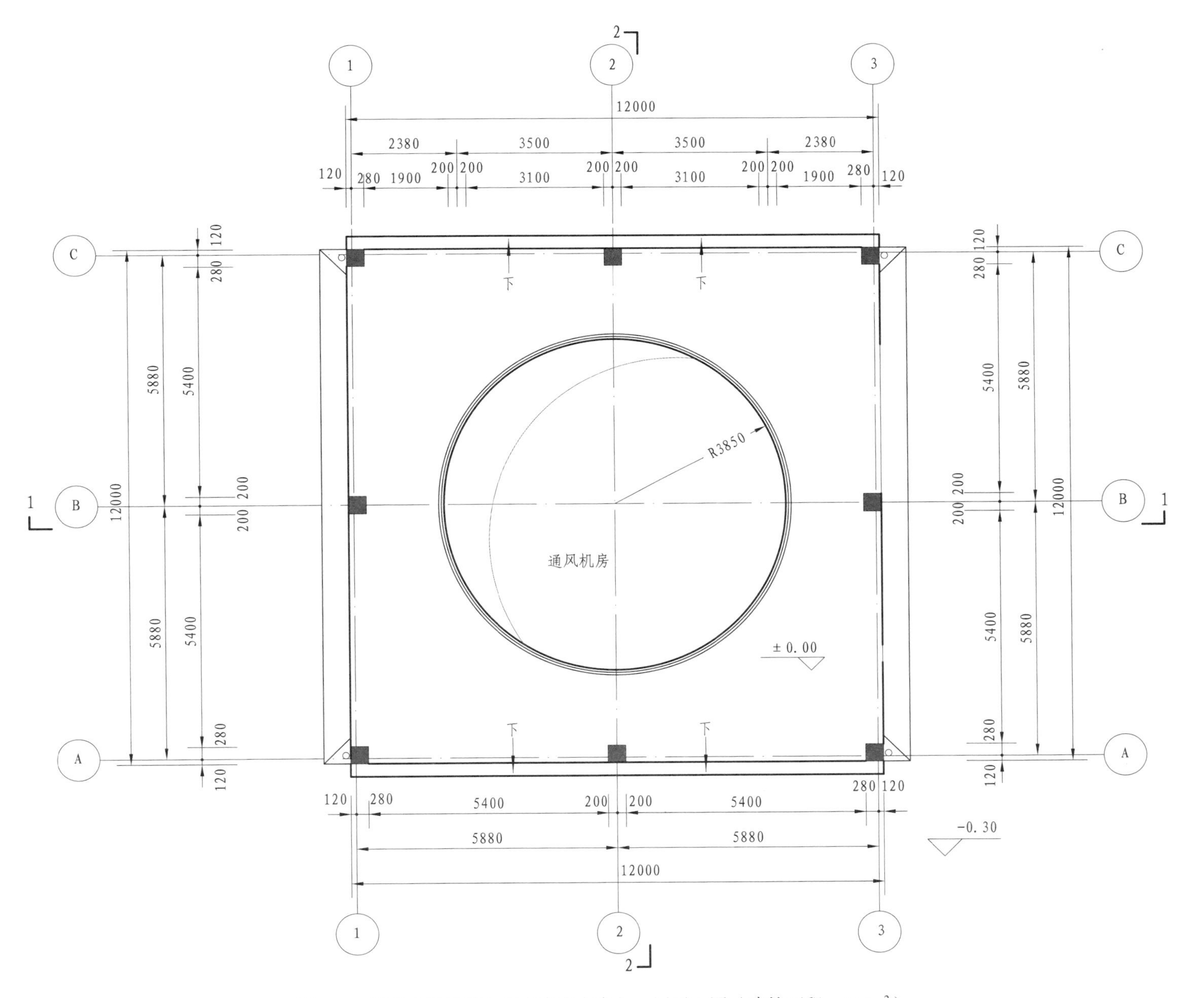

图 4–2　敞开式排风竖井房（南方方案）一层平面图（建筑面积：144m²）

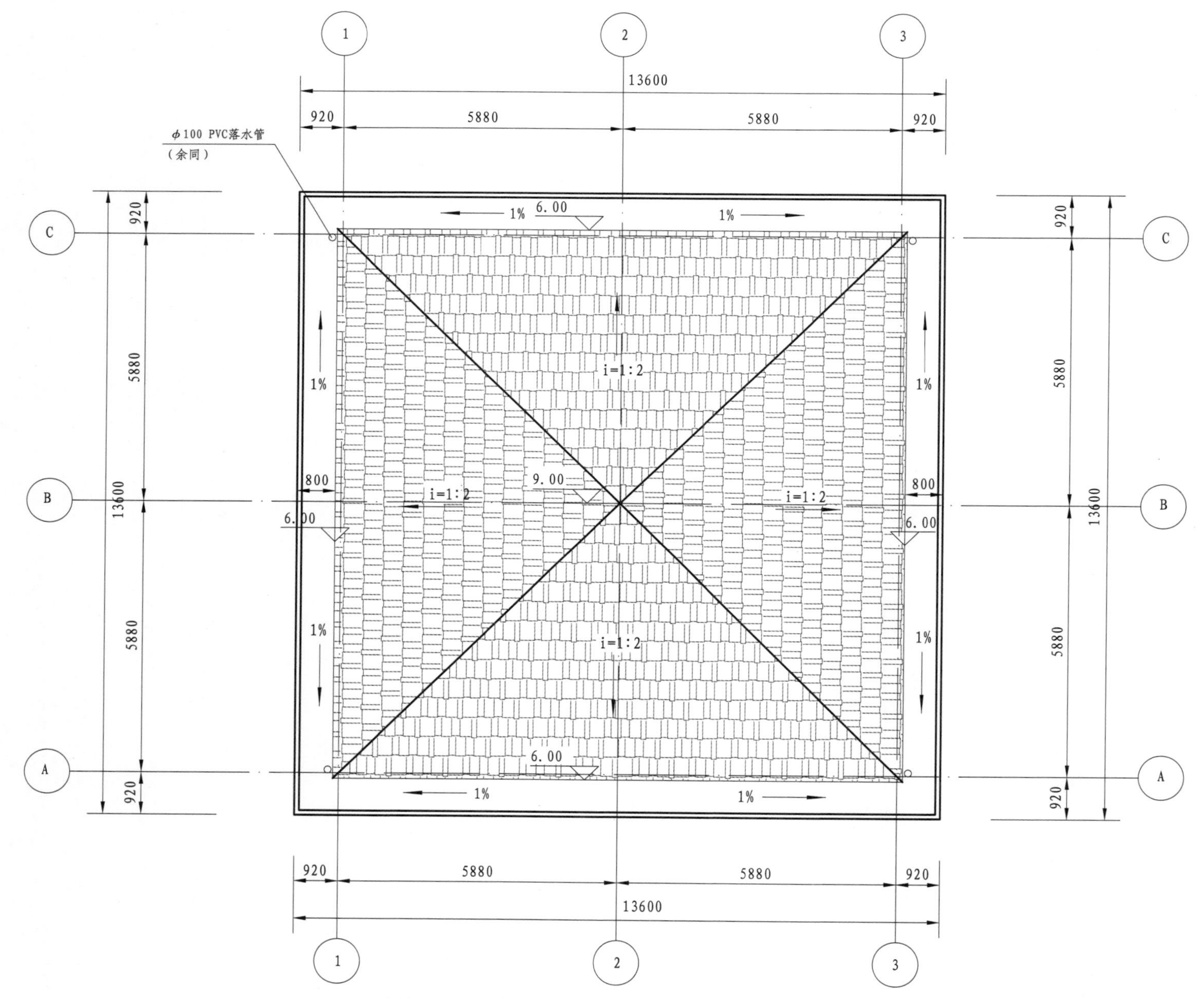

图 4–3 敞开式排风竖井房（南方方案）屋顶平面图

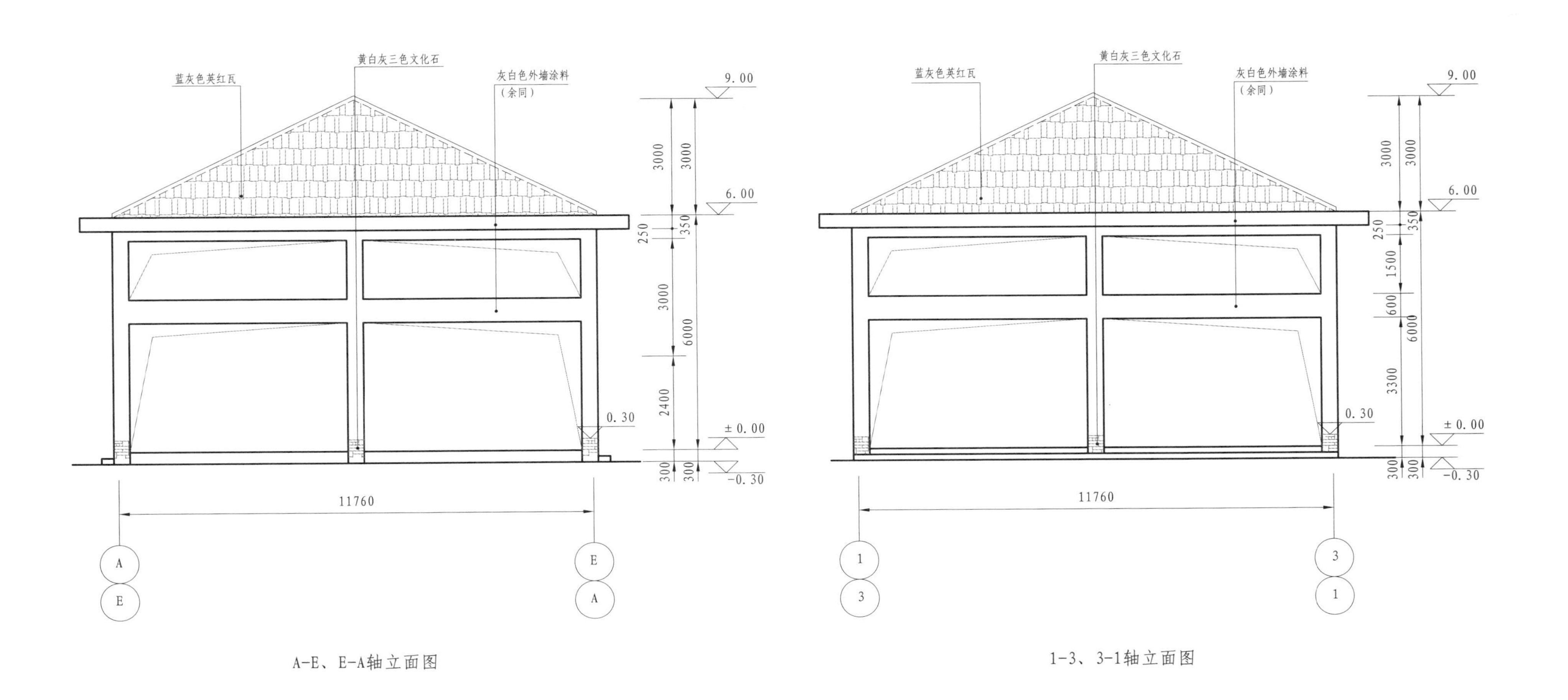

图 4-4　敞开式排风竖井房（南方方案）A-E、E-A、1-3、3-1 轴立面图

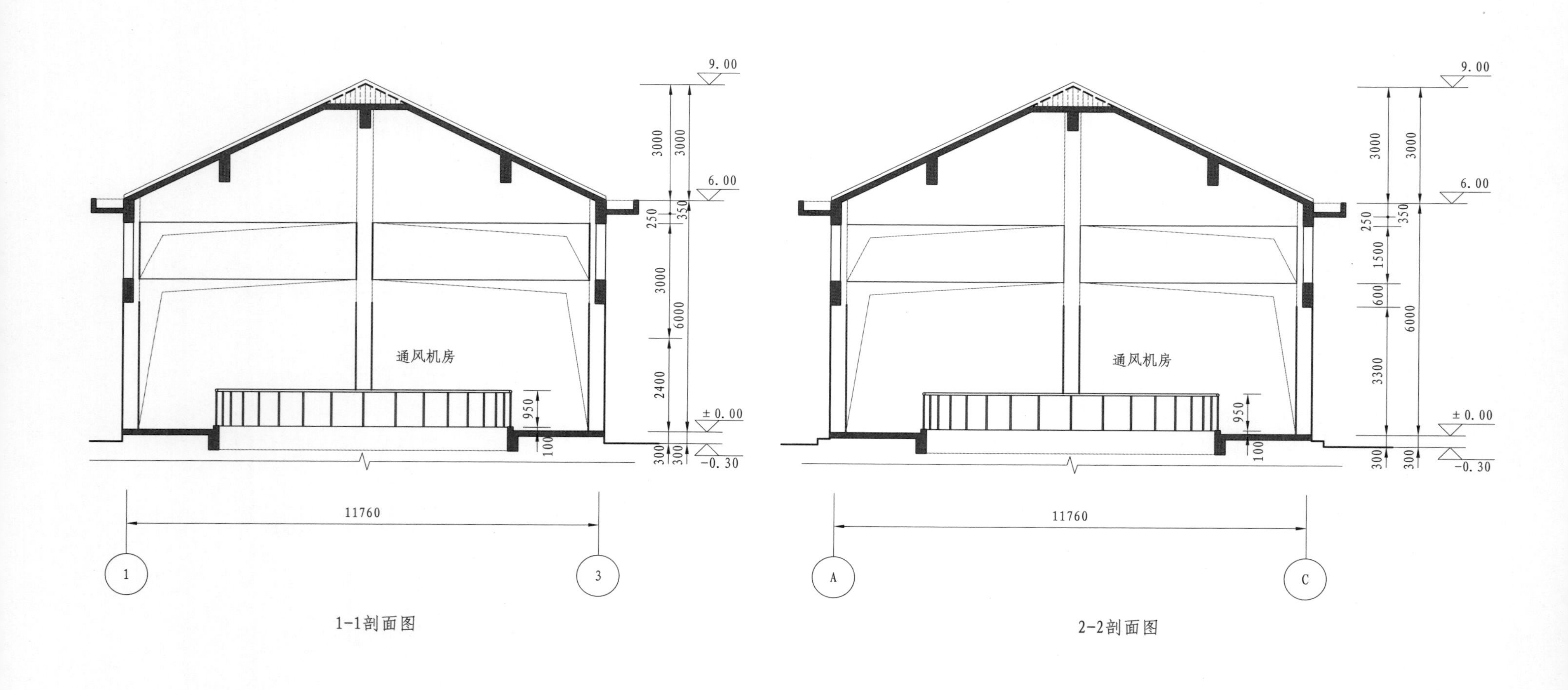

图 4-5　敞开式排风竖井房（南方方案）1-1 剖面、2-2 剖面图

图 4–6　配电房（南方方案）效果图

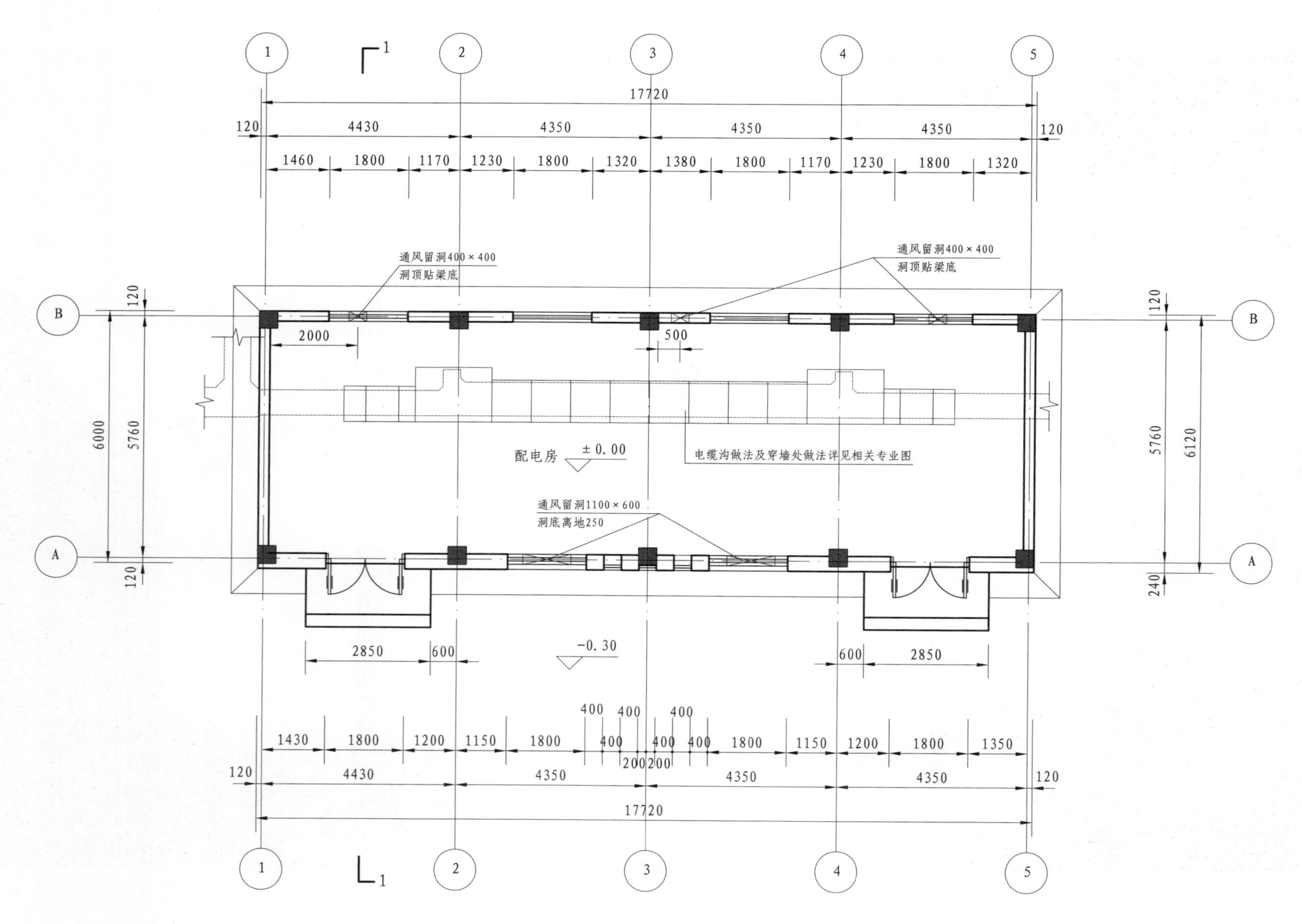

图 4-7　配电房（南方方案）一层平面图（建筑面积：106.32m²）

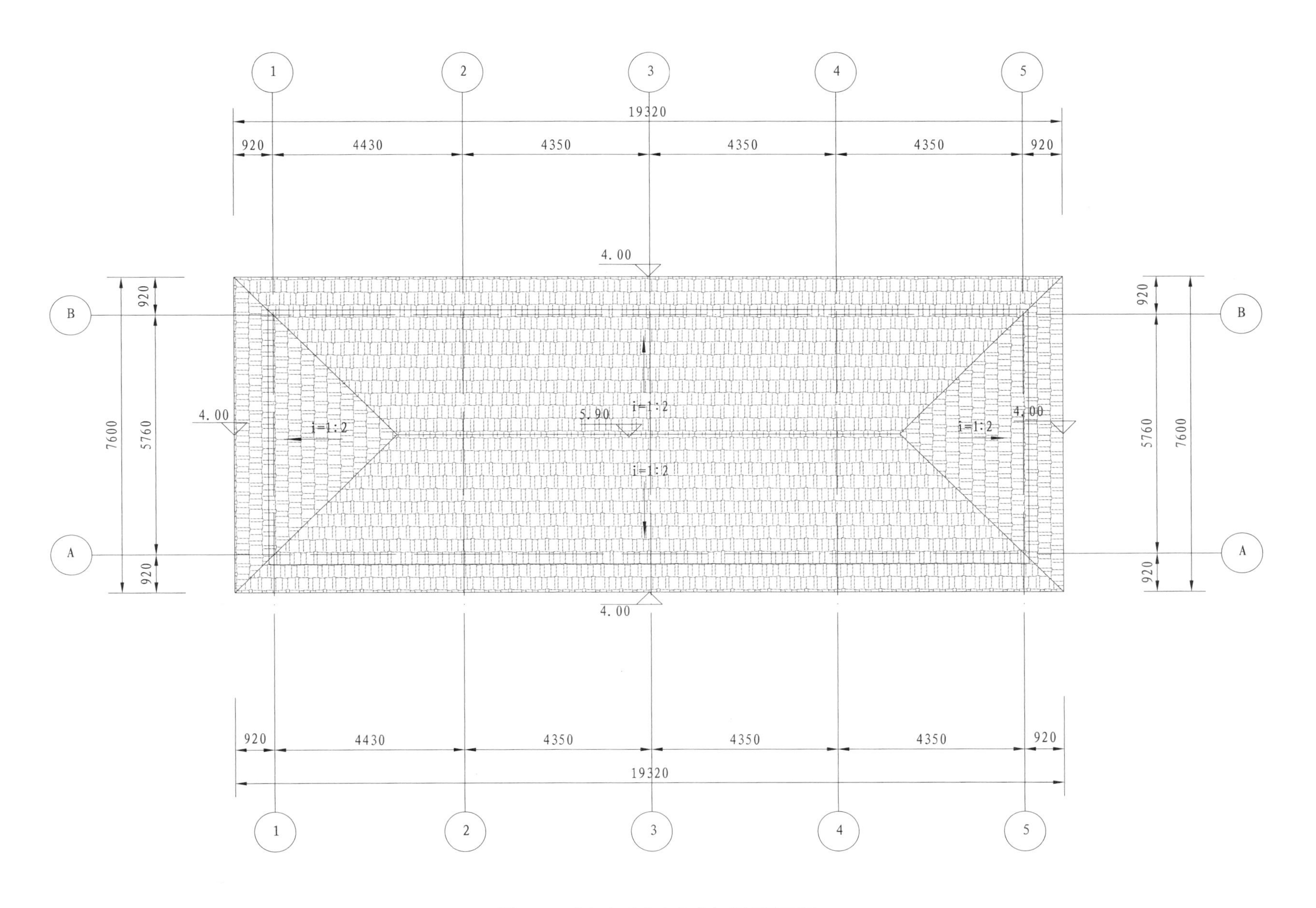

图 4-8　配电房（南方方案）屋顶平面图

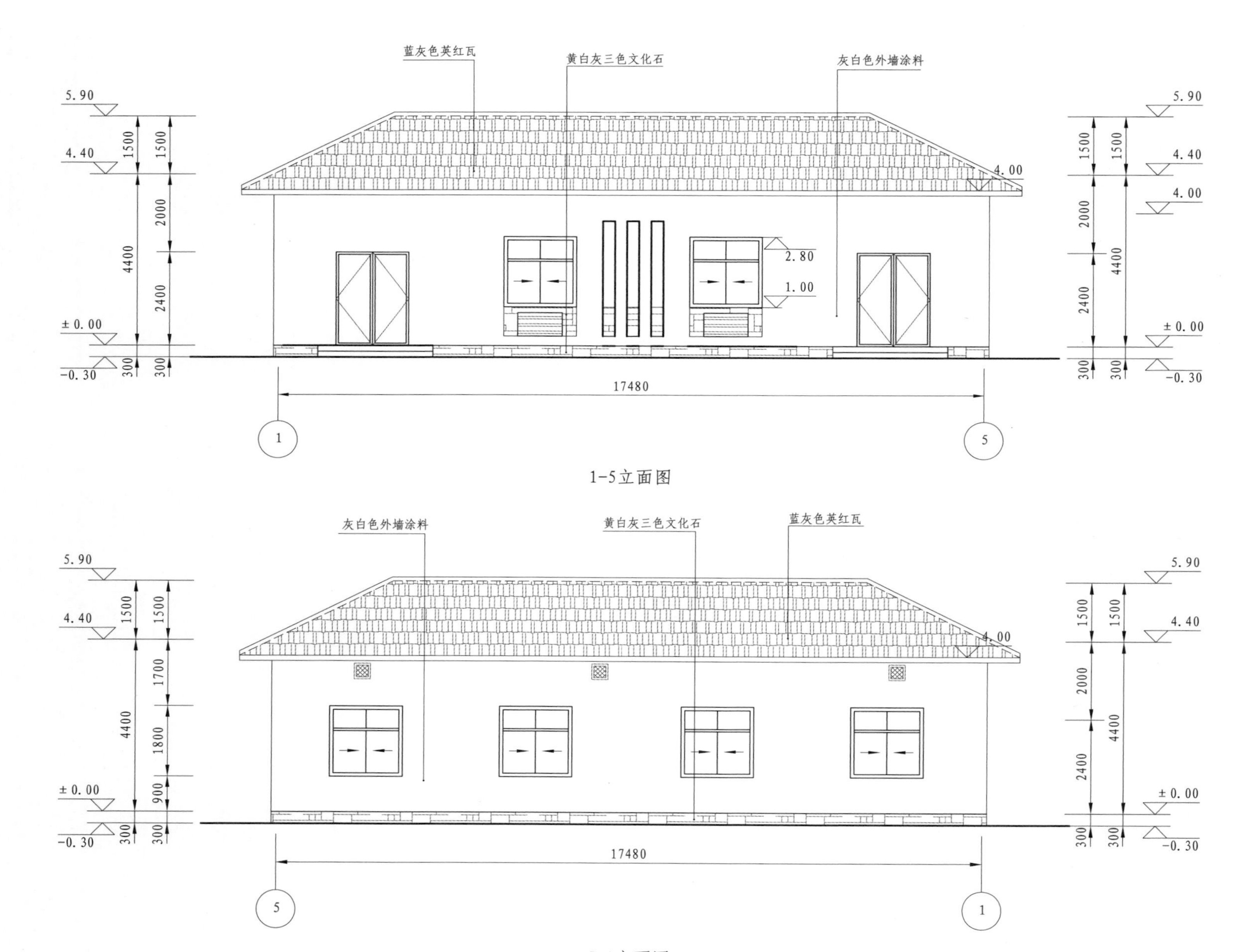

图 4-9　配电房（南方方案）1-5、5-1 立面图

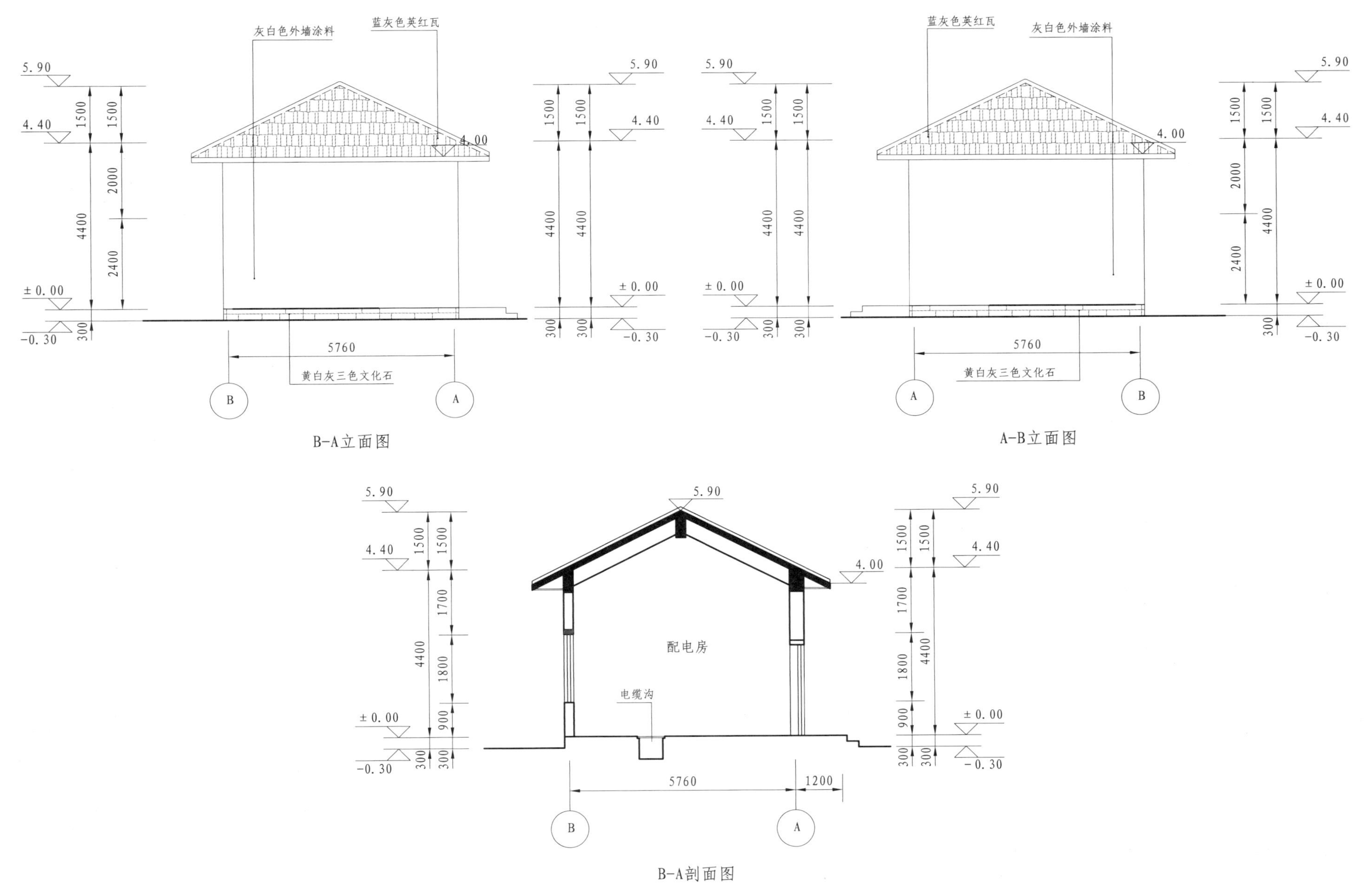

图 4-10　配电房（南方方案）A-B、B-A 立面图、剖面图

图 4-11　通风机房（南方方案）效果图

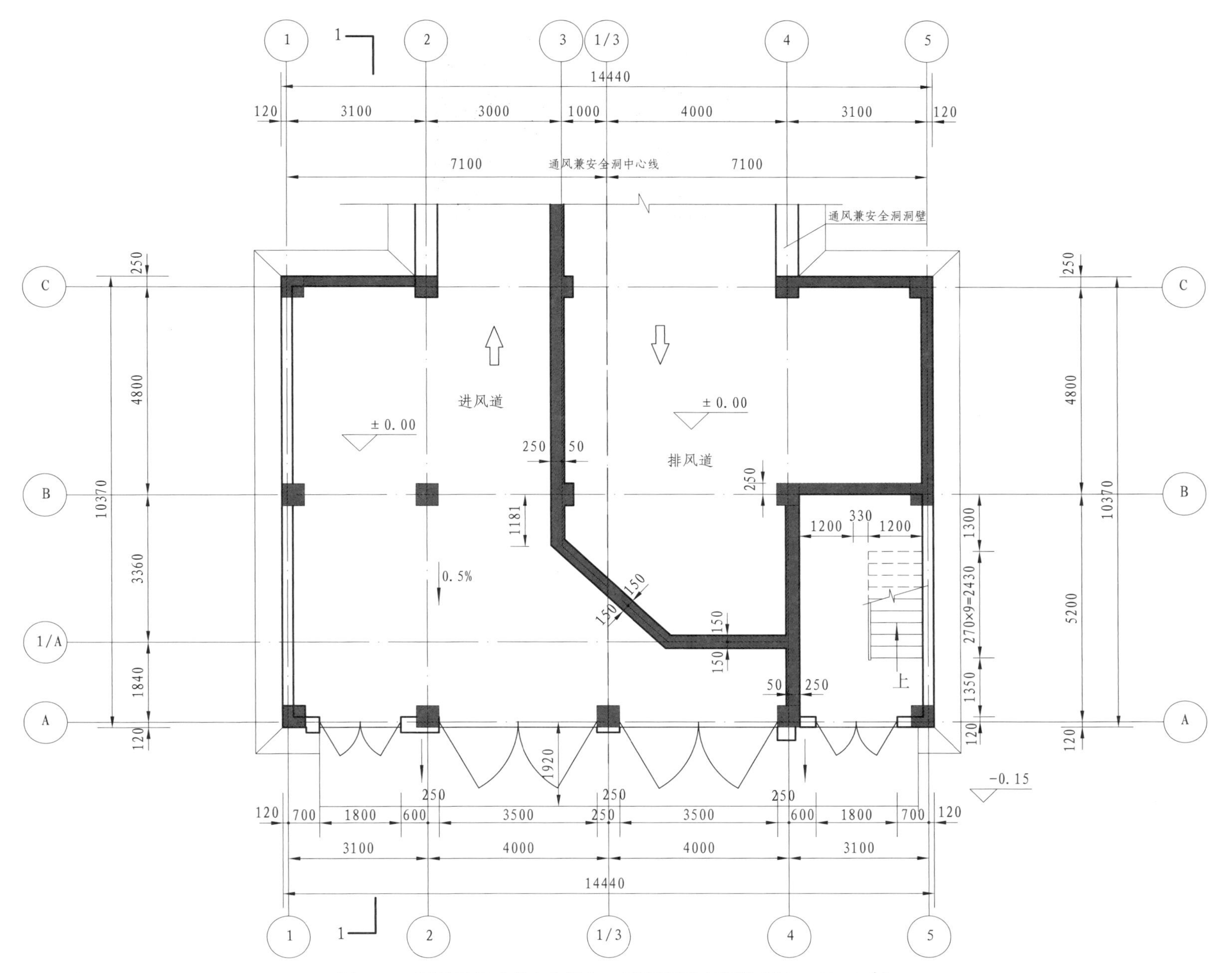

图 4-12　通风机房（南方方案）一层平面图（建筑面积：299.49m²）

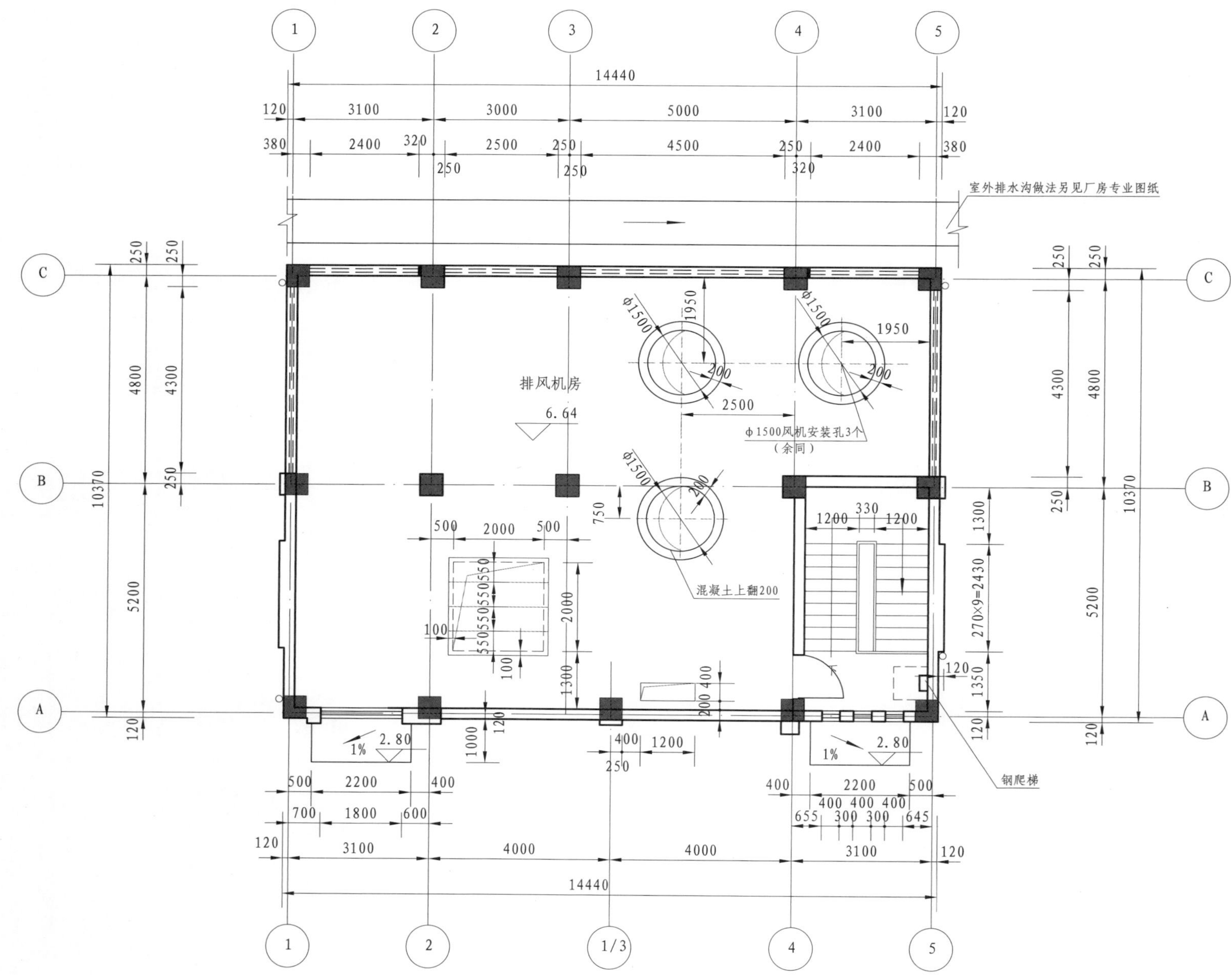

图 4-13　通风机房（南方方案）二层平面图

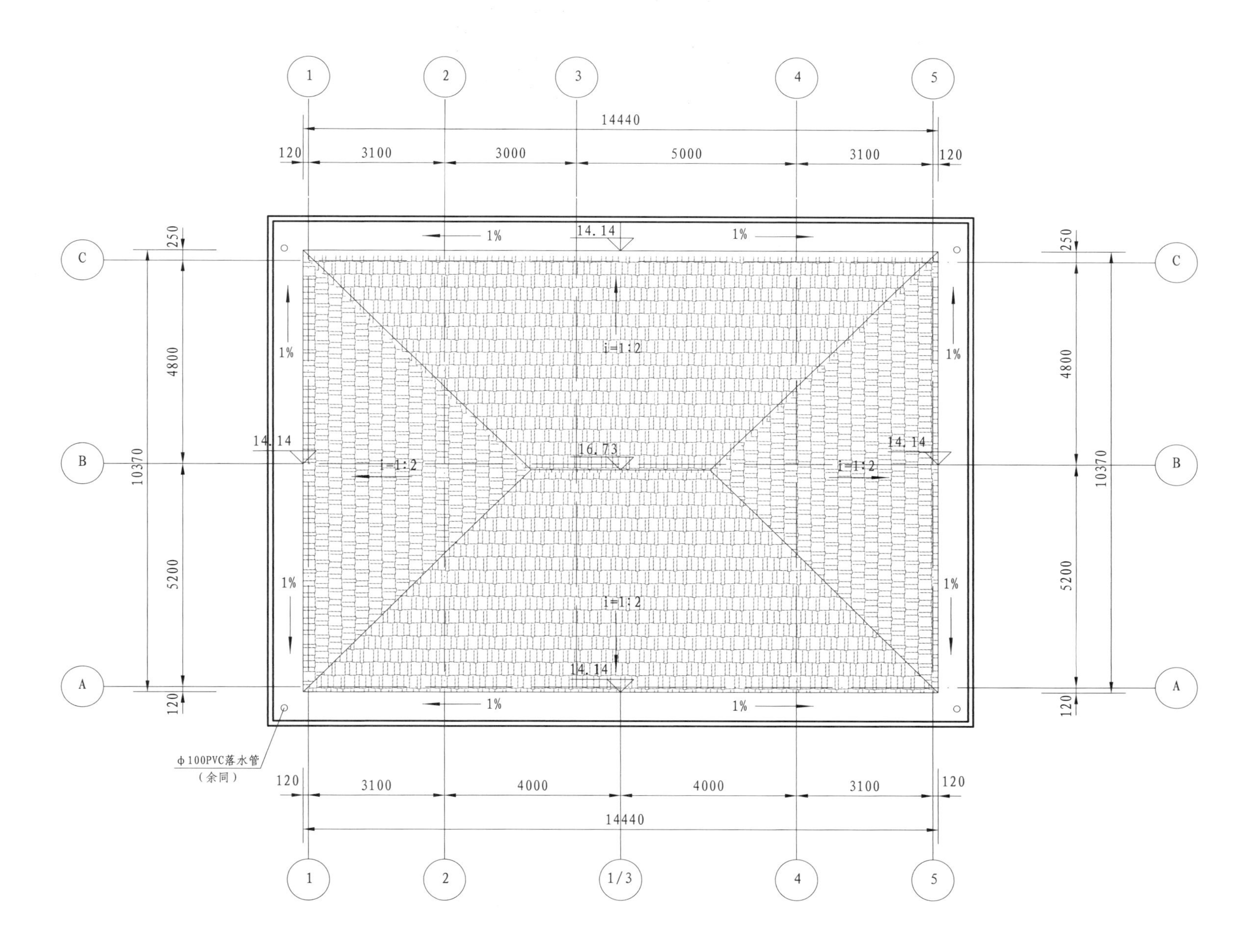

图 4–14　通风机房（南方方案）屋顶平面图

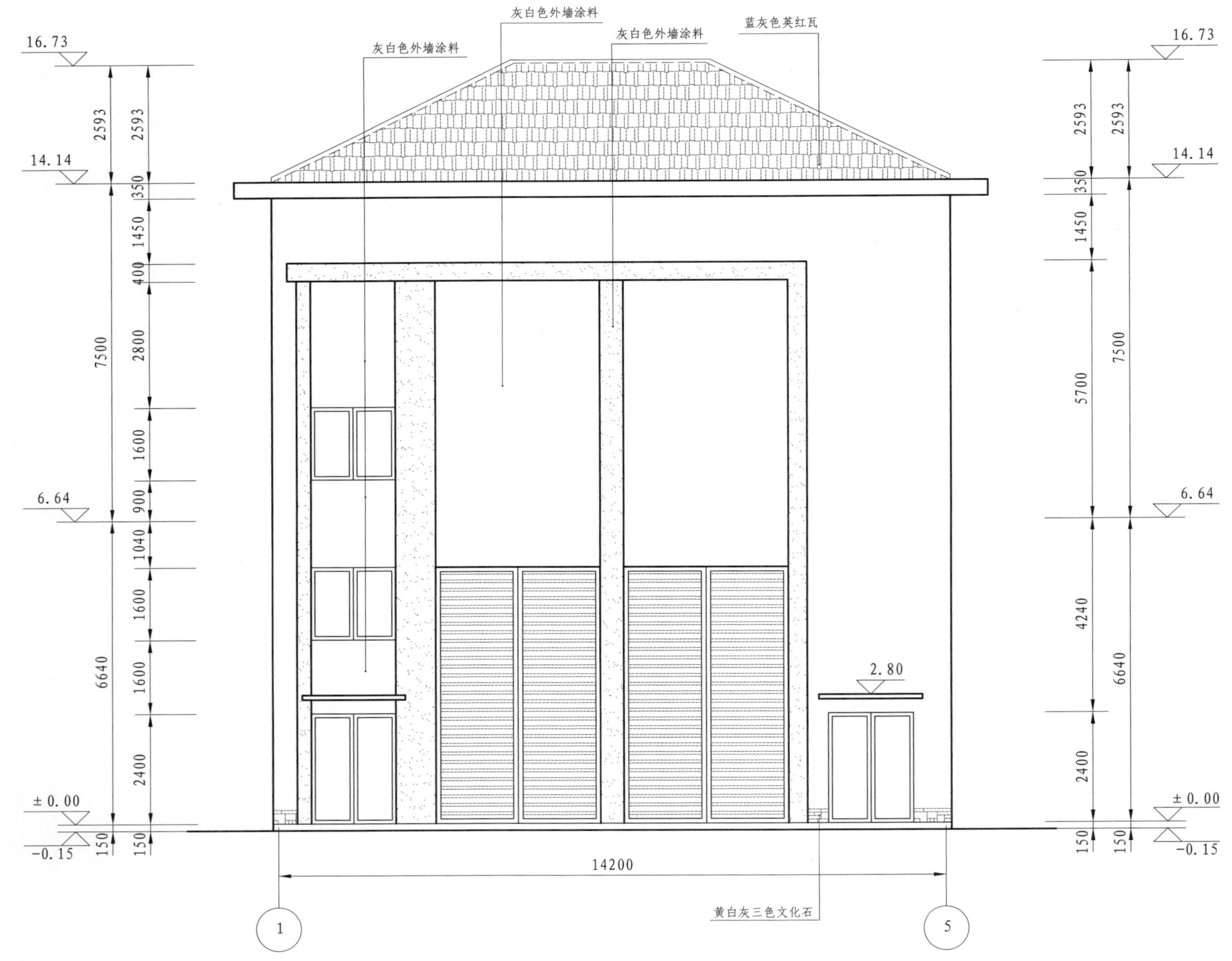

图 4–15　通风机房（南方方案）1–5 轴立面图

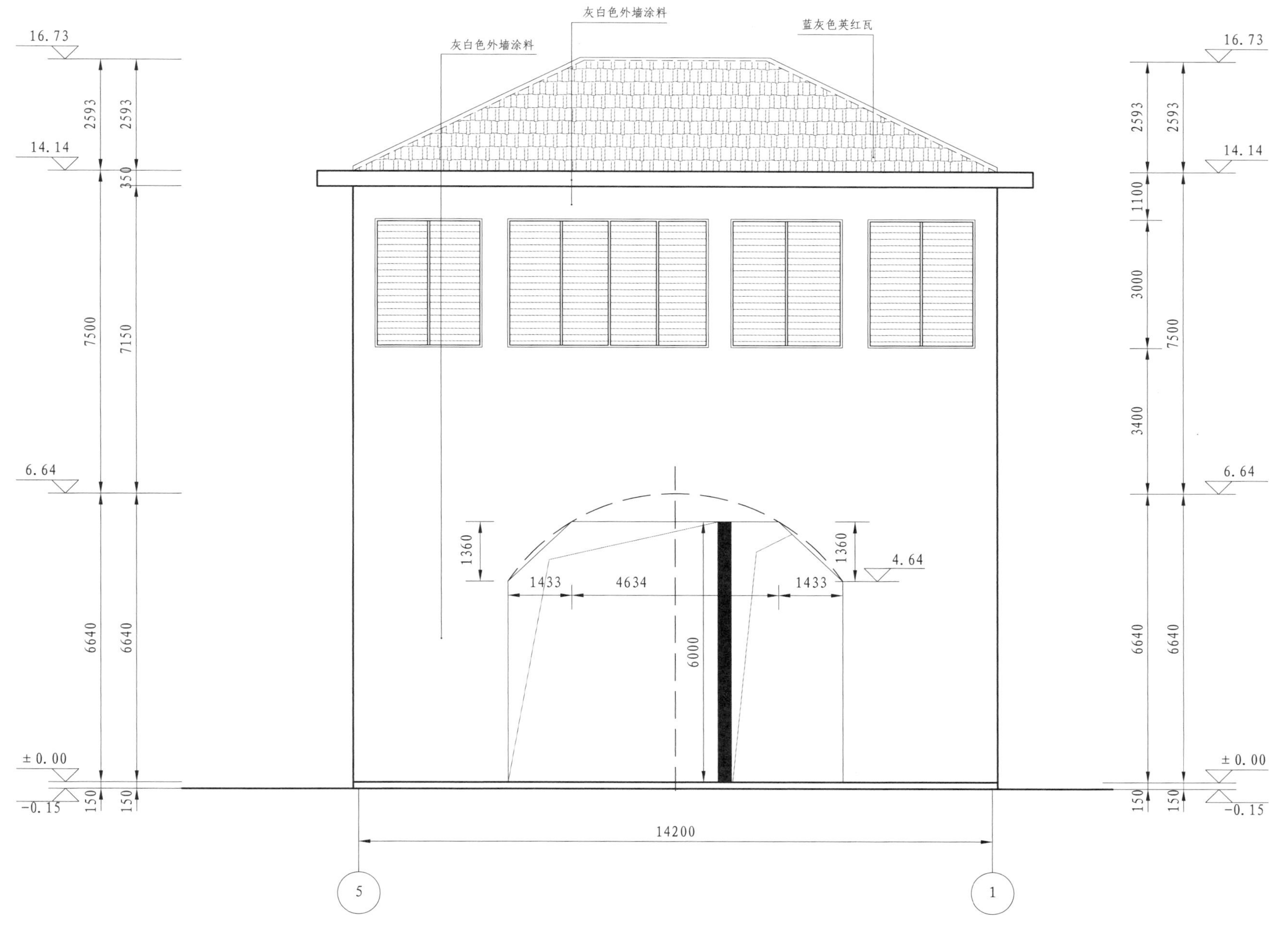

图 4-16　通风机房（南方方案）5-1 轴立面图

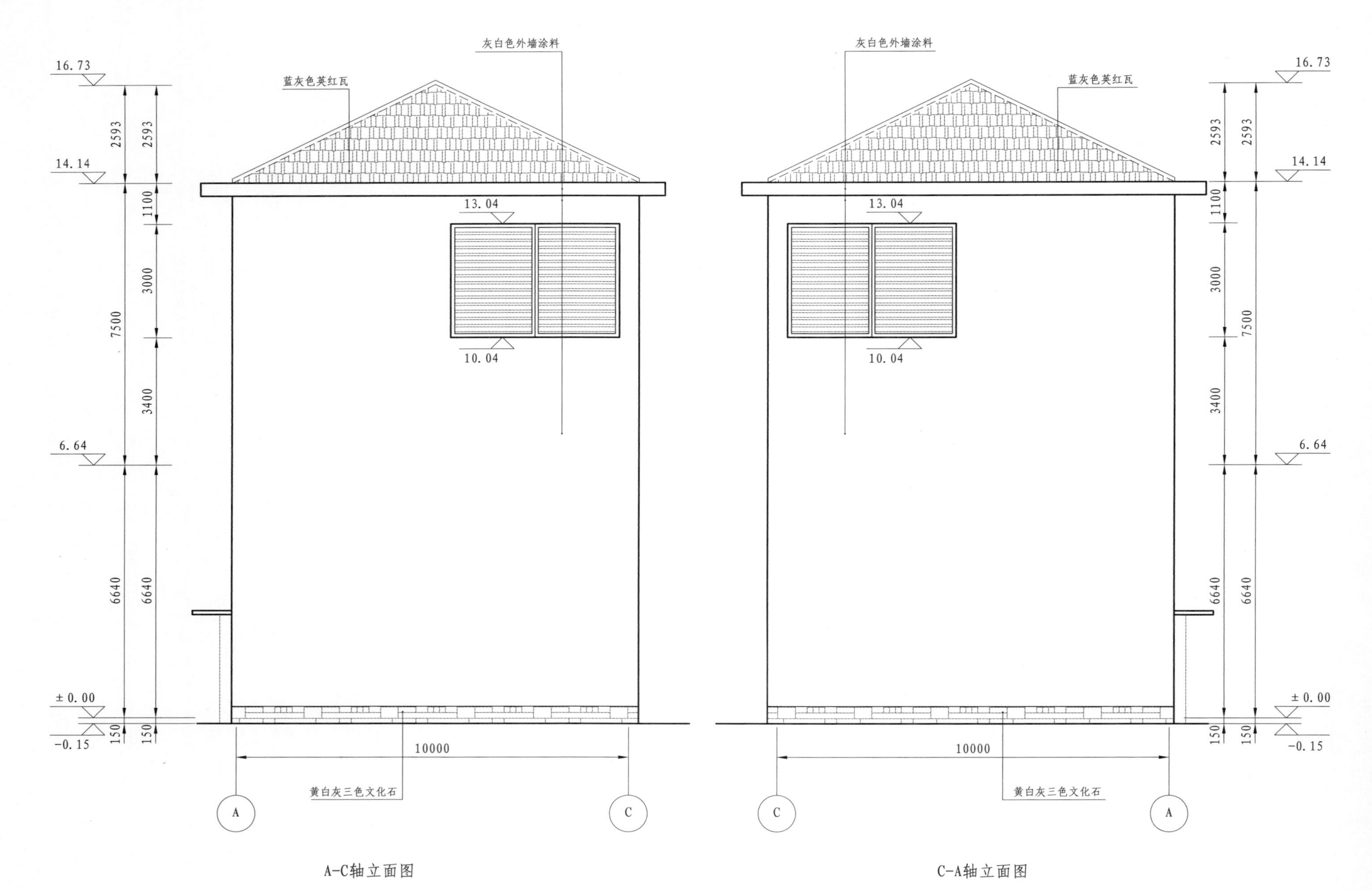

图 4-17　通风机房（南方方案）A-C、C-A 轴立面图

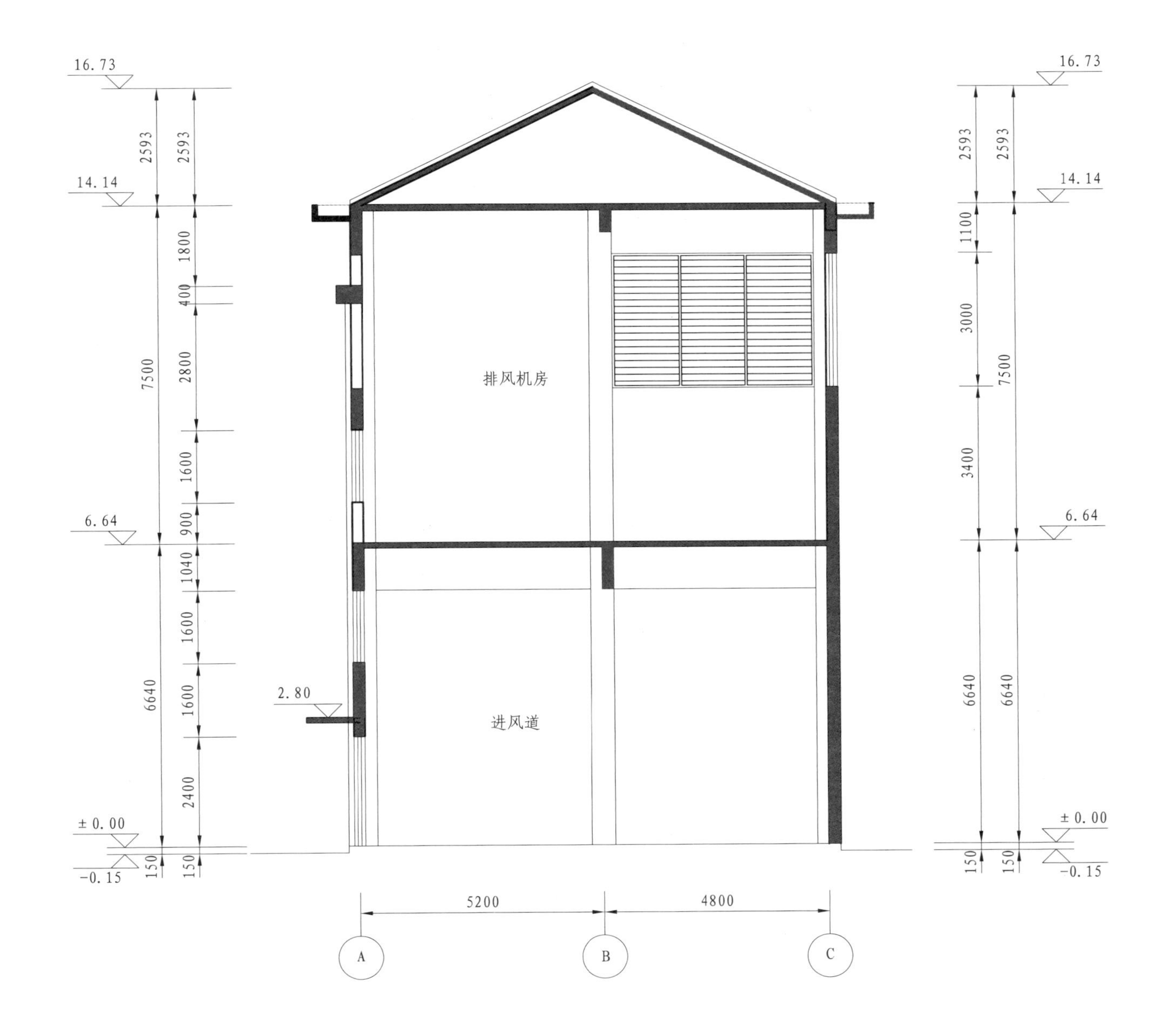

图 4-18　通风机房（南方方案）1-1 剖面图

图 4-19　门卫房（南方方案）效果图

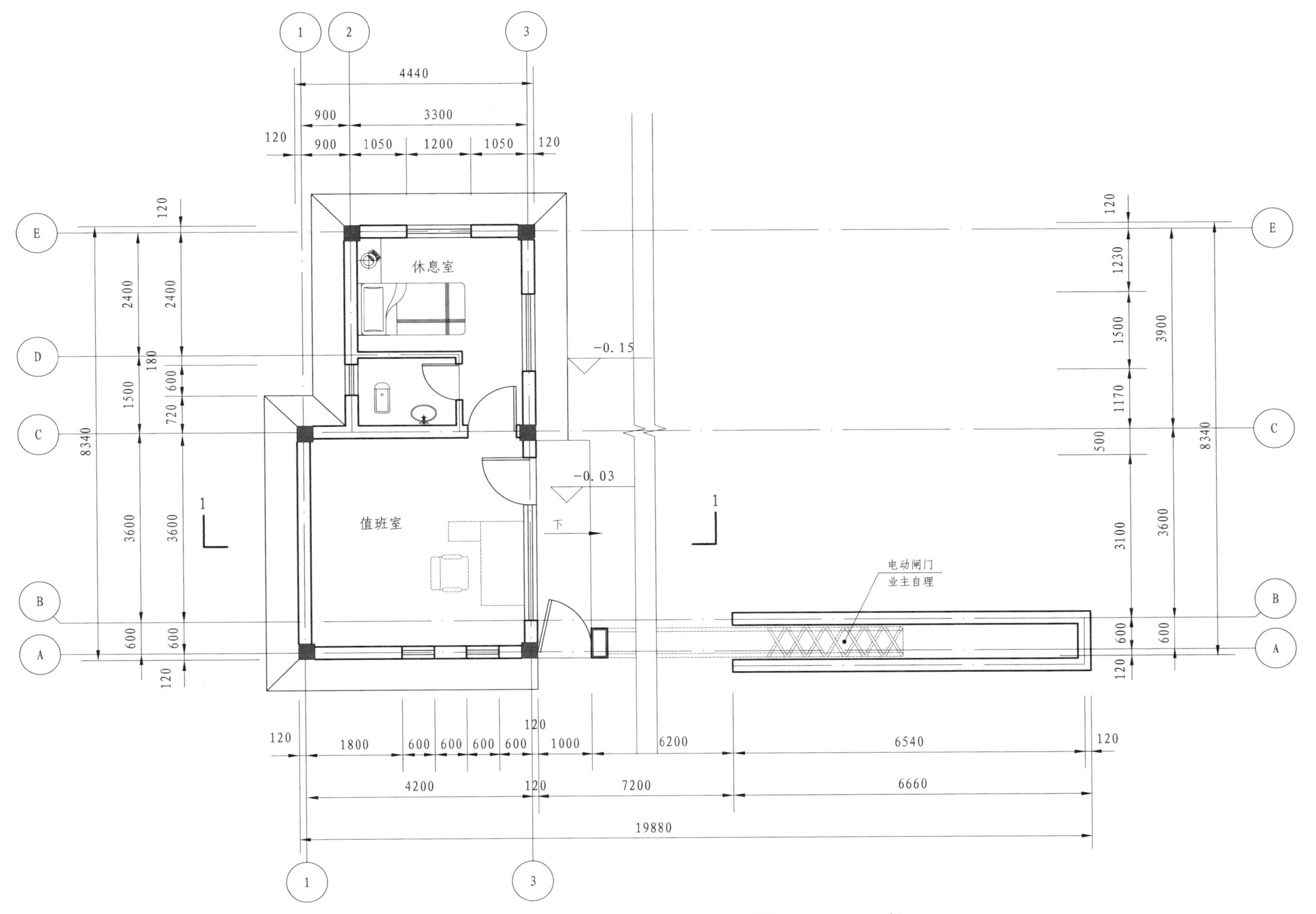

图 4-20　门卫房（南方方案）一层平面图（建筑面积：33.52m²）

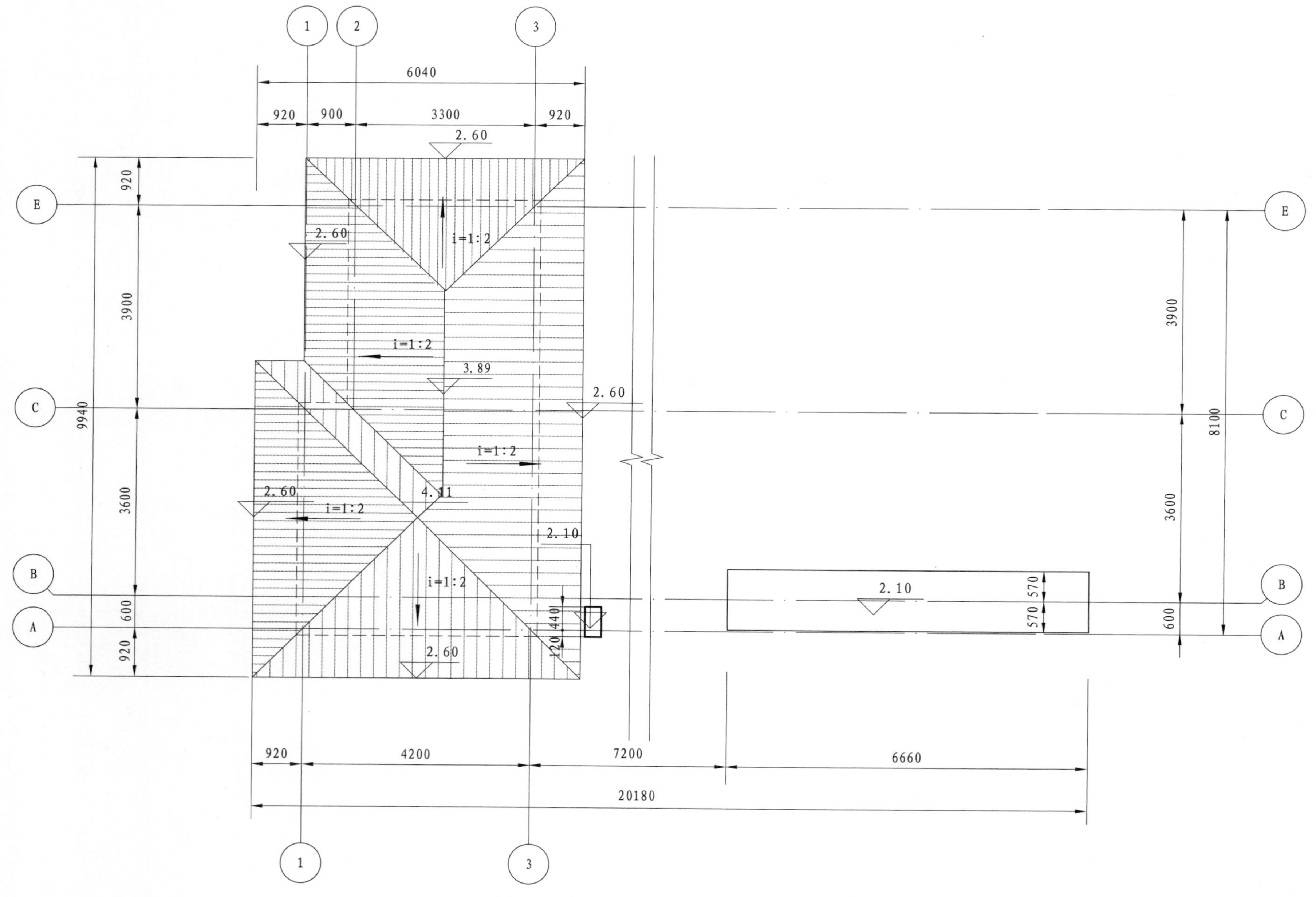

图 4-21　门卫房（南方方案）屋顶平面图

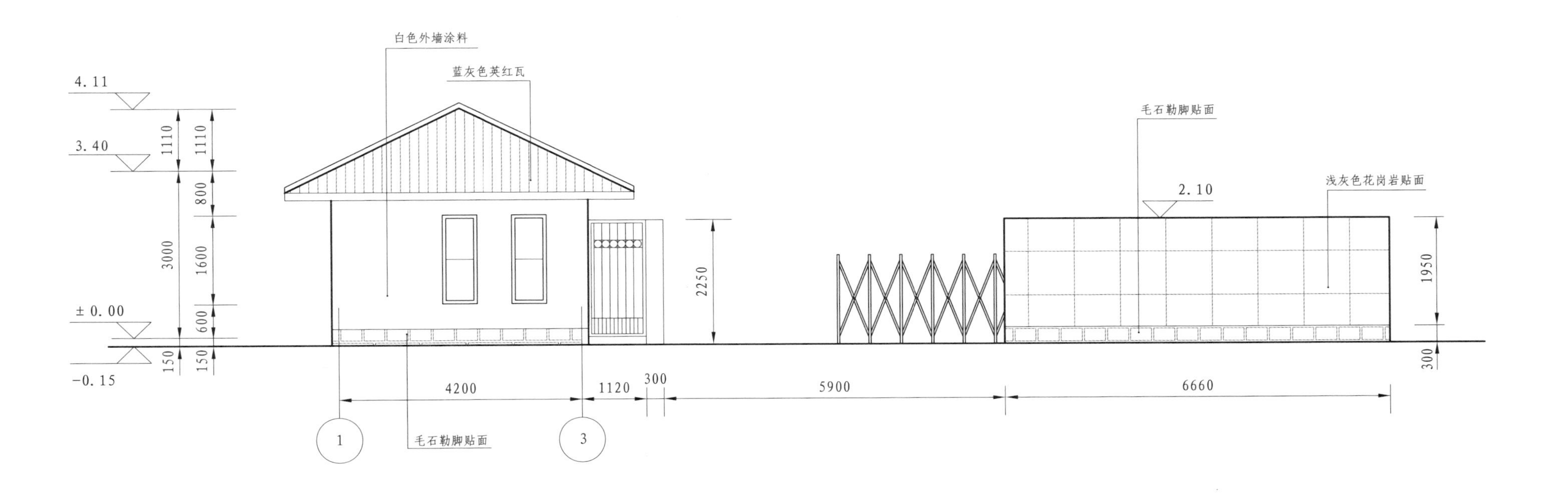

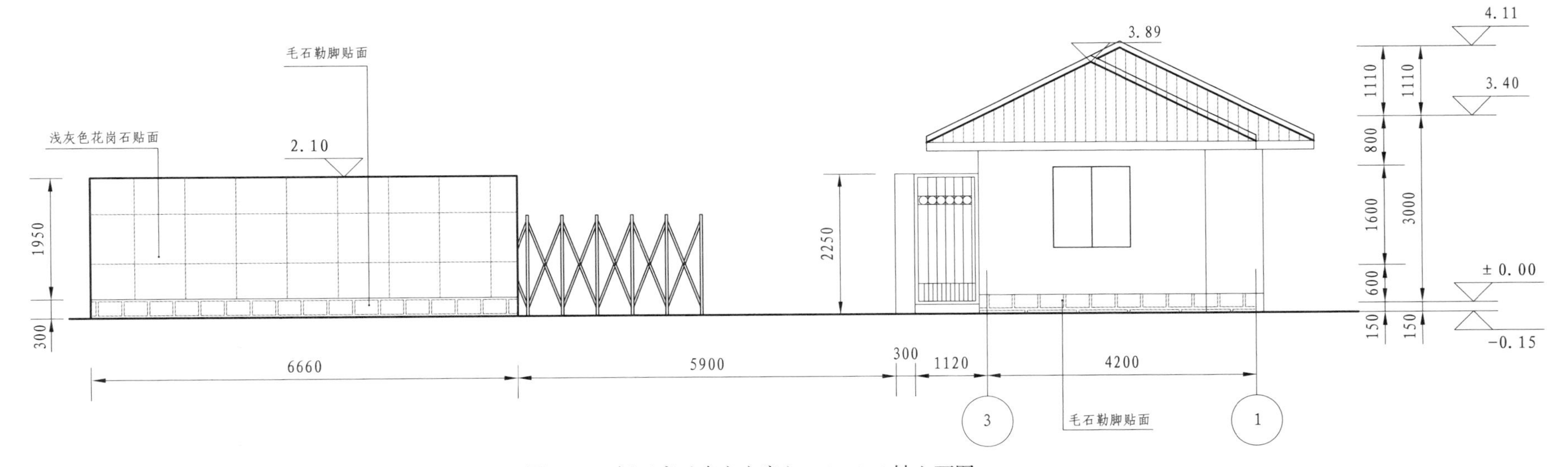

图 4-22　门卫房（南方方案）1-3、3-1 轴立面图

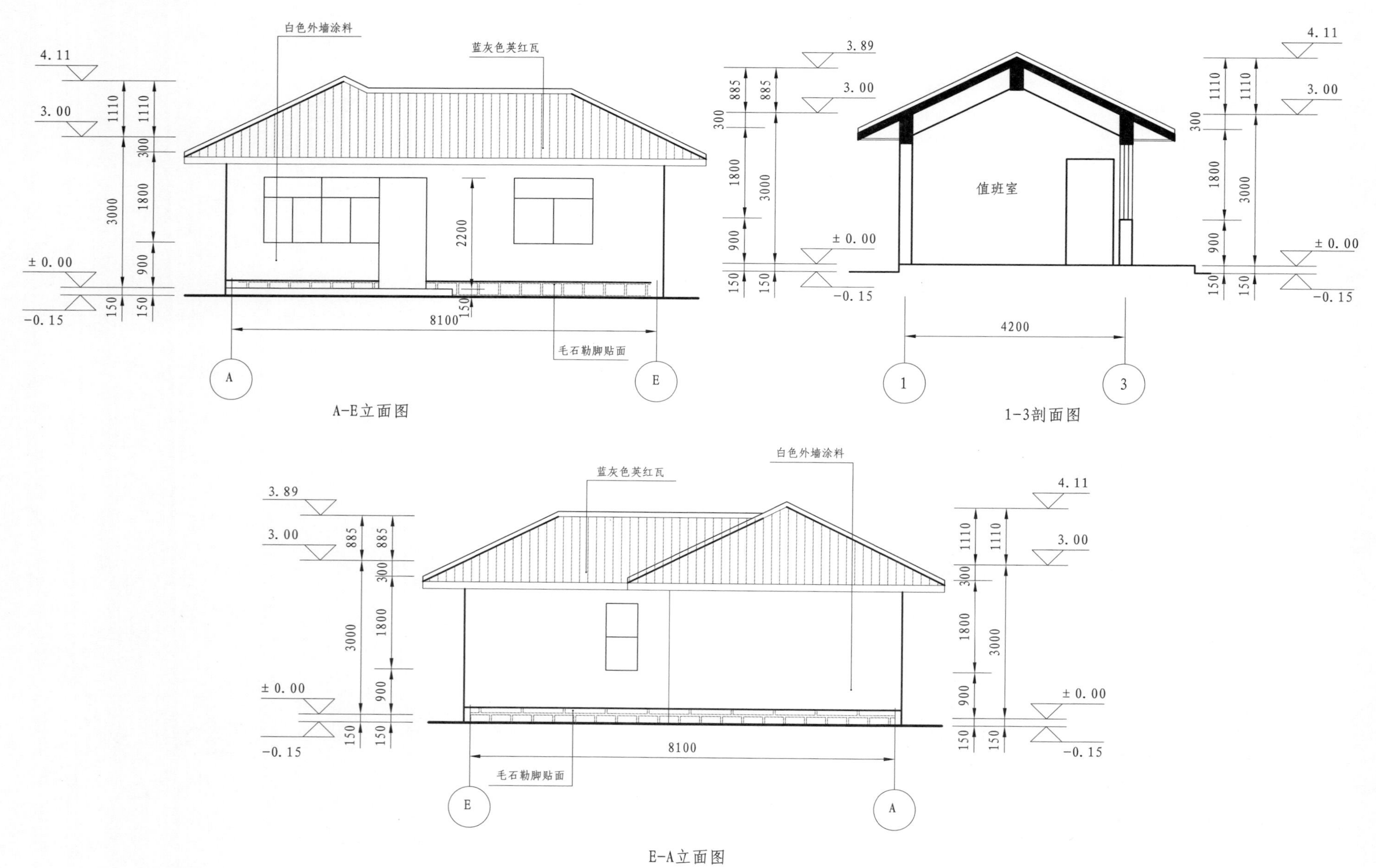

图4-23　门卫房（南方方案）立面图、剖面图

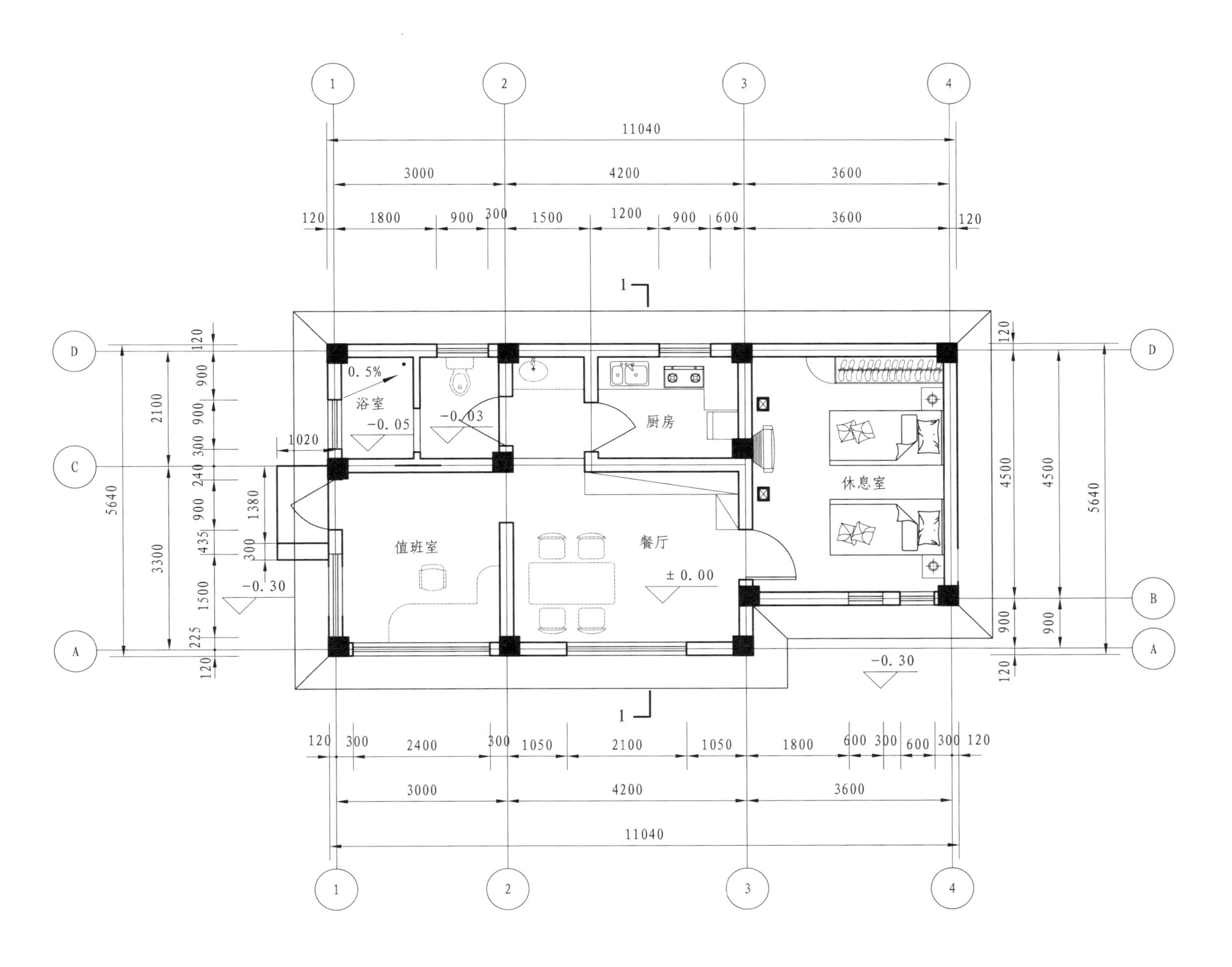

图 4-24　夫妻门卫房（南方方案）一层平面图（建筑面积：59.10m²）

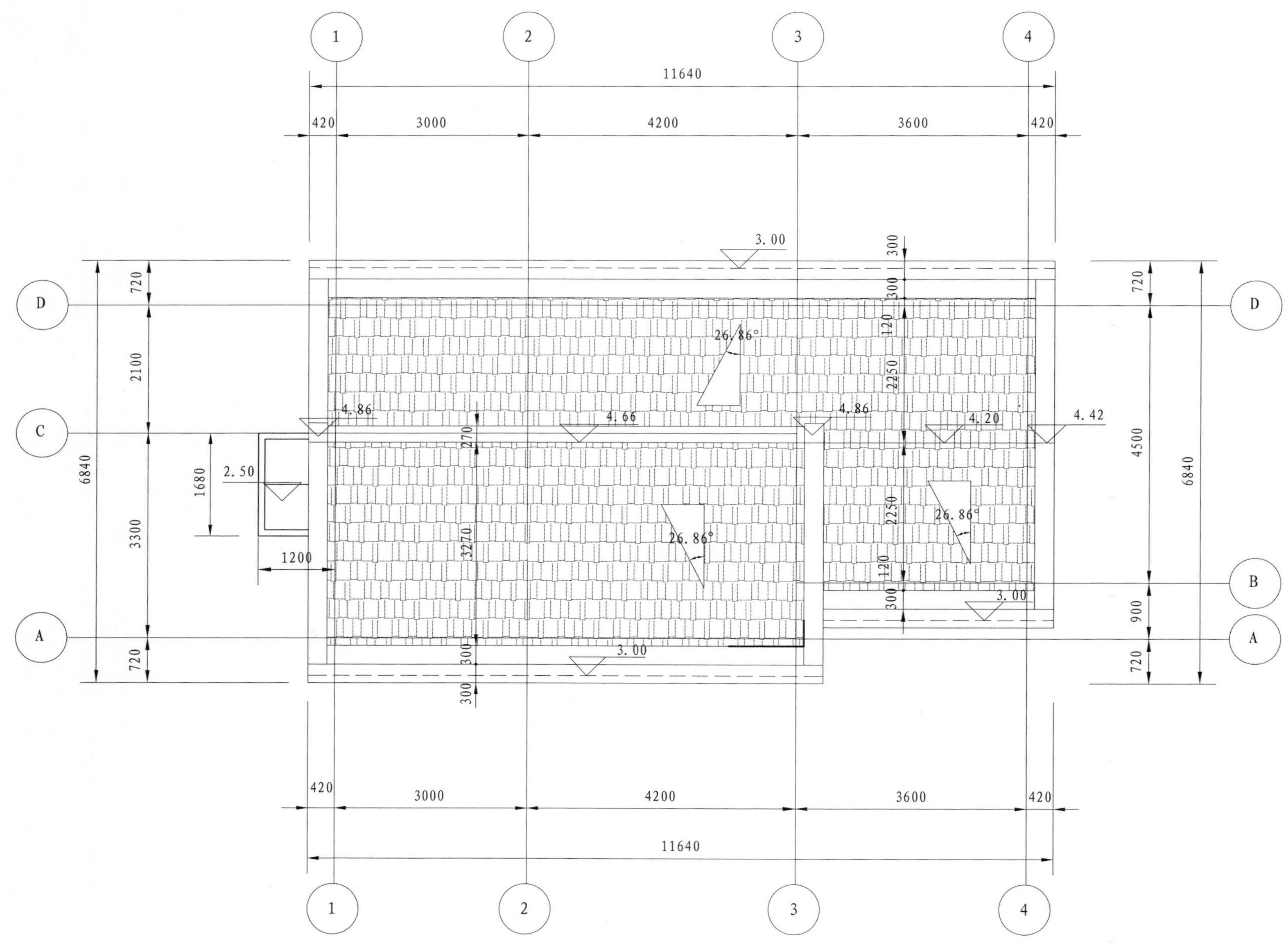

图 4–25　夫妻门卫房（南方方案）屋顶平面图

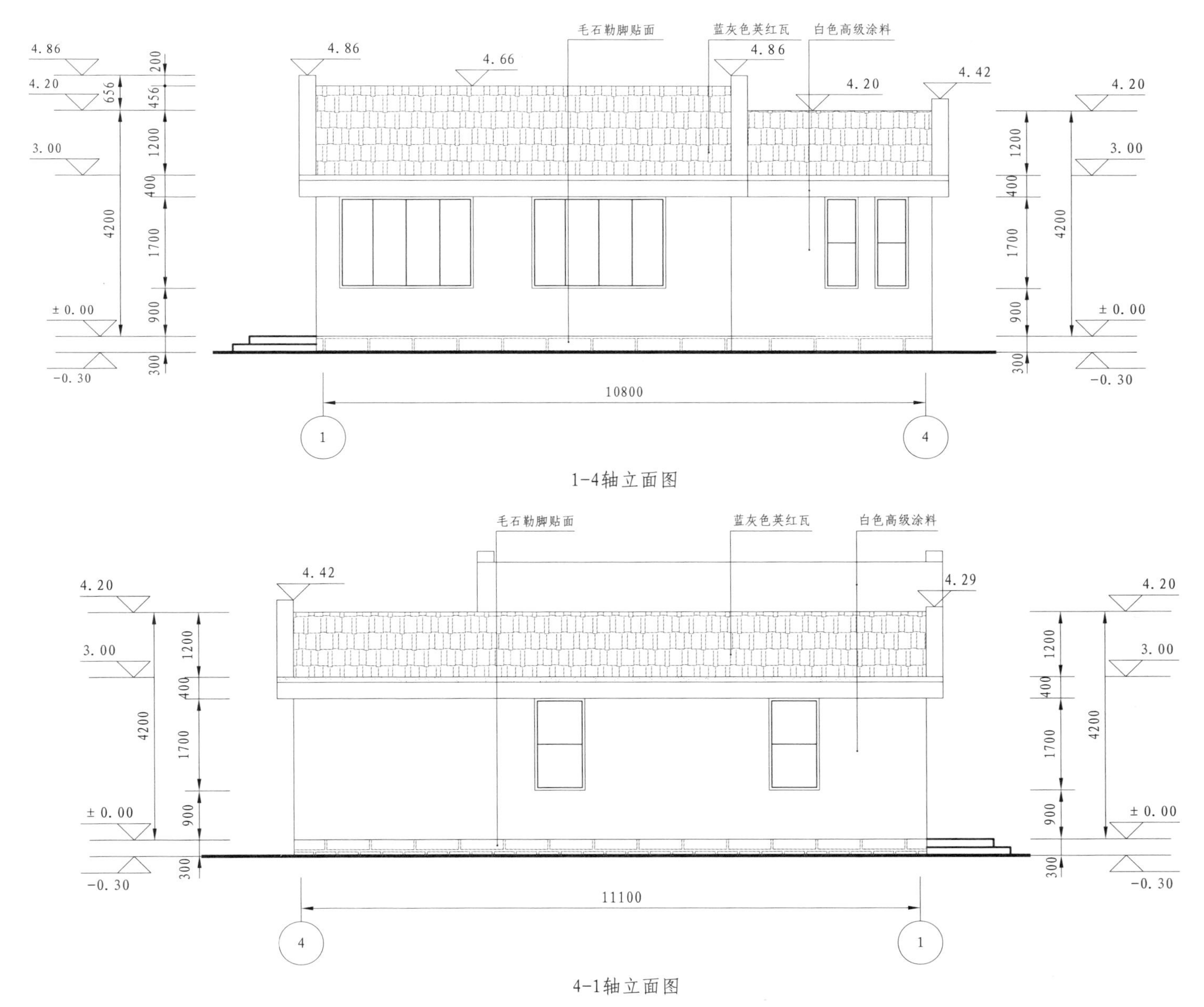

图4-26　夫妻门卫房（南方方案）1-4轴立面图、4-1轴立面图

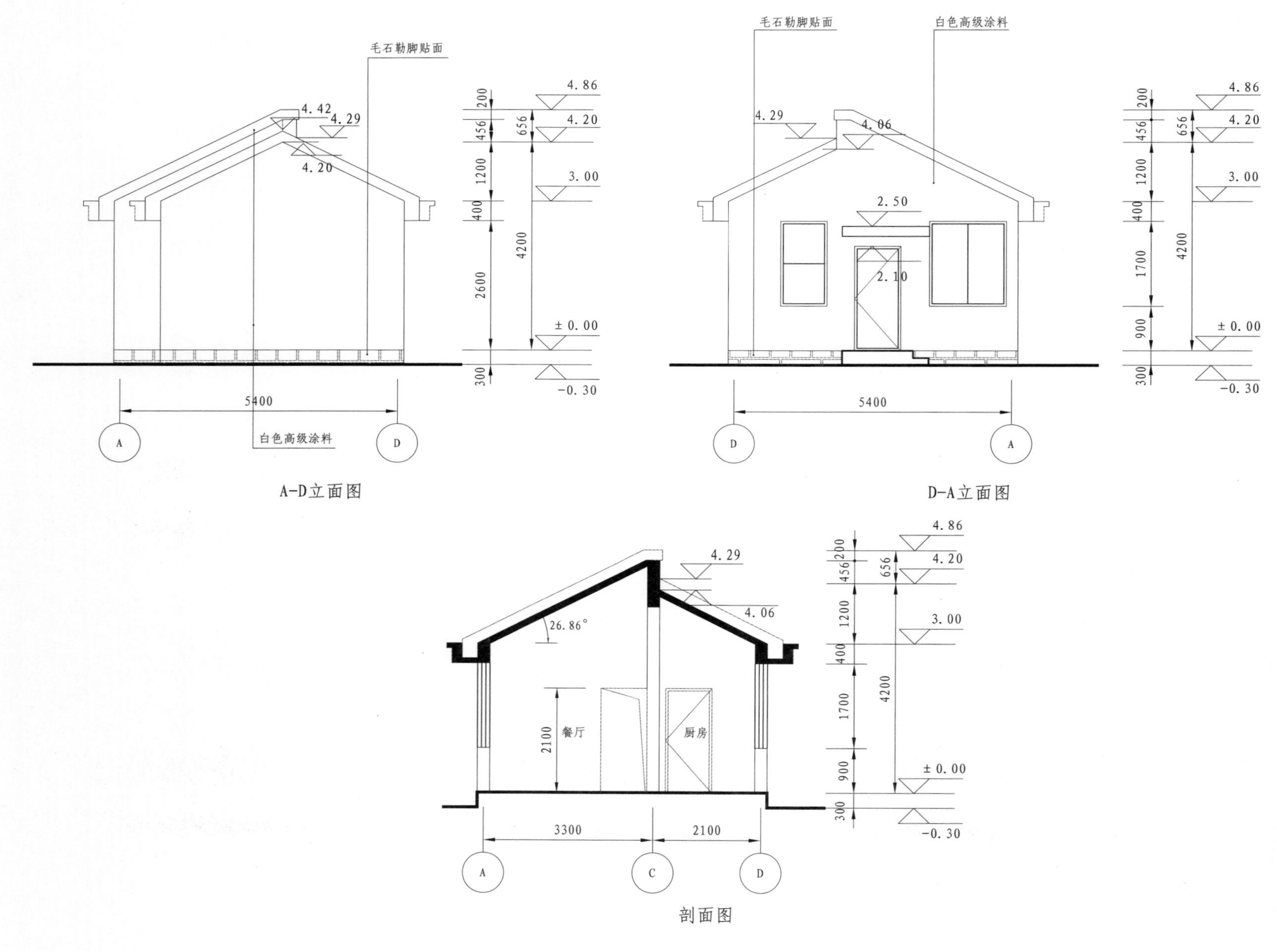

图 4-27　夫妻门卫房（南方方案）立面图、剖面图

图 4–28　配电房（北方方案）

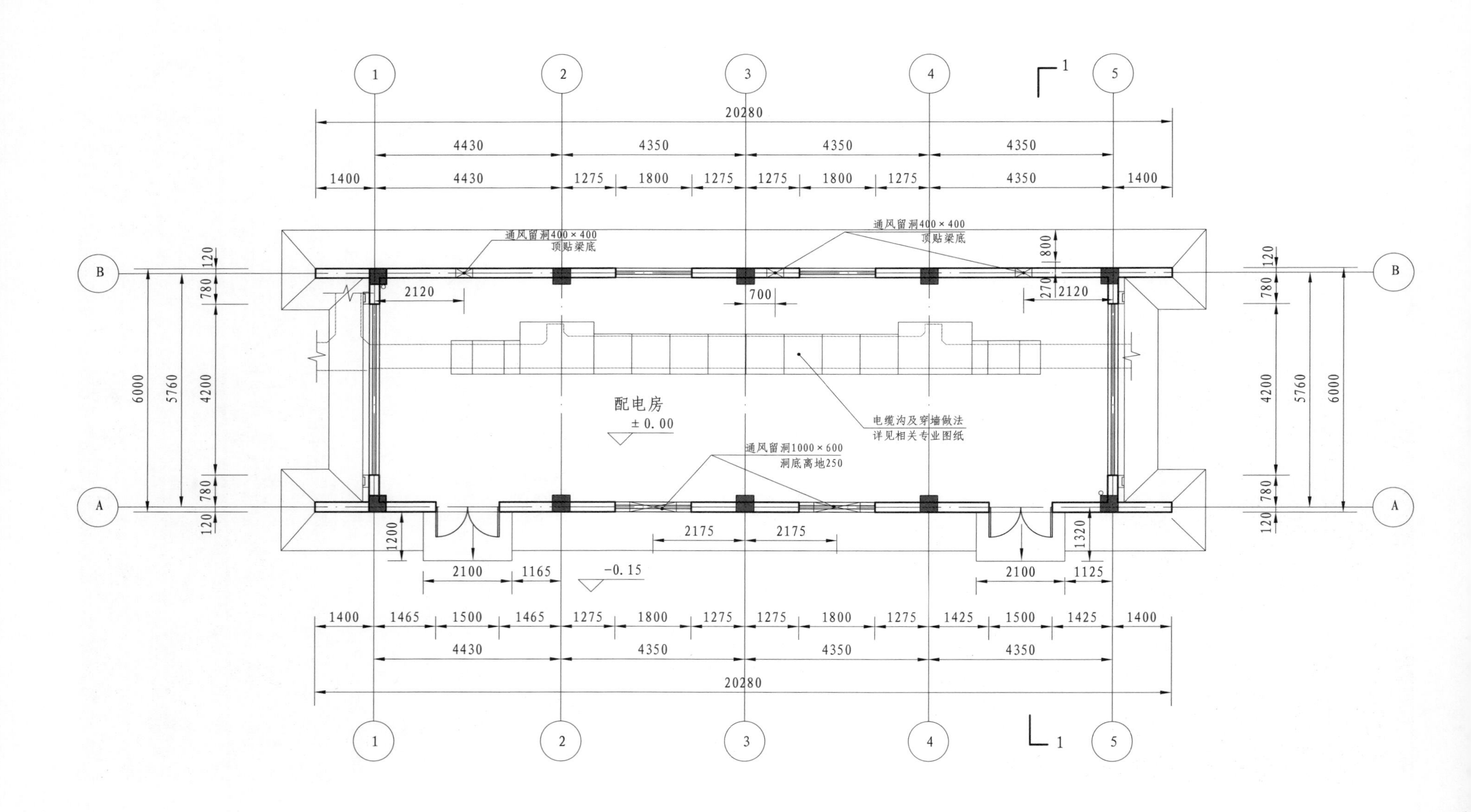

图 4-29　配电房（北方方案）一层平面图（建筑面积：106.4m²）

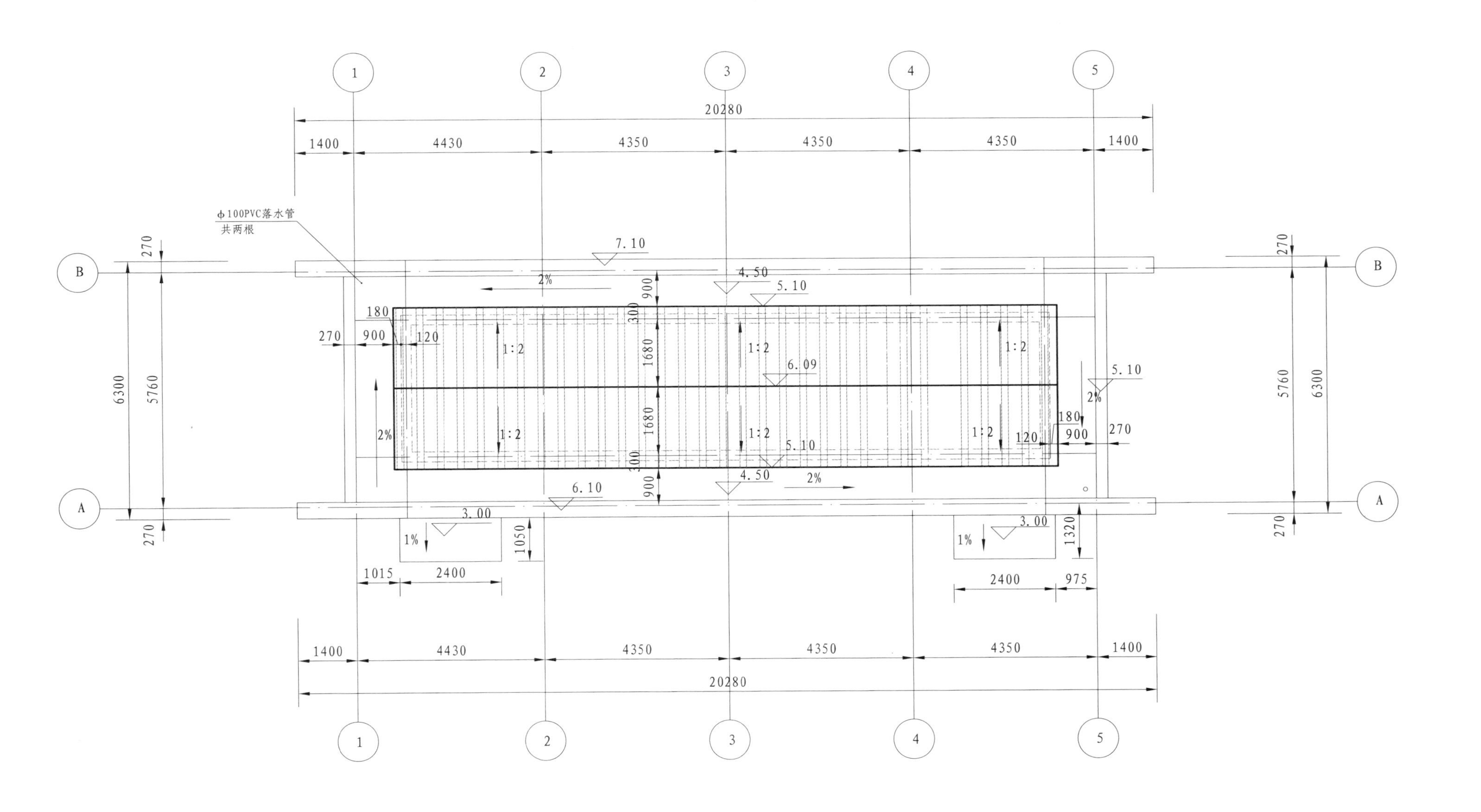

图 4-30　配电房（北方方案）屋顶平面图

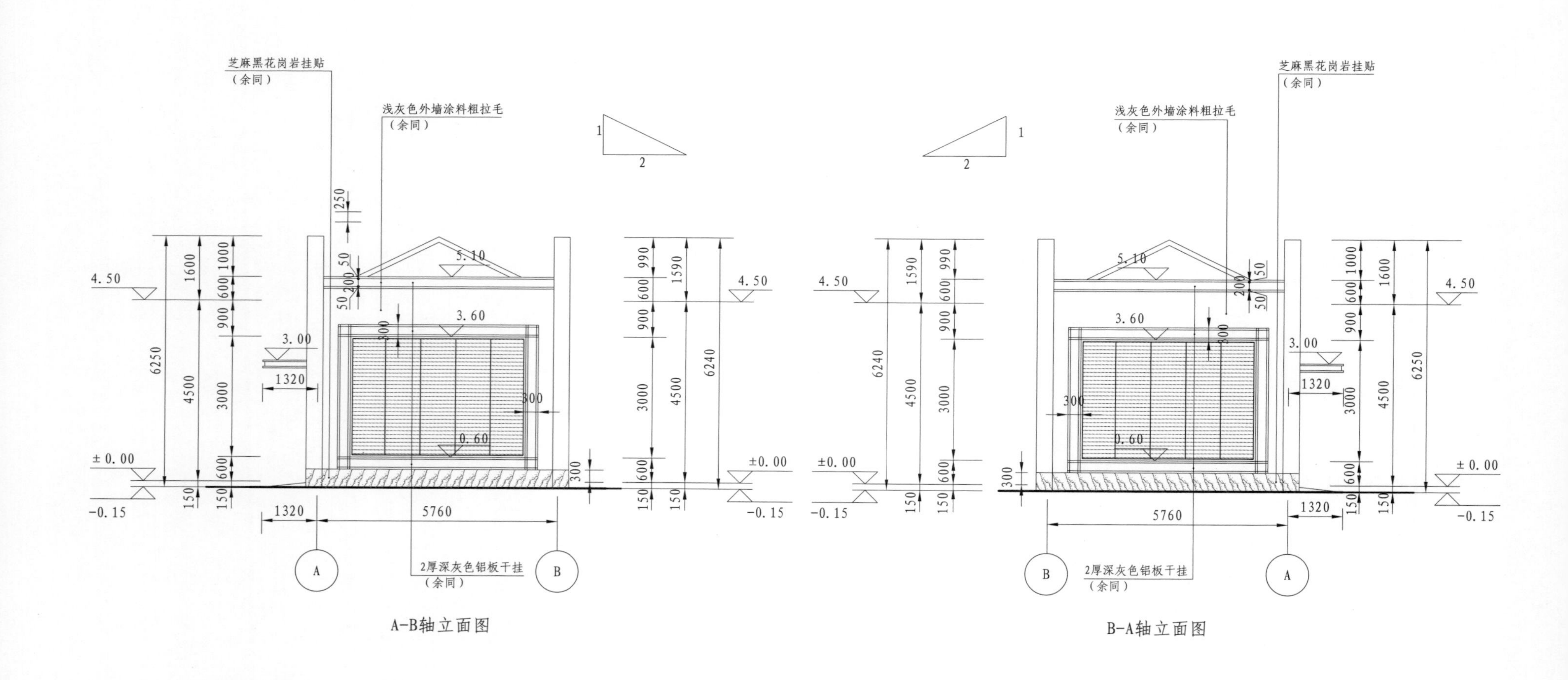

图 4-31 配电房（北方方案）A-B、B-A 轴立面图

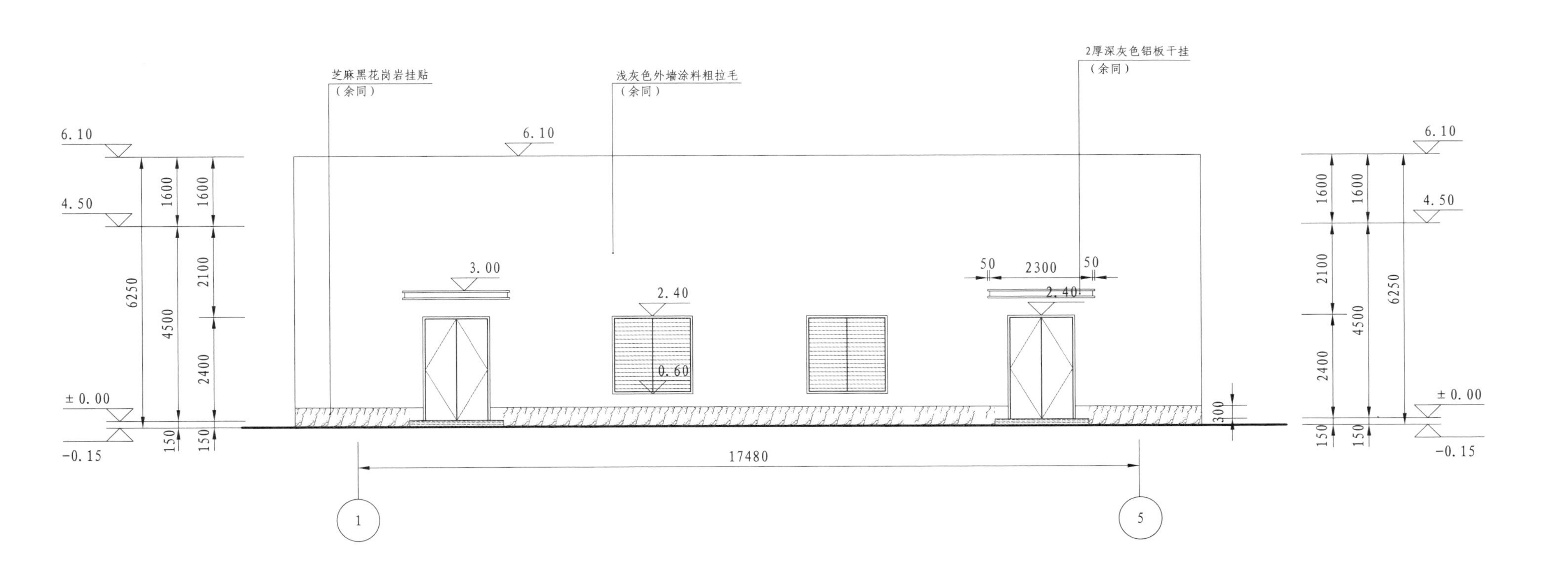

图 4–32　配电房（北方方案）1–5 轴立面图

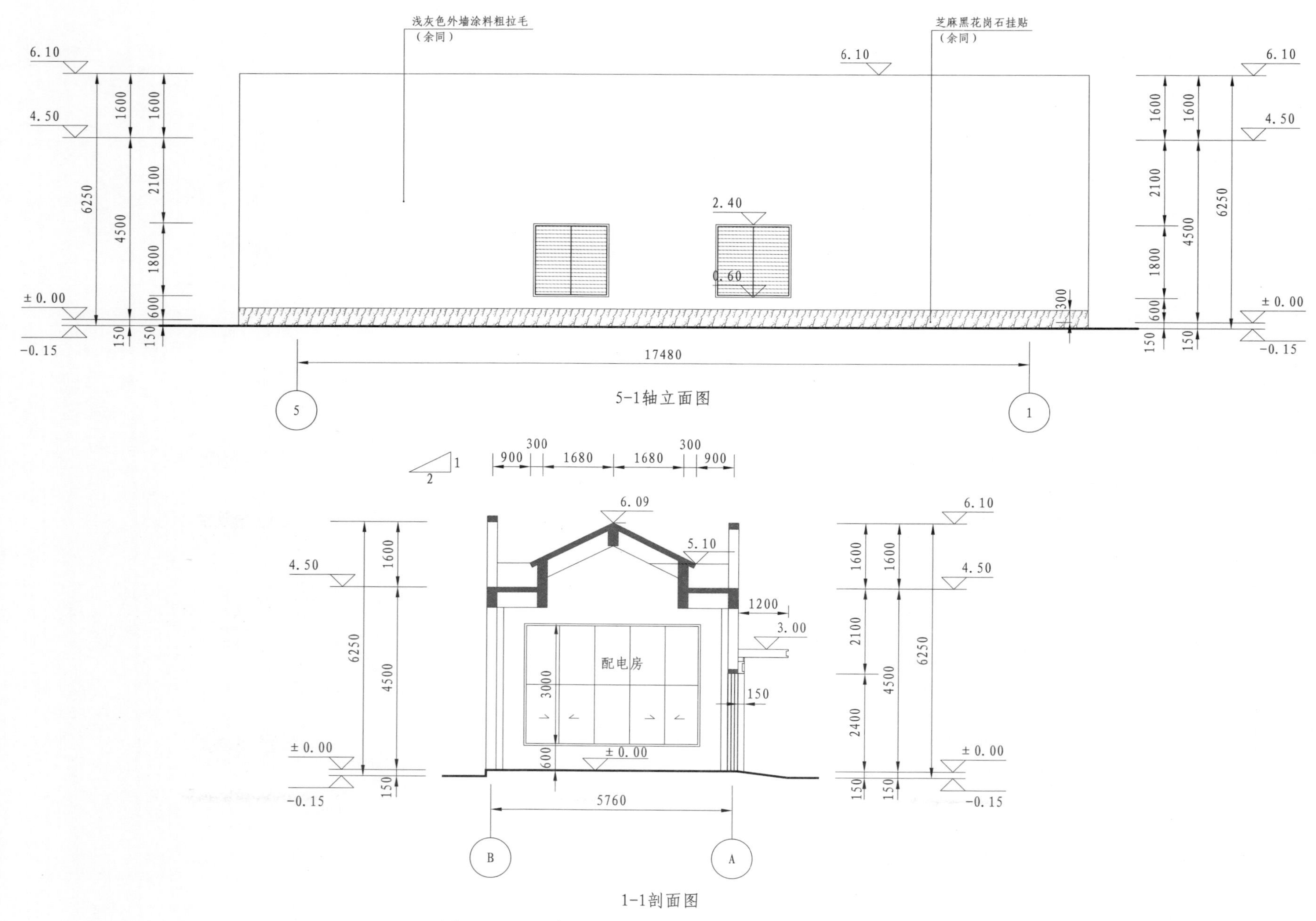

图 4-33　配电房（北方方案）5-1 轴立面图、1-1 剖面图

图 4-34　通风机房（北方方案）

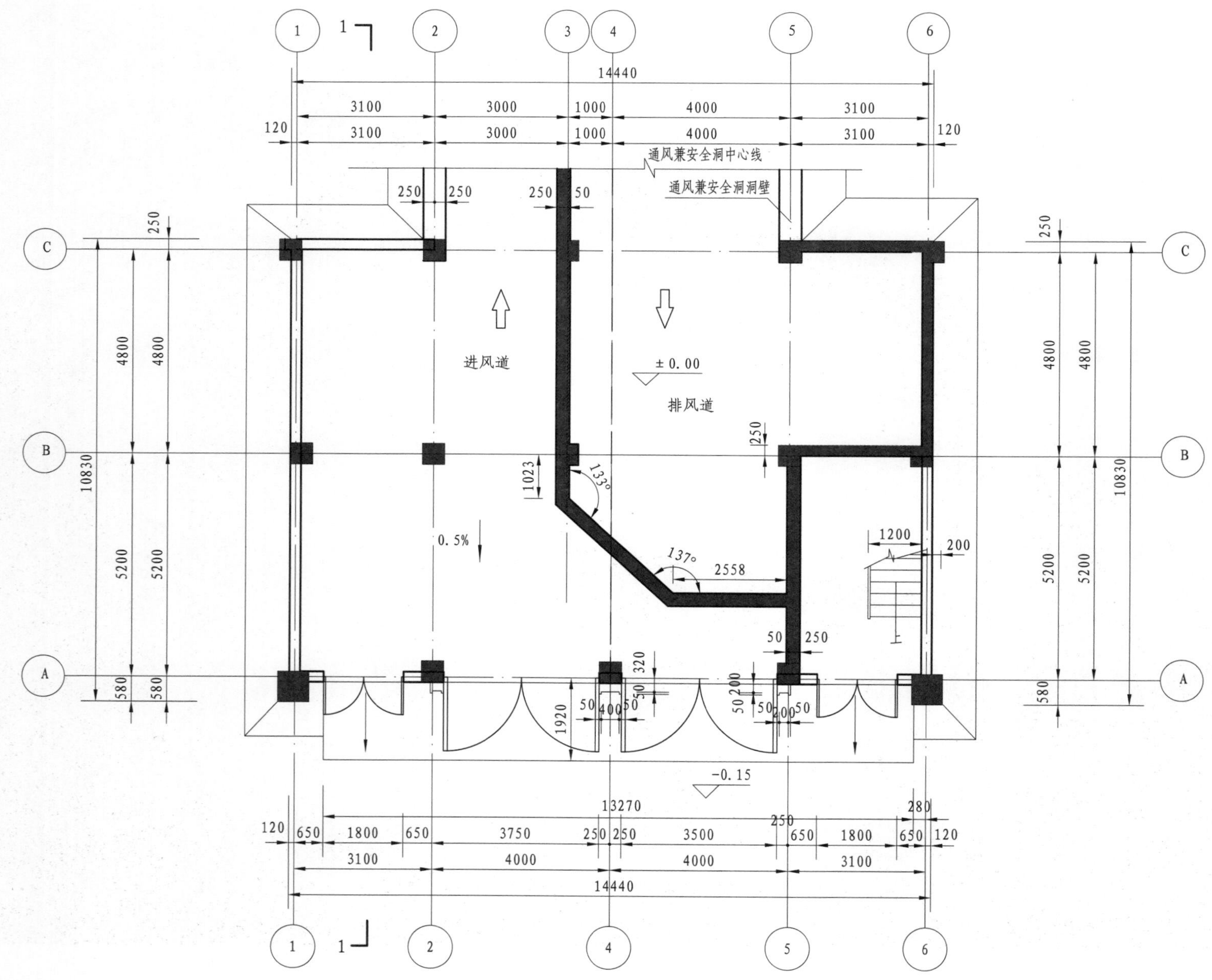

图 4-35　通风机房（北方方案）一层平面图（建筑面积：299.49m²）

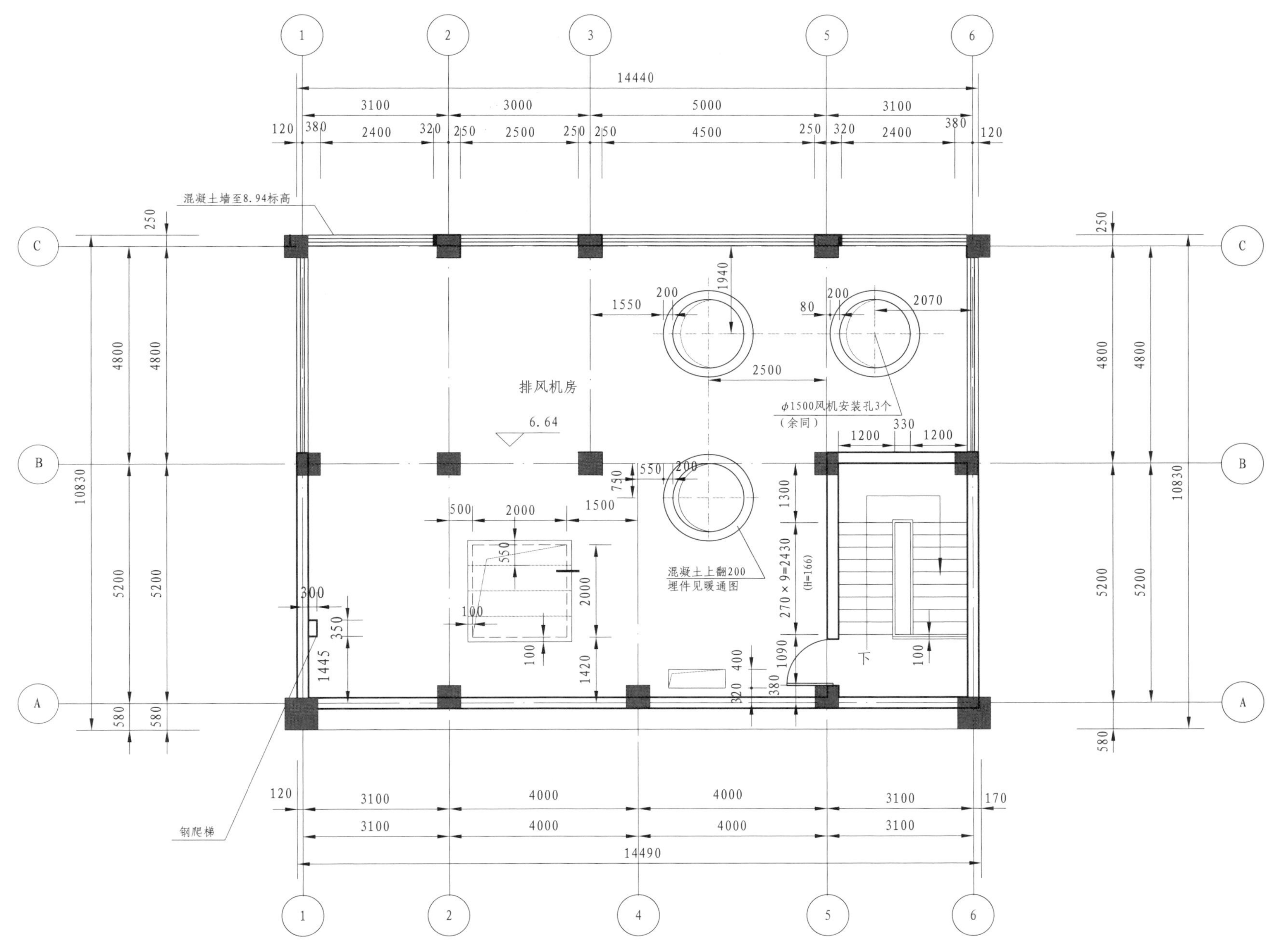

图 4-36　通风机房（北方方案）二层平面图

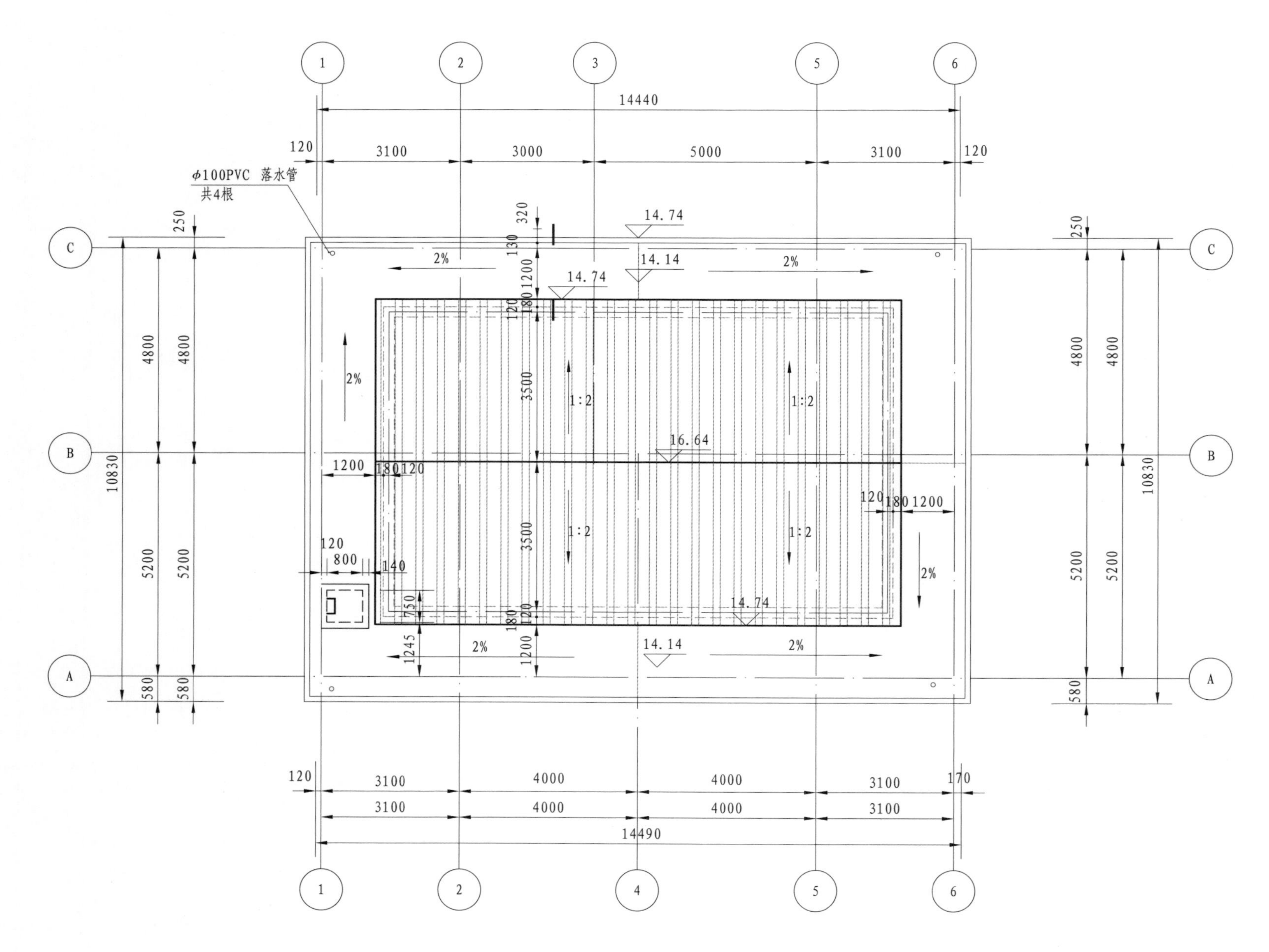

图 4-37　通风机房（北方方案）屋顶平面图

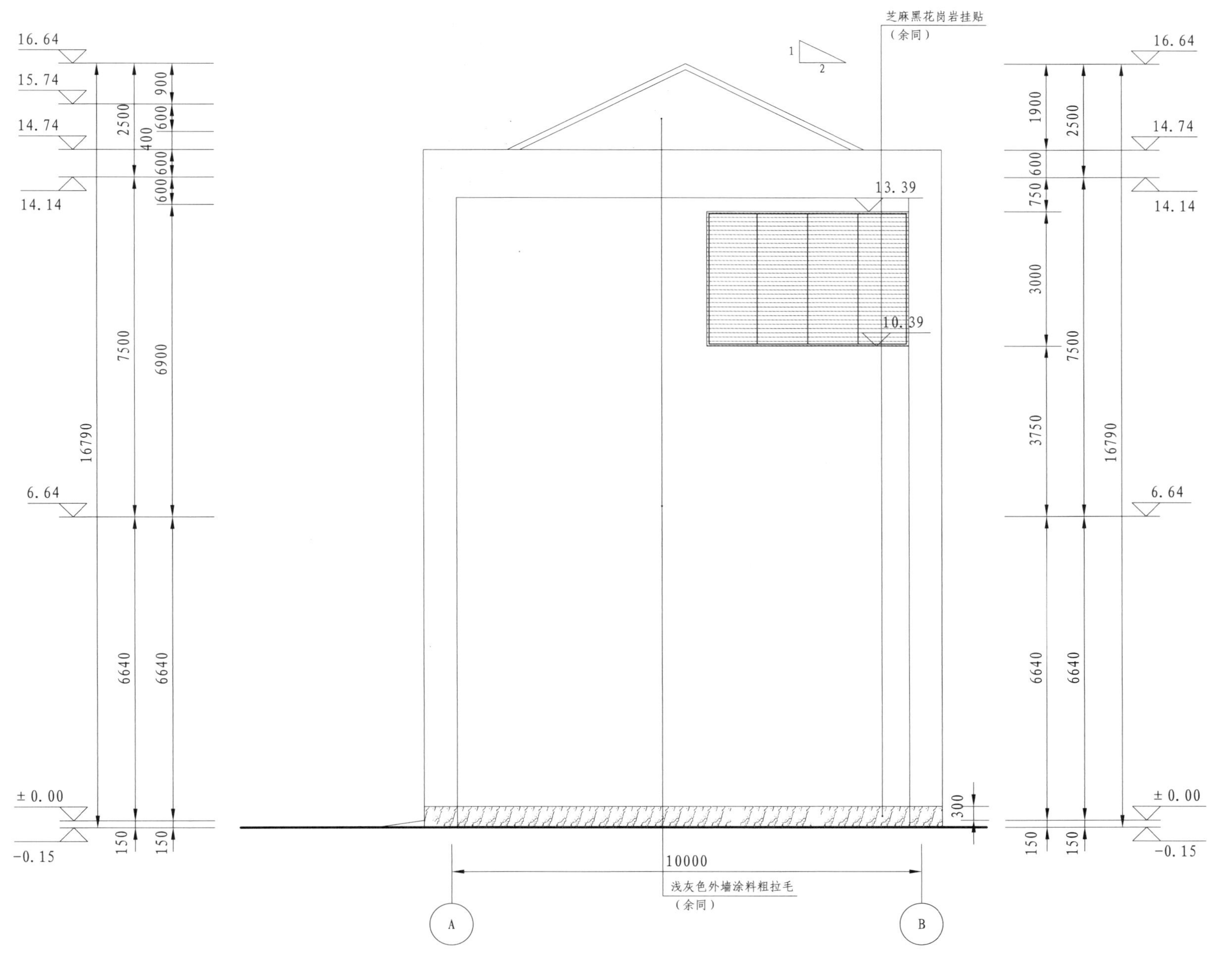

图 4-38　通风机房（北方方案）A-B 轴立面图

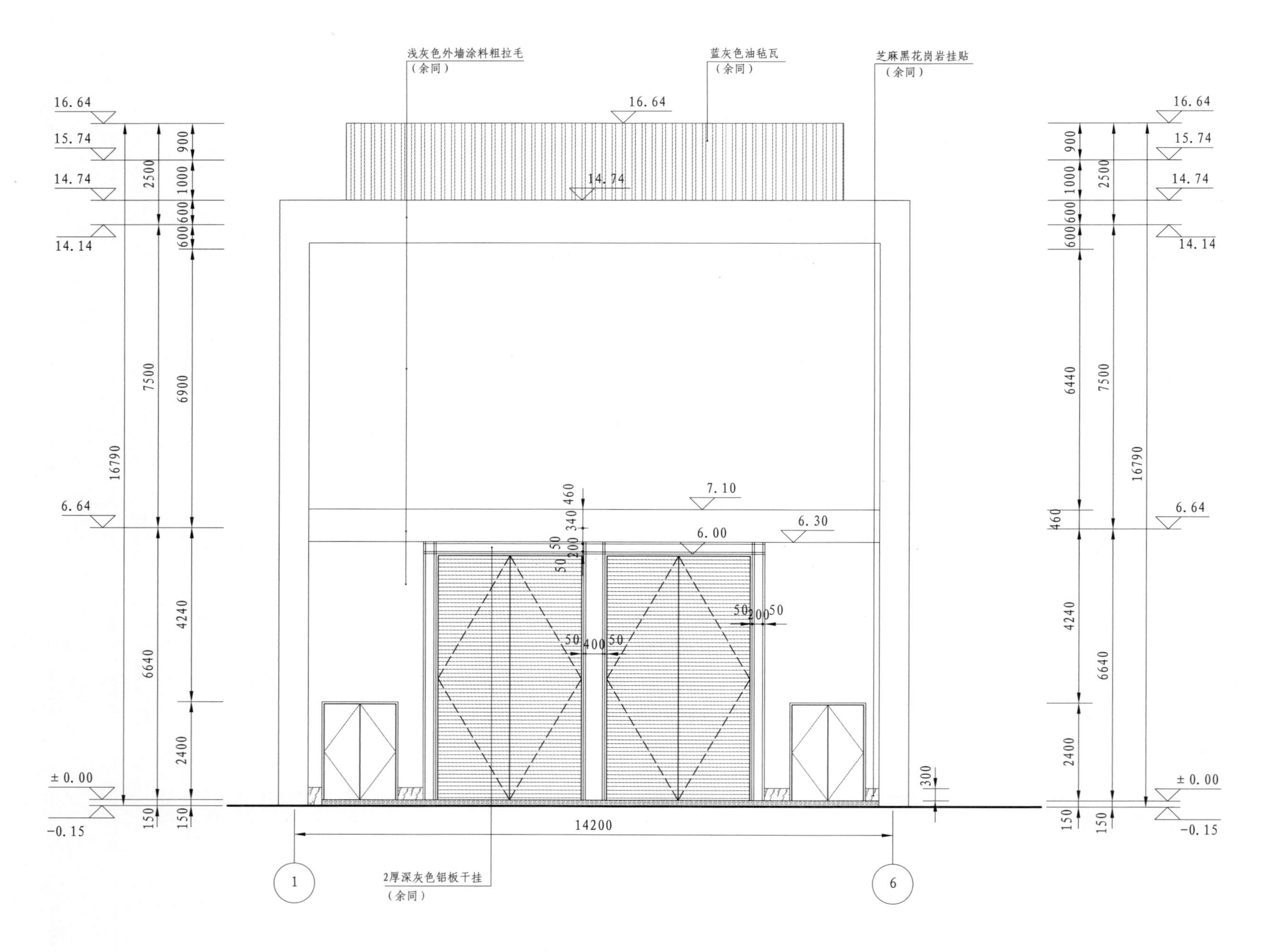

图 4-39　通风机房（北方方案）1-6 轴立面图

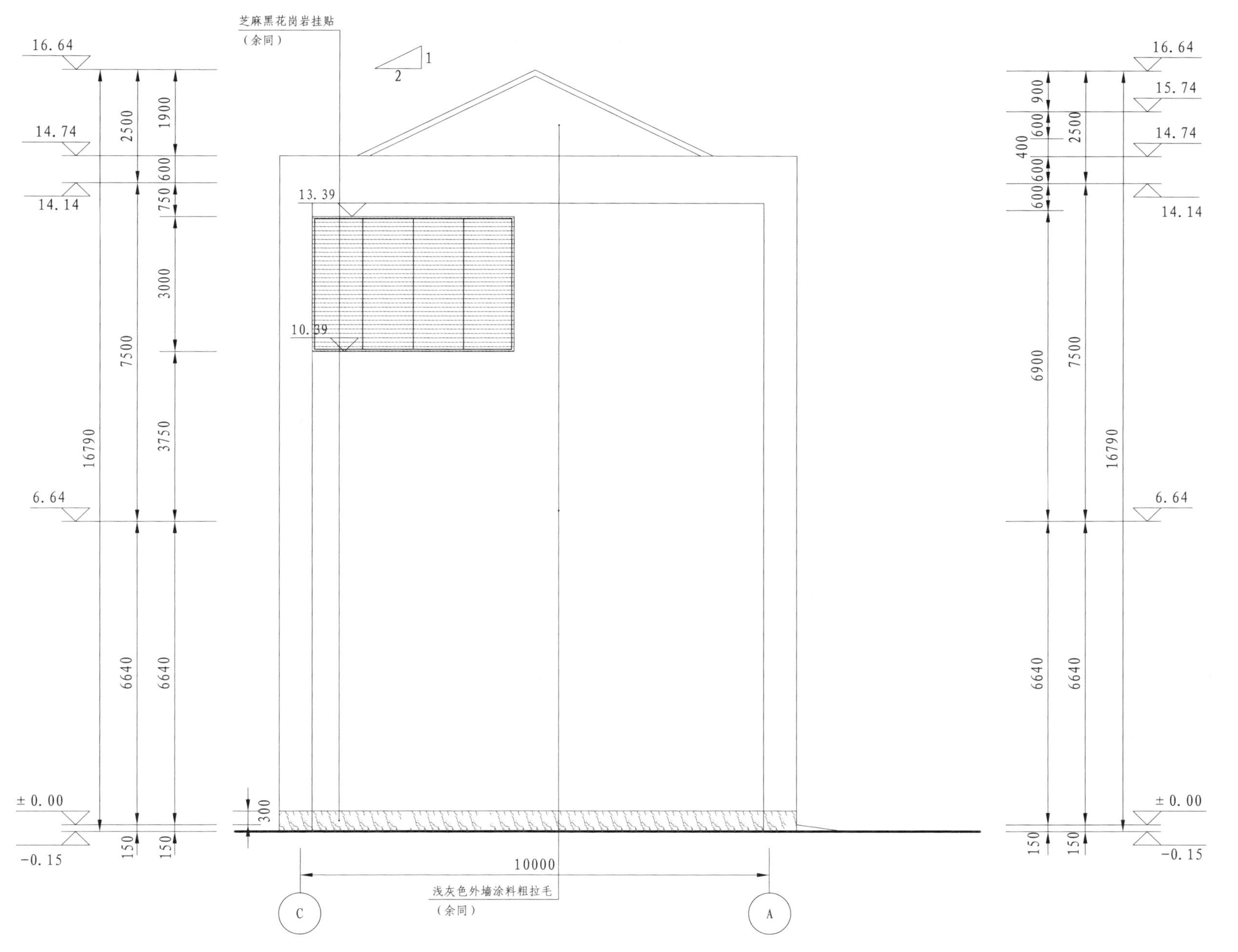

图 4-40 通风机房（北方方案）C-A 轴立面图

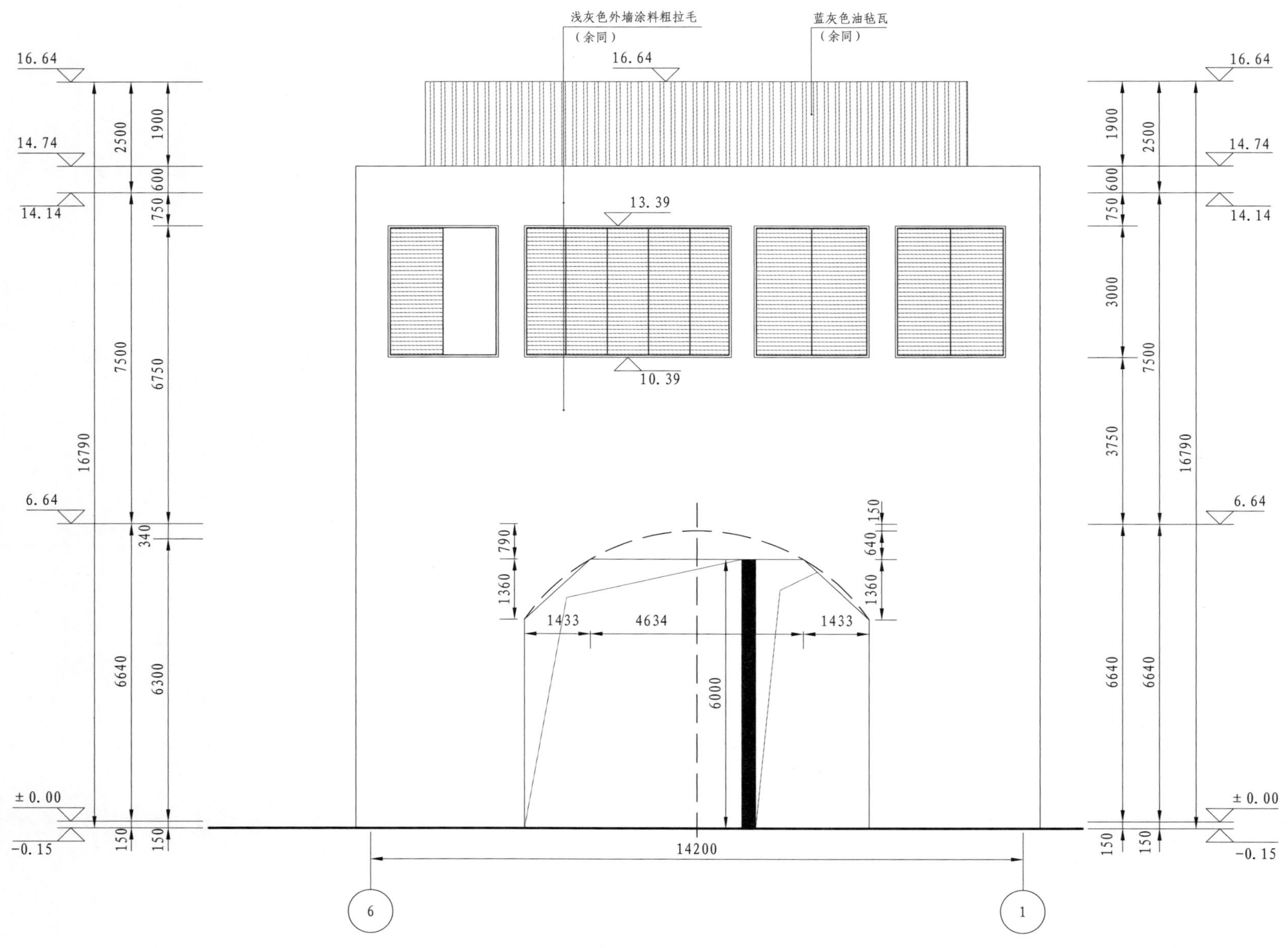

图 4-41　通风机房（北方方案）6-1 轴立面图

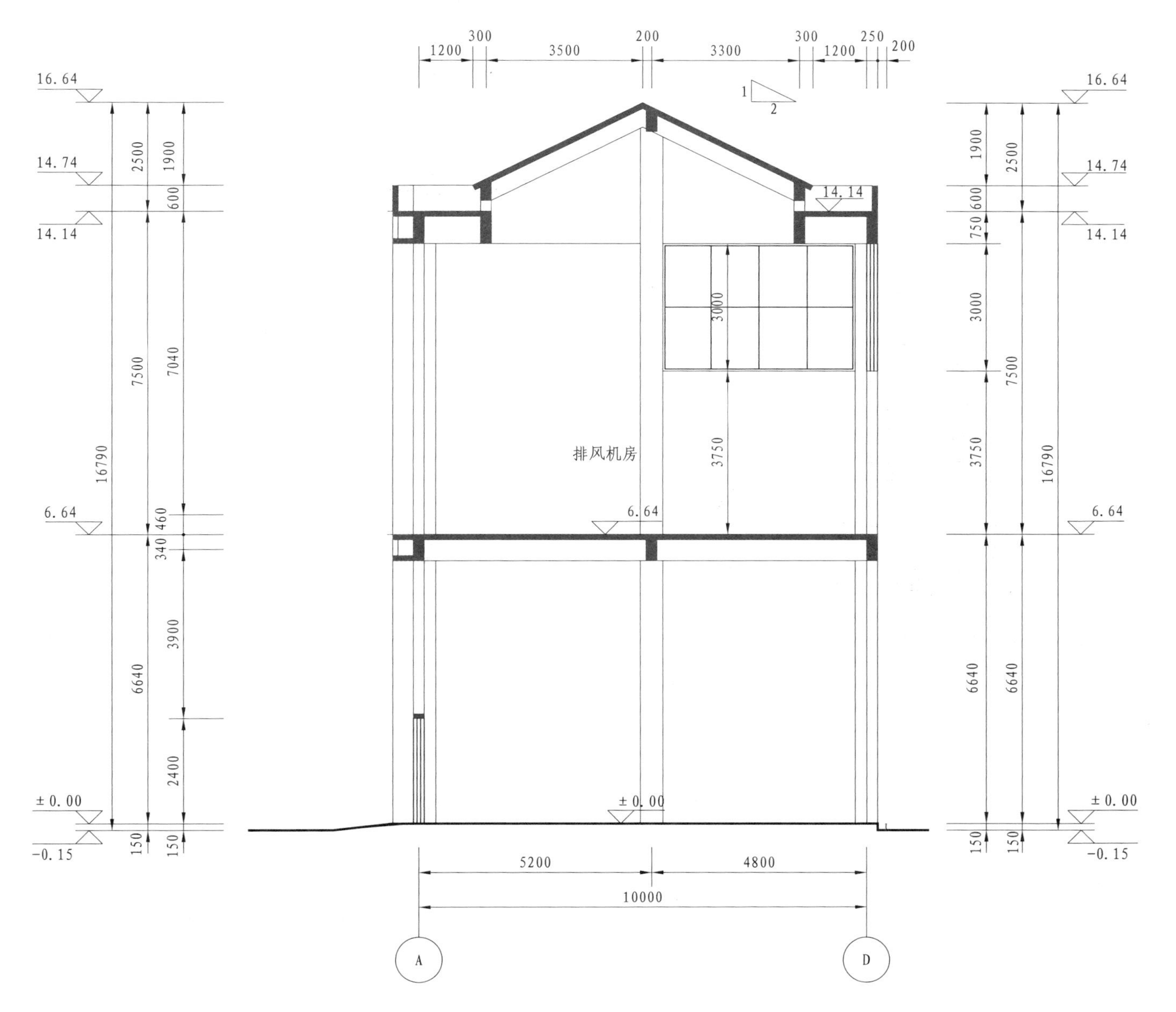

图 4-42 通风机房（北方方案）1-1 剖面图

图 4-43　门卫房（北方方案）效果图

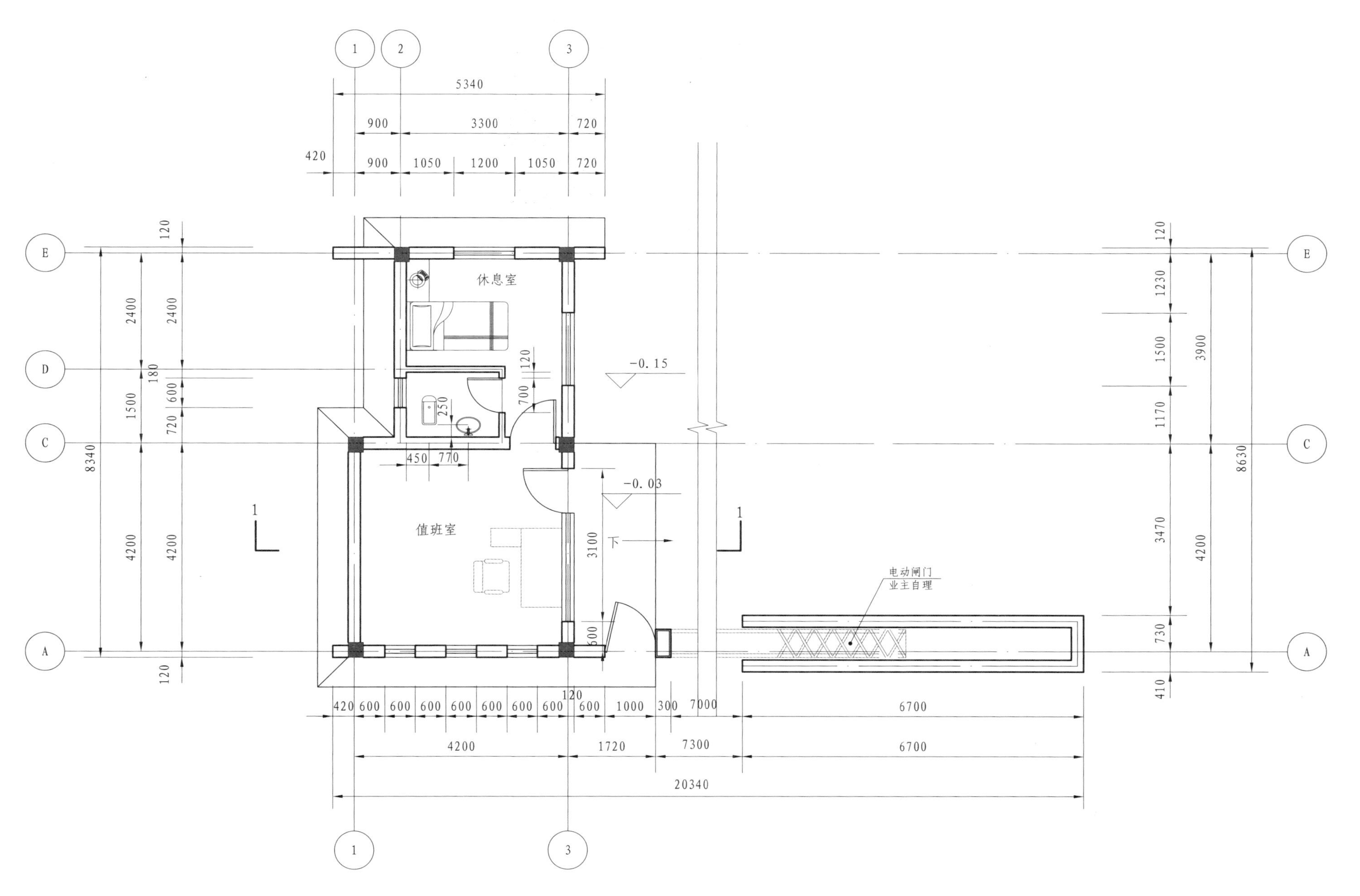

图 4-44　门卫房（北方方案）一层平面图（建筑面积：33.52m²）

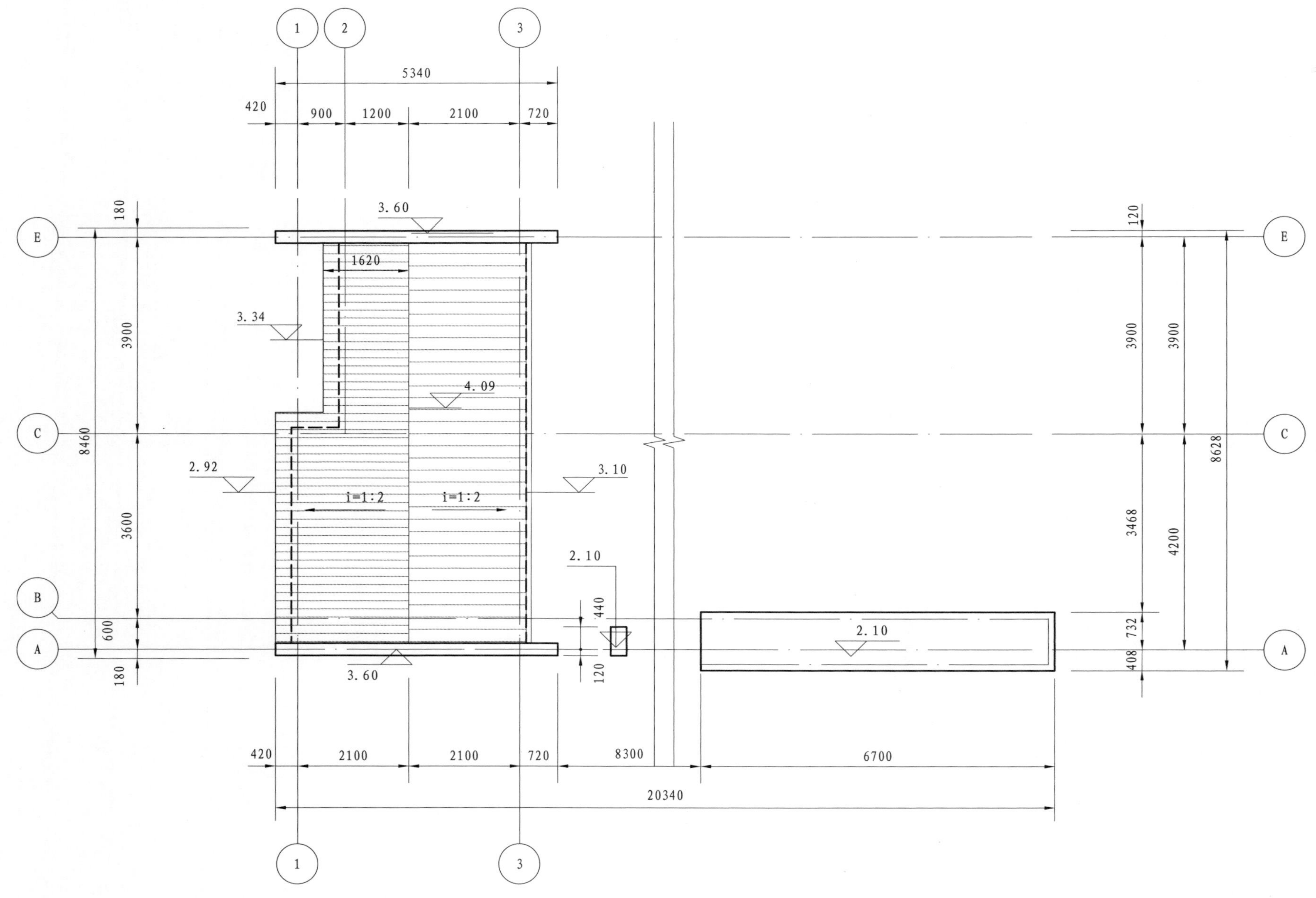

图 4–45　门卫房（北方方案）屋顶平面图

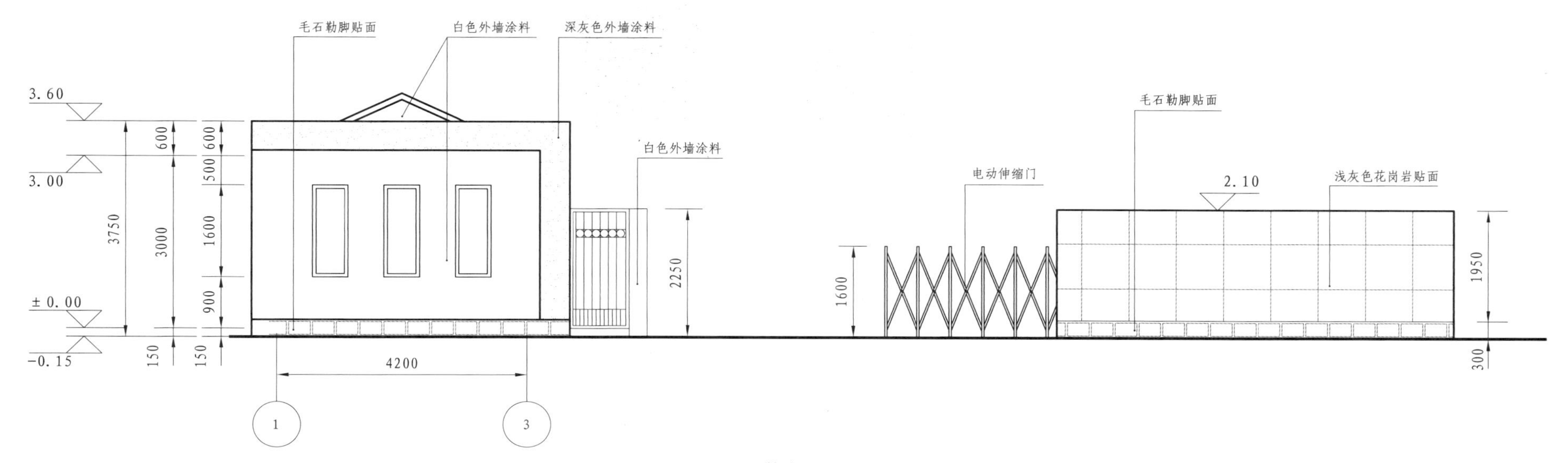

1-3轴立面图

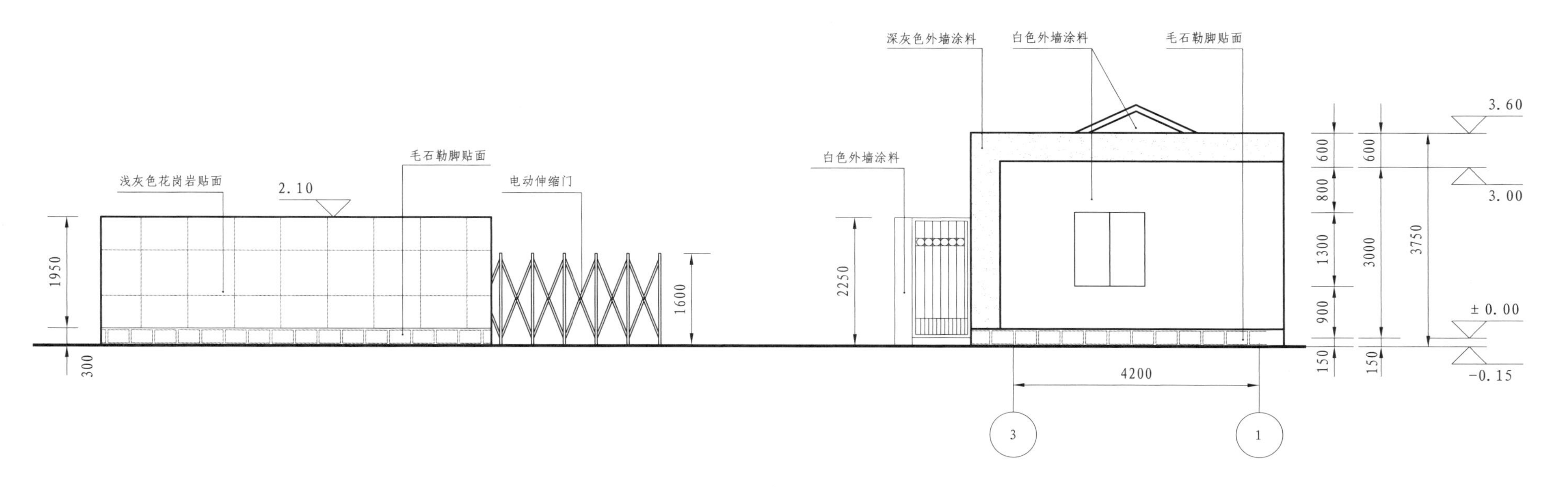

3-1轴立面图

图4-46 门卫房（北方方案）1-3、3-1轴立面图

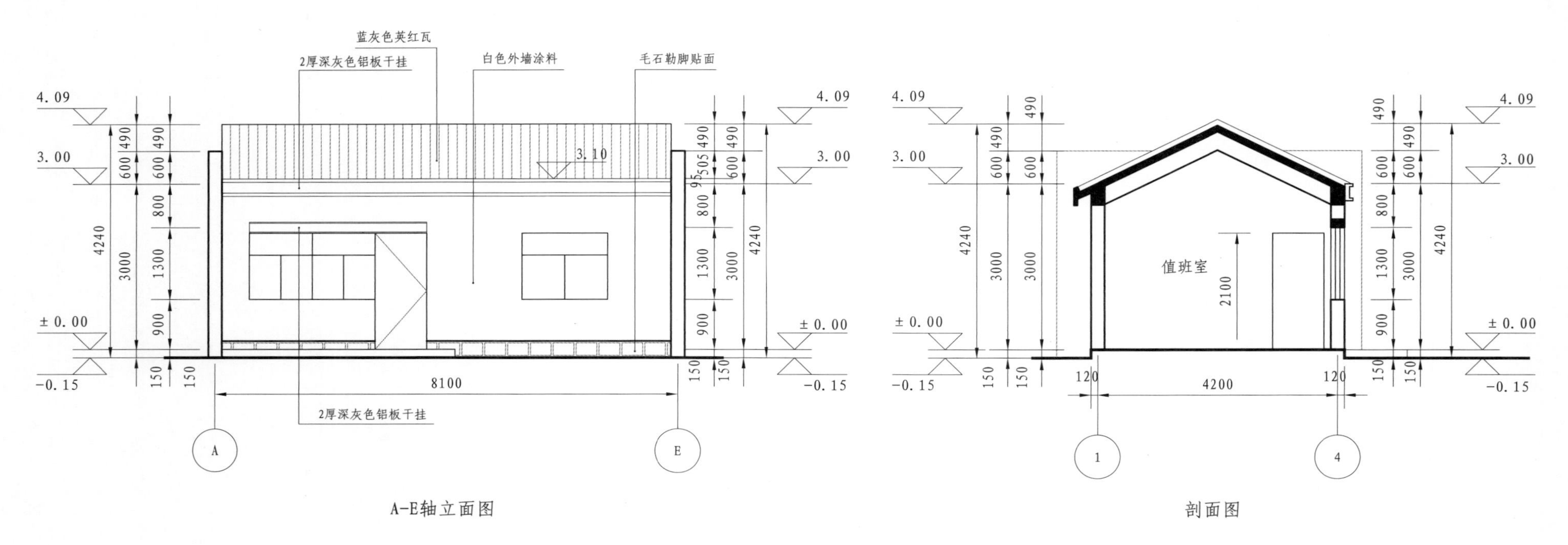

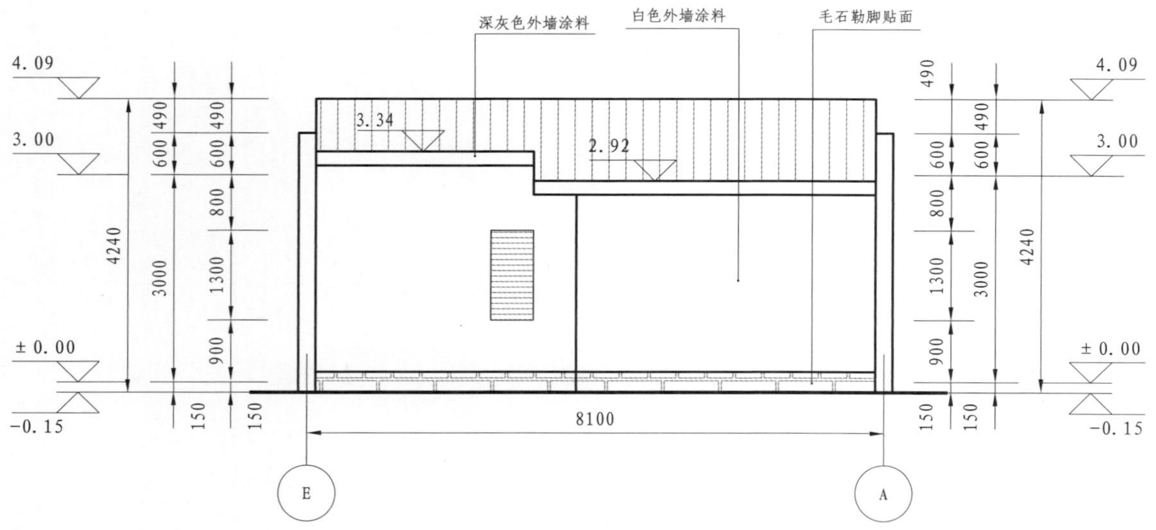

图 4-47　门卫房（北方方案）立面图、剖面图

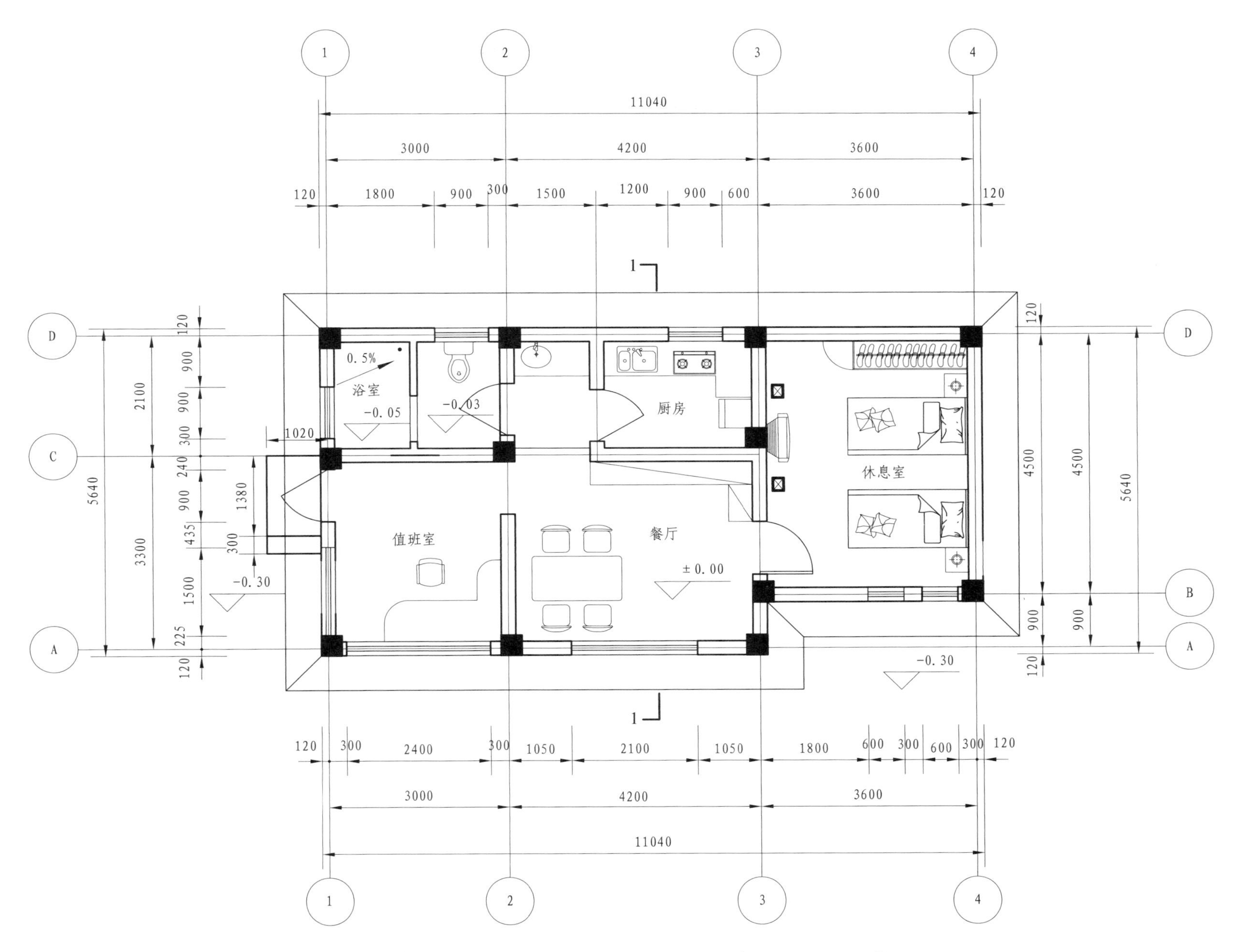

图 4-48　夫妻门卫房（北方方案）一层平面图（建筑面积：59.10m²）

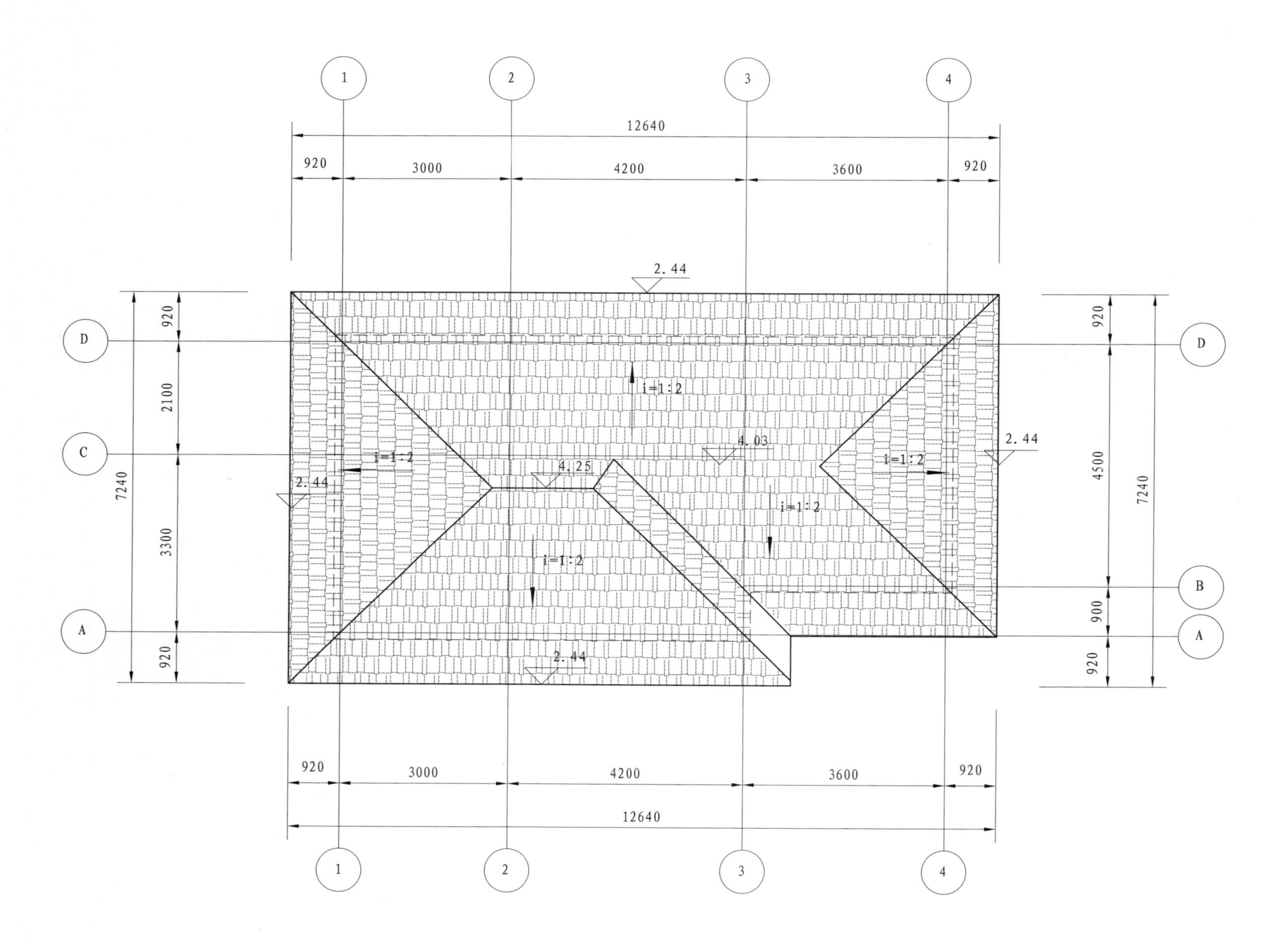

图 4–49　夫妻门卫房（北方方案）屋顶平面图

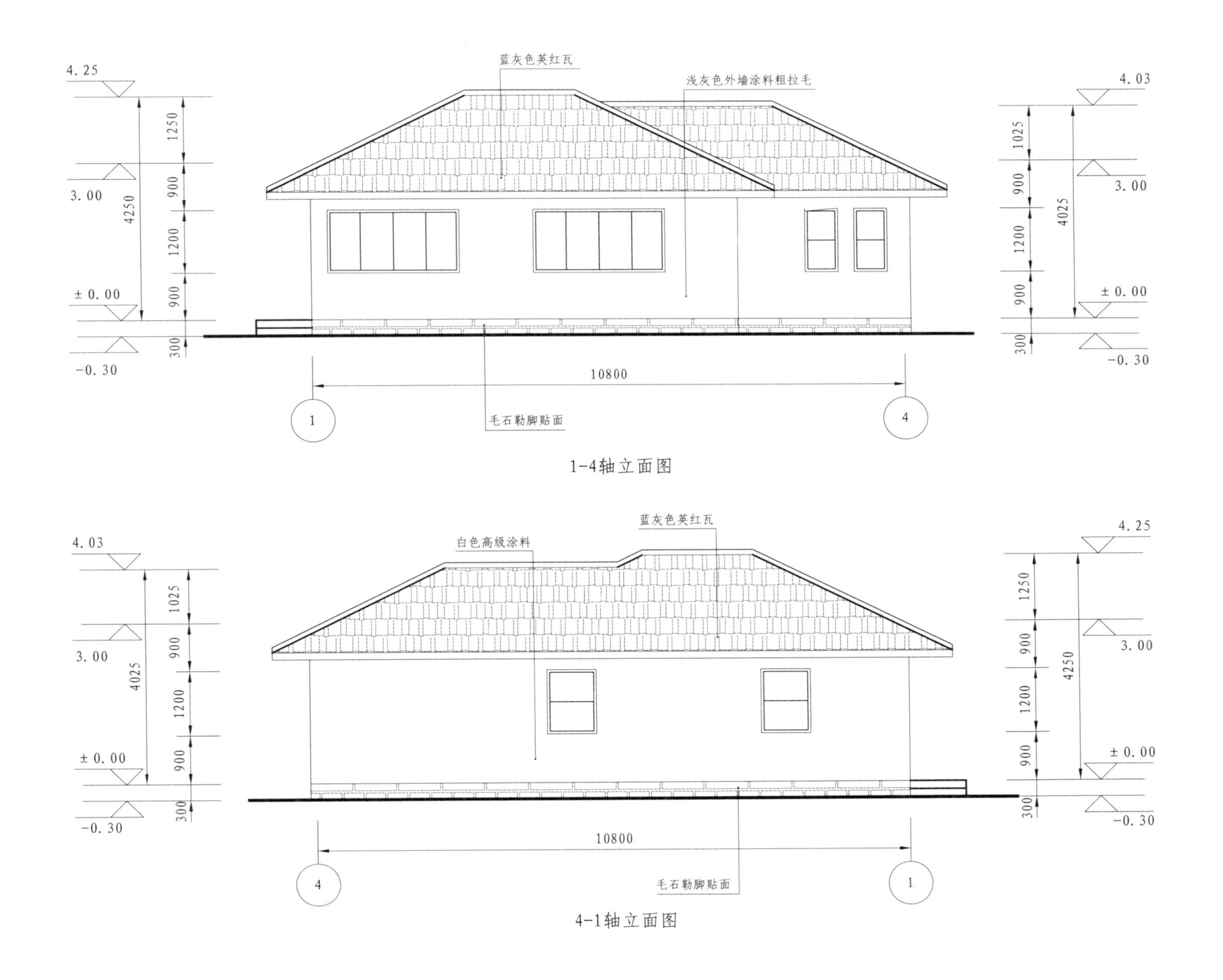

图 4-50　夫妻门卫房（北方方案）1-4、4-1 轴立面图

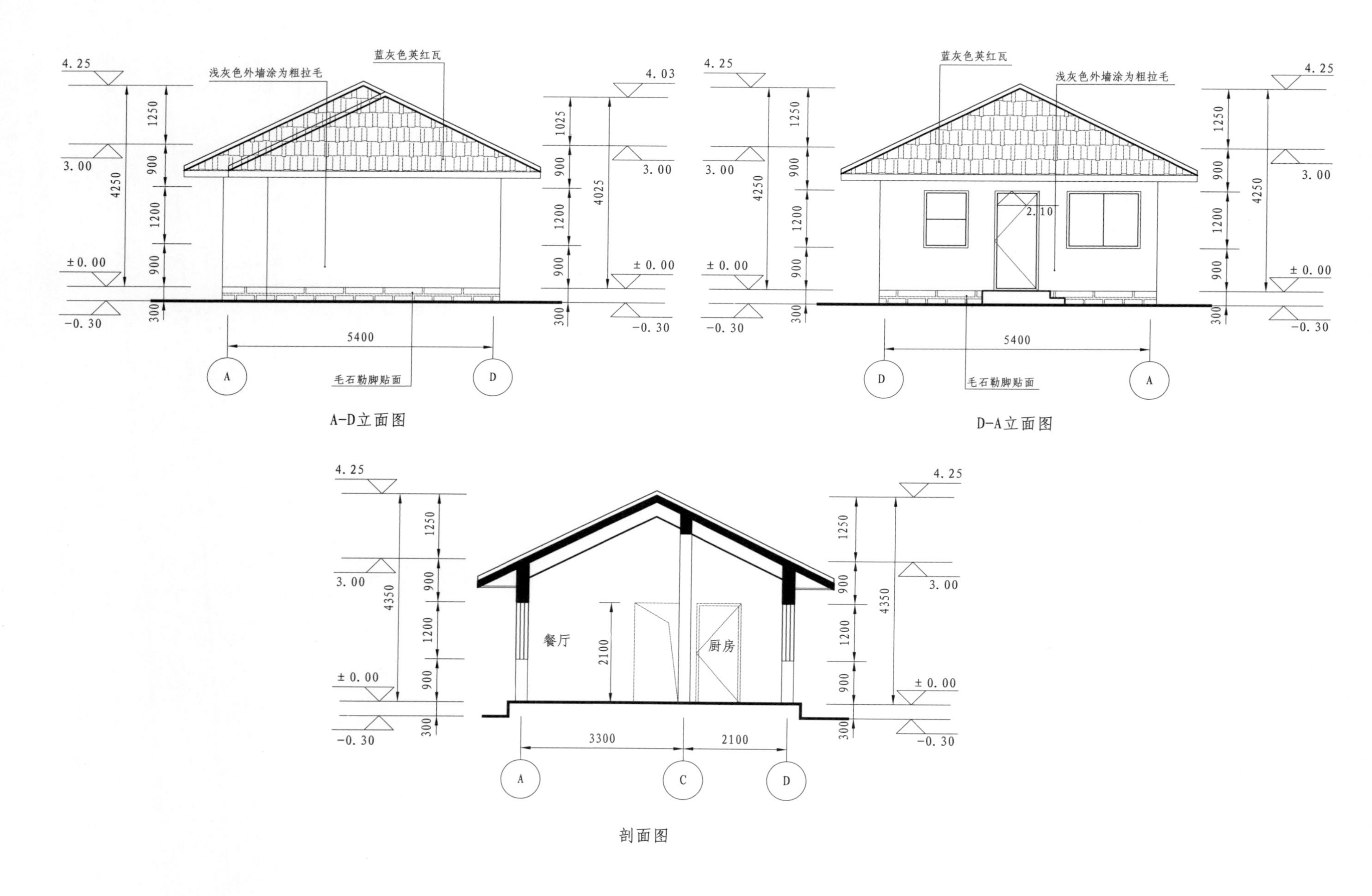

图 4-51　夫妻门卫房（北方方案）立面图、剖面图

第5章　栏杆、护栏设计部分

5.1　设计依据

（1）《固定式工业防护栏杆安全技术条件》（GB 4053.93）。

（2）《民用建筑设计通则》（SL 228—2003）。

（3）《混凝土面板堆石坝设计规范》（JGJ 37—2007）。

（4）《国家电网品牌标识推广应用手册》（第三版）。

（5）其他相关电站资料。

5.2　设计原则

（1）功能性原则。栏杆、护栏设计必须首先考虑其安全功能，栏杆和护栏的高度应根据相关规范制定，在满足安全要求的前提下进行外观造型设计。

（2）稳重性原则。栏杆、护栏设计应考虑稳重性原则，宜采用稳重大气的色彩和材料，同时外观造型应稳重正气。

（3）简洁性原则。栏杆、护栏设计须体现简洁性，用最简单的设计语言进行展现。采用标准简洁的施工工艺，便于后期施工和建设，并在一定区域内具备通用性。

（4）实用性原则。栏杆、护栏设计应考虑实用，不做多余和过度强调视觉美感的设计。同时选择适用地区常用的材料，采用常规的施工工艺。

（5）美观性原则。栏杆、护栏设计要在满足功能及经济实用的前提下，考虑美观性，做到与周边环境和谐，体现自然生态美感。

5.3　设计条件及要求

5.3.1　景观栏杆、防护栏杆

（1）设计条件。景观栏杆根据《民用建筑设计通则》（SL 228—2003）规定，不得低于1.05m。

电站上下库进行防护栏杆设计，设计高度根据《固定式工业防护栏杆安全技术条件》（GB 4053.93）规定工业防护栏杆高度宜为1.05m，在离地高度等于和大于20m高台，栏杆高度宜大于1.2m。

根据电站相关实践，景观栏杆和防护栏杆防护高度定为净高不小于1.2m。

栏杆设计条件见图5-1。

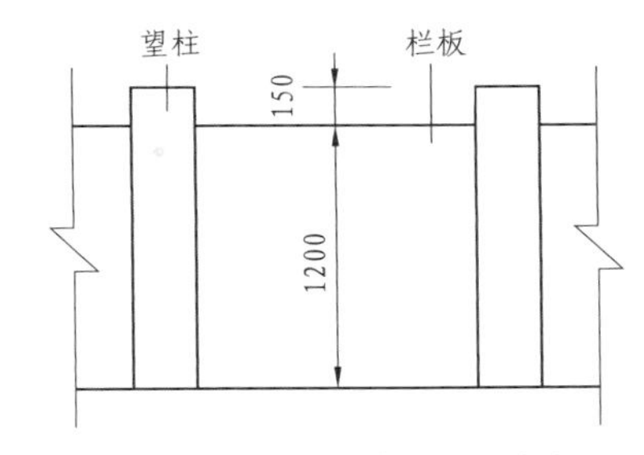

图5-1　栏杆设计条件示意图（单位：mm）

（2）设计要求。景观栏杆和上下库防护栏杆，以满足安全性要求为基本条件，造型坚固、美观、大方。

5.3.2　开关站出线场栏杆

（1）设计条件。开关站出线场栏杆主要功能为隔离出线场，高度不宜低于1.8m。

（2）设计要求。开关站出线场栏杆位于开关站内，材质为非导电体。建议采用通透式栏杆，样式宜简洁大方。

5.3.3　防浪墙

（1）设计条件。防浪墙主要位于上下库大坝内侧，设计根据《混凝土面板堆石坝设计规范》（JGJ 37—2007）中 5.2.3 节内容应在坝顶上游侧设置混凝土防浪墙，墙高可采用 4 ～ 6m，墙顶高出坝顶 1 ～ 1.2m。本通用设计主要针对高出坝顶区域，根据相关工程实践，防浪墙高出坝顶高度 1.2m。

防浪墙设计条件见图 5-2。

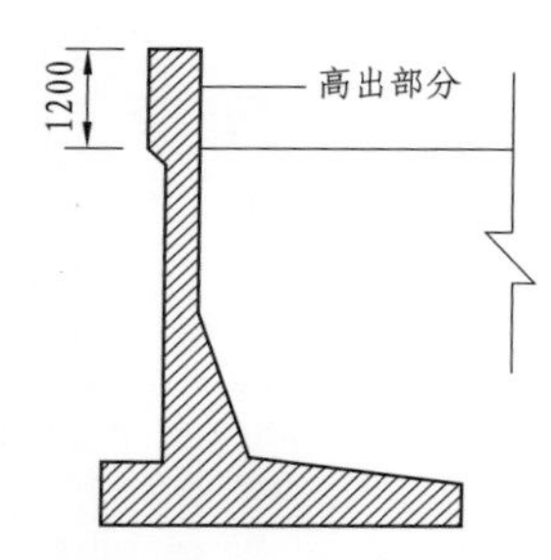

图 5-2　防浪墙设计条件示意图（单位：mm）

（2）设计要求。防浪墙采用混凝土材料，在满足其安全的前提下，对其外观进行装饰，宜体现整体性和规整感，造型简洁。

5.4　方案设计总体说明

在本章通用设计中，各方案以给定的尺寸为基础设计，主要设计内容包括方案设计说明、主要材料说明、使用说明。对电站景观栏杆、防护栏杆、开关站出线场栏杆、防浪墙等进行设计，提供一套南北通用方案供参考。

在具体的工程设计中，应综合考虑各方面的因素，在使用时应与现有国家、行业标准相关内容配套使用。对于不同抽水蓄能电站，根据现场环境、地质以及不同地域的特点进行优化调整。

5.5　设计方案及使用说明

5.5.1　景观栏杆、上下库防护栏杆

（1）方案设计说明。

方案一：栏杆设计采用中式风格，望柱采用 250mm×300mm 的墙体，顶部线条压顶，相邻望柱中心间距 2m。栏板采用竖向钢造型格栅。

方案二：采用现代工业风格，望柱采用 250mm×250mm 的方形柱体，顶部刻画线条，相邻望柱中心间距为 2m。栏板采用钢与墙体结合的形式，底部为 250mm 高墙体，上部为钢格栅。

（2）主要材料说明。

方案一：望柱采用钢筋混凝土现浇，外涂灰白色涂料，顶部涂蓝灰色涂料漆。栏板底座采用混凝土造型，外涂灰白色涂料。上部采用竖向钢格栅，外喷蓝灰色氟碳漆。格栅与望柱之间连接采用预埋件焊接。

方案二：望柱采用钢筋混凝土现浇，素混凝土抹面。栏板底座采用混凝土造型，素混凝土抹面。上部采用钢格栅，外涂深灰色氟碳漆。格栅与望柱之间连接采用预埋件焊接。

（3）使用说明。本方案南北通用。在使用时，造型色彩原则上保持不变，建筑材料可根据当地建材市场的采购条件做适当调整，原则上不得使用石材和真石漆。尺寸在保证安全和符合规范的前提下可做适当调整。同时在北方使用时，面层做法应做相应调整，增加胶黏结面剂、5 厚抗裂砂浆（耐碱网格布，参建筑胶）等材料。

景观栏杆、上下库防护栏杆南北通用方案见图 5-3 ～图 5-6。

5.5.2　开关站出线场栏杆

（1）方案设计说明。开关站出线场栏杆秉承简洁大方的思路，采用不锈钢焊接而成，整体为通透式。

（2）主要材料说明。整体采用不锈钢。

（3）使用说明。本方案适用于南方和北方。在使用时高度可以适当加高，建筑材料可根据当地建材市场的采购条件做适当调整。

开关站出线场栏杆南北通用方案见图 5-7 和图 5-8。

5.5.3　防浪墙

（1）方案设计说明。防浪墙设计采用现代工业风格，顶部在保证安全的前提下，采用双圆弧处理。同时面向库区方向，顶部适当突出，起到一定的回浪作用。整体为混凝土原色，靠近顶部区域画三条天空蓝颜色的线条，体现工程与自然的和谐。

（2）主要材料说明。墙体采用混凝土，线条采用通天空蓝颜色涂料。

（3）使用说明。本方案南北通用。外观造型和色彩原则上不可变，建筑材料可根据当地建材市场的采购条件做适当调整，原则上不得使用石材和真石漆。

防浪墙南北通用方案见图 5-9 和图 5-10。

5.6 设计图

设计图目录见表 5-1。

表 5-1　　设计图目录

序号	图　名	图号
1	景观栏杆、防护栏杆设计图（南北通用方案一）	图 5-3、图 5-4
2	景观栏杆、防护栏杆设计图（南北通用方案二）	图 5-5、图 5-6
3	开关站出线场栏杆设计图（南北通用方案）	图 5-7、图 5-8
4	防浪墙设计图（南北通用方案）	图 5-9、图 5-10

图 5-3　景观栏杆、防护栏杆标准段效果图（景观栏杆、防护栏杆南北通用方案一）

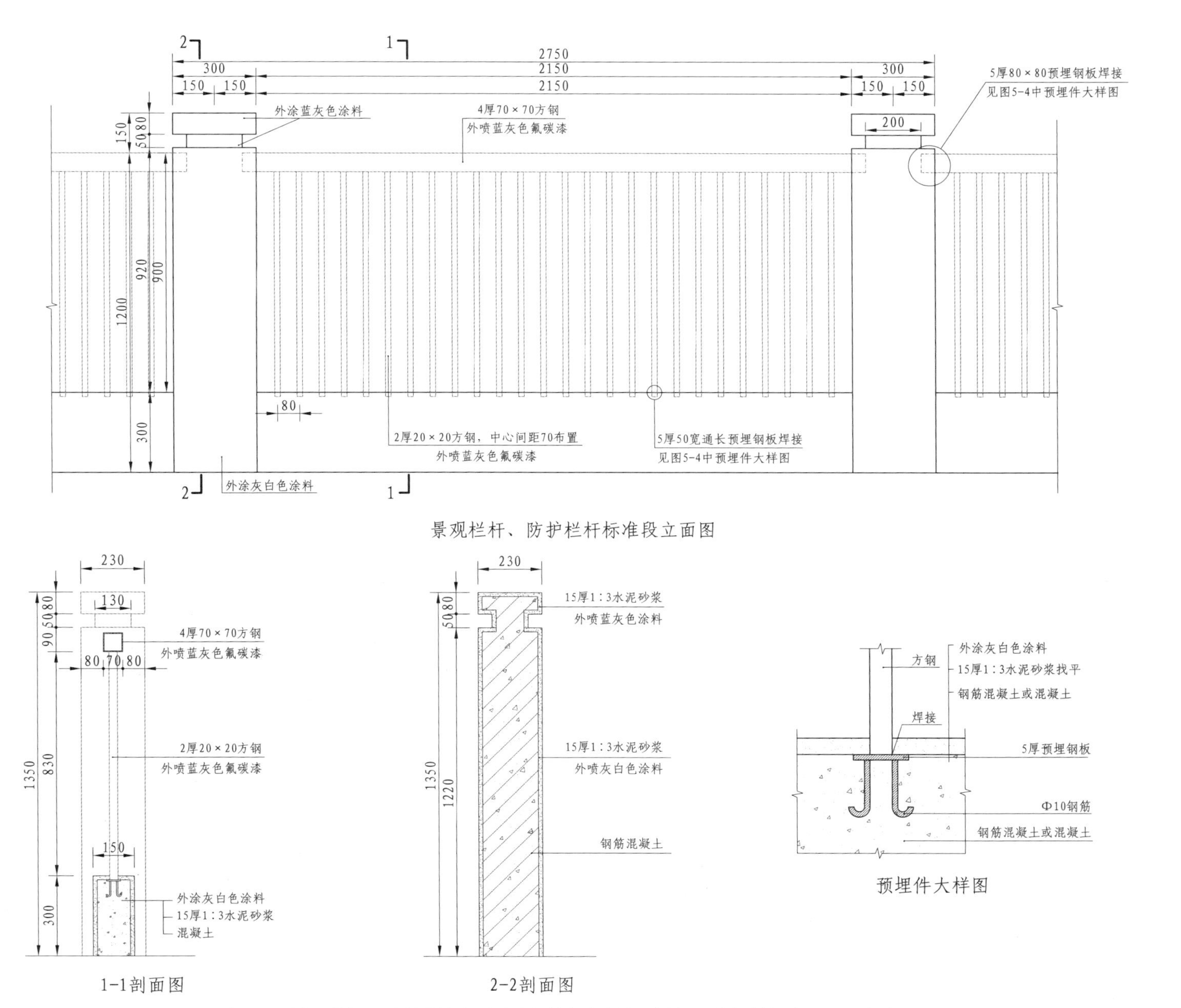

图 5-4　景观栏杆、防护栏杆标准段设计详图（景观栏杆、防护栏杆南北通用方案一）

图 5-5　景观栏杆、防护栏杆标准段效果图（景观栏杆、防护栏杆南北通用方案二）

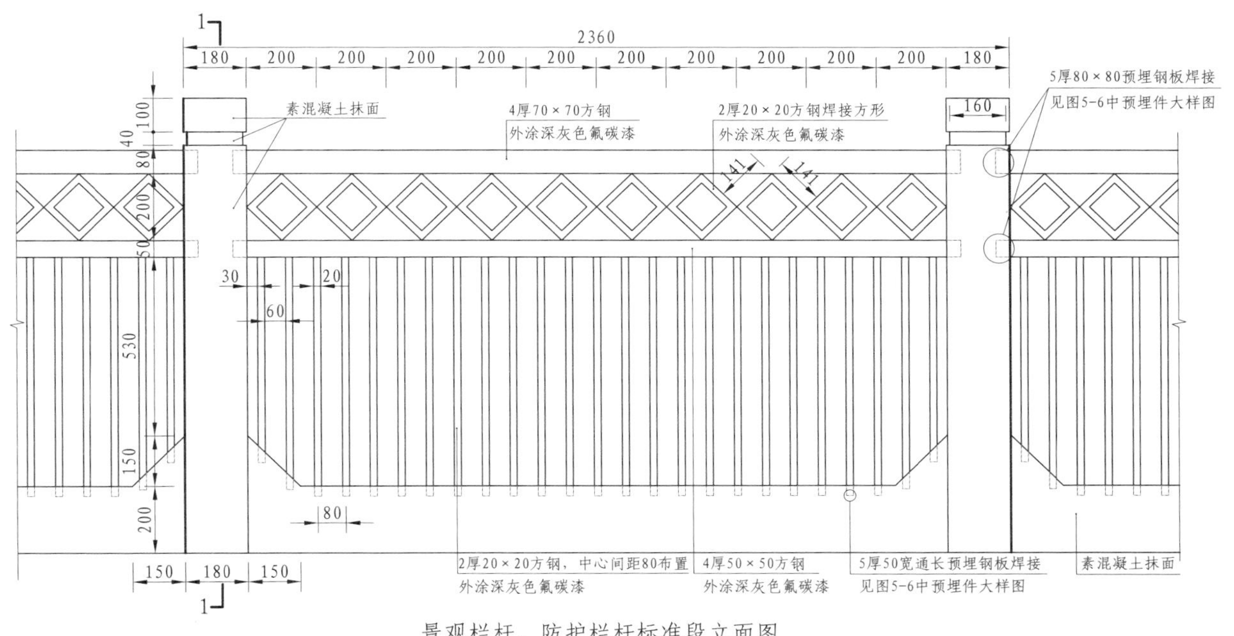

景观栏杆、防护栏杆标准段立面图

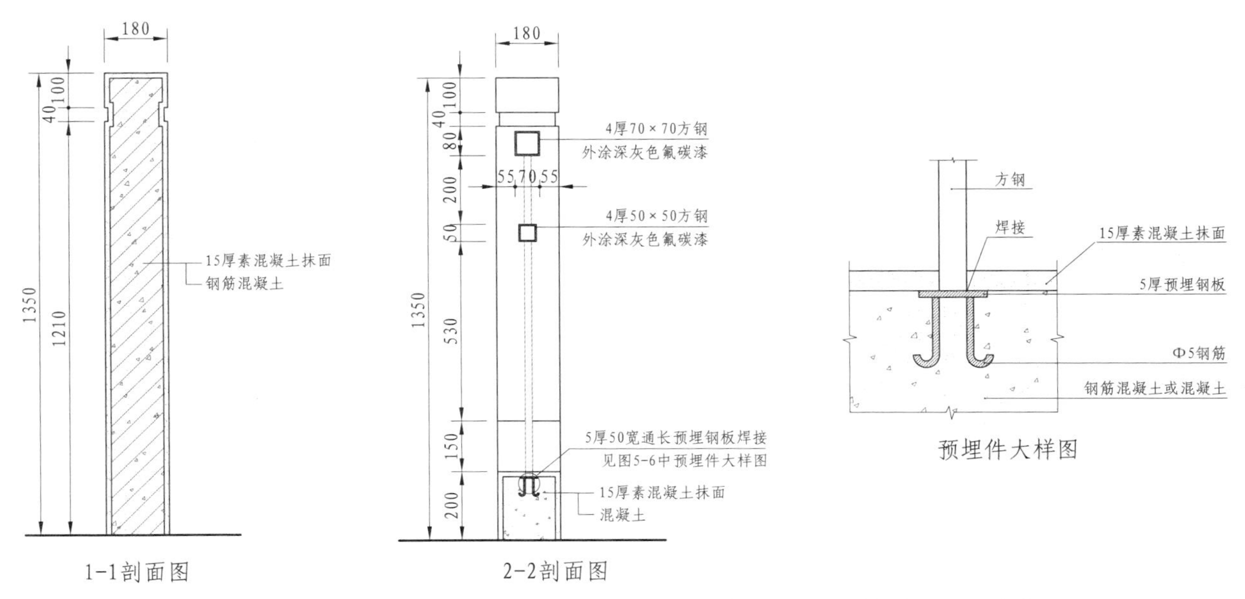

1-1剖面图

2-2剖面图

预埋件大样图

图5-6　景观栏杆、防护栏杆标准段设计详图（景观栏杆、防护栏杆南北通用方案二）

图 5–7　开关站出线场栏杆标准段效果图（开关站出线场栏杆南北通用方案）

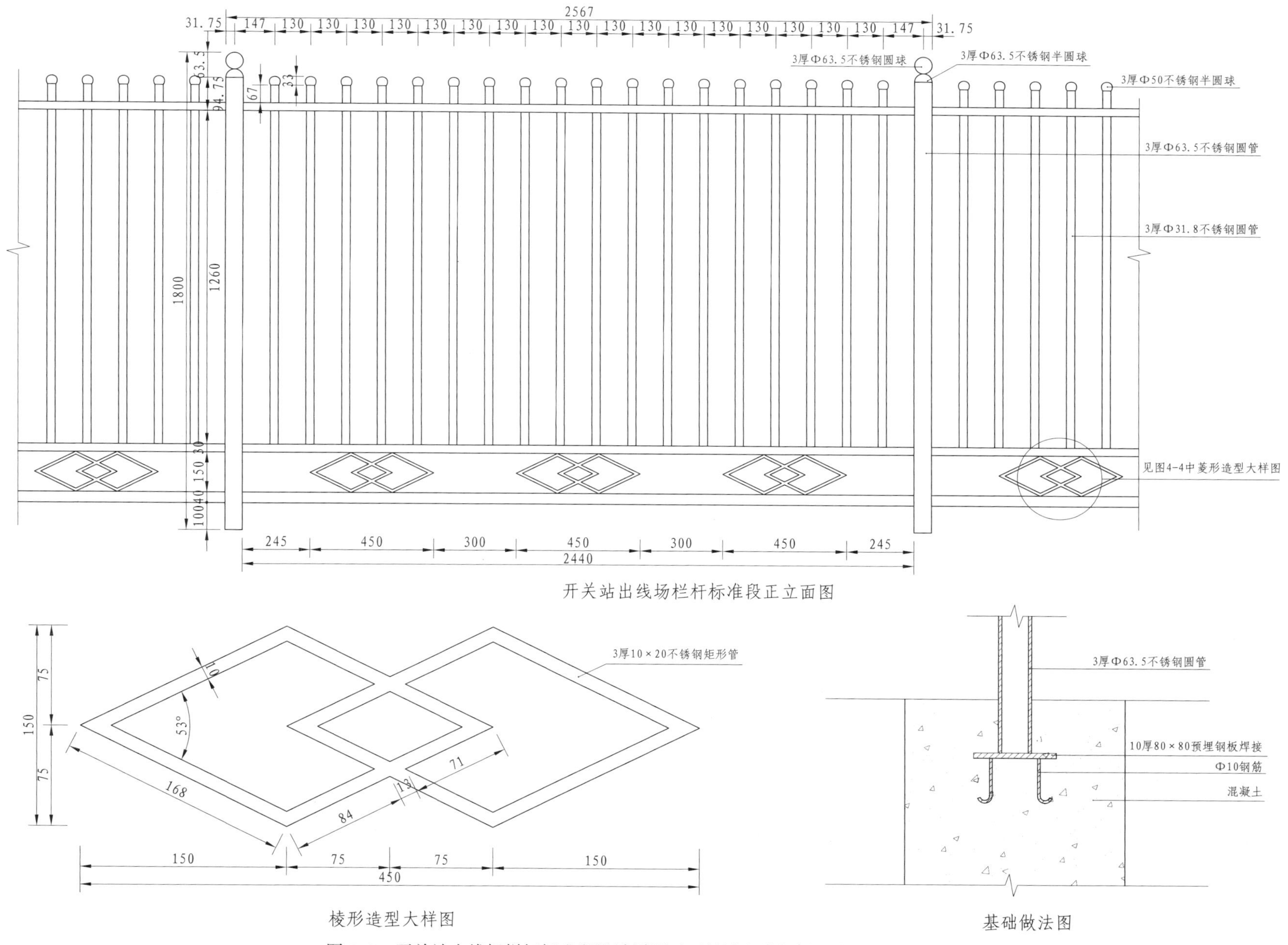

图 5-8　开关站出线场栏杆标准段设计详图（开关站出线场栏杆南北通用方案）

图 5-9　防浪墙标准段效果图（防浪墙南北通用方案）

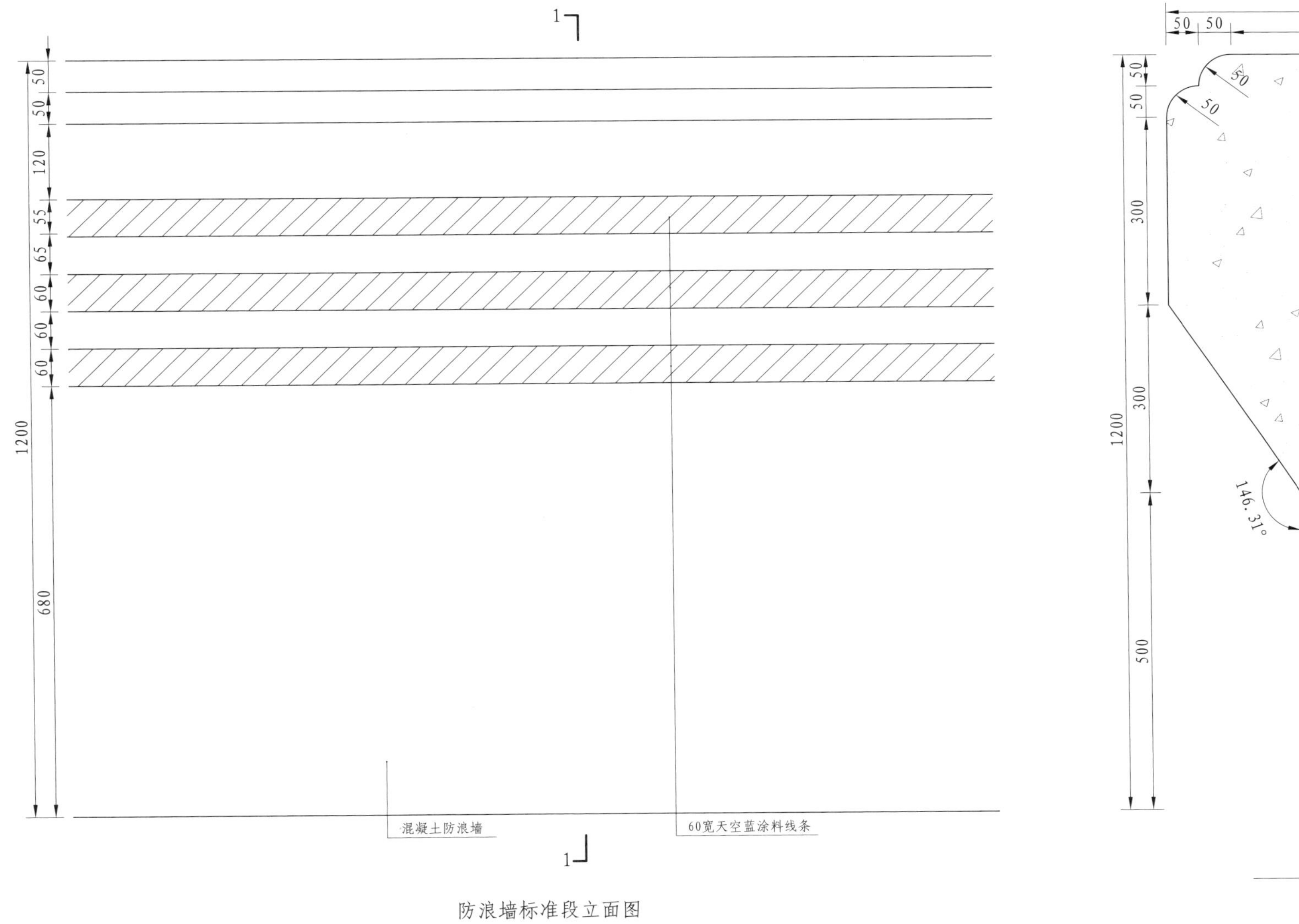

防浪墙标准段立面图

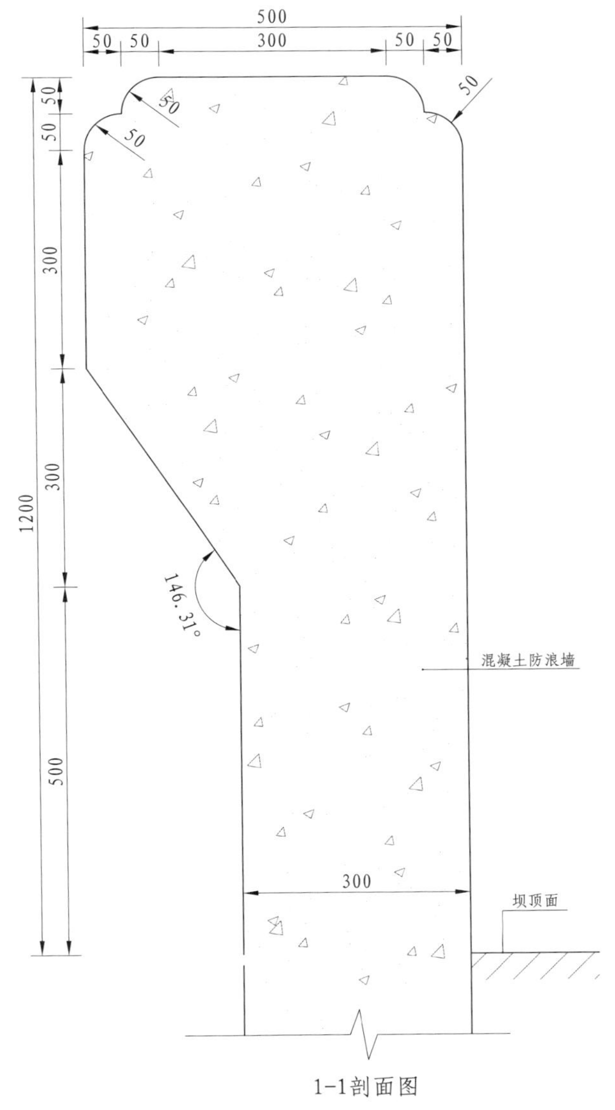

1-1剖面图

图 5-10 防浪墙标准段立面、1-1 剖面图（防浪墙南北通用方案）

第6章 厂房细部设计

6.1 设计依据

（1）《建筑室内防水工程技术规程》（CECS 196：2006）。

（2）《民用建筑设计通则》（GB 50352—2005）。

（3）《建筑内部装修设计防火规范》(GB 50222—1995)(2001 版)。

（4）《建筑设计防火规范》（GB 50016—2014）。

（5）《建筑内部装修防火施工及验收规范》（GB 50354—2005）。

（6）《水电站厂房设计规范》（SL 266—2014）。

（7）《水电站厂房设计规范》（NB/T 35011—2013）。

（8）《水电工程设计防火规范》（GB 50872—2014）。

（9）抽水蓄能典型工程主副厂房、主变洞等相关部位建筑图。

（10）其他相关的规范、规程、工程质量验收文件。

6.2 设计原则

厂房细部设计过程中应遵循以下原则：

（1）功能性原则。厂房细部设计需考虑各部位的功能需求，在满足功能及安全要求的前提下，进行细部外观设计。

（2）经济性原则。厂房细部设计要经济实用，因地制宜，选择与整体工程相适宜的设计方案。

（3）美观性原则。厂房细部设计在满足经济实用的前提下，考虑细节部位的美观性，需要与周围整体设计相统一。

6.3 设计范围

本通用设计范围包括：主厂房发电机层、副厂房与发电机层同高高程、主变洞主变层、副厂房电梯前室及卫生间、楼梯踏步及栏杆的建筑及装修设计，厂房内结构缝、振动缝与伸缩缝处理，穿墙、楼面设备管路安装缝隙封堵设计，防潮墙、洞室内排水管、防潮墙检修门、电缆及电线覆盖等细部设计。

6.4 设计方案说明

（1）本设计图册中未标注的门洞尺寸及墙体定位以实际工程图纸为准，若本图册中已有标注的以本图册为准。

（2）本设计图册中电气专业及暖通专业的相关设备孔洞等应根据实际工程相关设备专业图纸进行开设。

（3）本设计图册中所标注预留孔洞及接线端口等可根据现场实际尺寸进行微调。

（4）墙面砖、地面砖及吊顶龙骨等铺设施工应根据设计图纸预先进行放样放线。

6.4.1 工艺及质量要求

6.4.1.1 工艺要求

（1）本设计中所有隐蔽工程需按消防规范做防火处理，防火要求及质量符合国家现行的建筑设计室内装饰设计及验收规范。

（2）隐蔽木作部位均涂刷 3 遍防火涂料，防火涂料应选用符合消防规范的产品。

6.4.1.2 做法与选型要求

（1）涂刷油漆时需要先做出小样，得到确认后方可大面积展开施工。

（2）所有饰面材料，灯具、光源配置等属装修工程范围的成品设备，以及所在空间与装饰最终效果有着直接关系的室内陈设物如家具、绿化、灯具等，在订货时须经设计人员确认。

（3）室内所有装饰材料在满足设计的前提下尽量选用本地材料，以便选样、订货便利，减少整体工程造价、缩短供货期及便于售后服务提供相应保障。

（4）装饰材料的选用应符合国家现行有关标准，根据消防部门关于建筑室内装修设计防火规范严格选材，采用消防部门认可的质量合格的装饰材料。

6.4.2 装饰工程质量要求

6.4.2.1 参照标准

本设计所有的参照标准均按最新的相关施工及验收规范或最新的国家标准。在进行工程中应采用最佳最合适的标准，必须满足《建筑装饰工程施工及验收规范》（JGJ 73—91）。

6.4.2.2 地砖（石材）工程

（1）材料。

1）水泥：硅酸盐水泥、普通硅酸盐水泥；其标号不应低于 32.5 号，并严禁混用不同品种的水泥。

2）砂：中砂或粗砂，过 8mm 孔径筛子，其含泥量不应大于 3%。

3）地砖应有出厂合格证，抗压、抗折及规格品种均应符合设计要求，外观颜色一致、表面平整、边角整齐、无翘曲及窜角。

4）石料本身不得有隐伤、风化等缺陷，清洗石料时不得使用钢丝刷或其他工具，造成破坏其外露表面或在上面留下痕迹。

（2）安装。

1）内墙＋50cm 水平标高线已弹好，并校核无误。

2）地面垫层以及预埋在地面内各种管线已做完。

3）穿过楼面的竖管已安完，管洞已堵塞密实。

4）提前做好选砖的工作，预先用木条钉方框（按砖的规格尺寸）模子，拆包后块块进行筛选，长度、宽度、厚度不得超过 ±1mm，平整度用杆尺检查，不得超过 ±0.5mm。外观有裂缝、掉角和表面上有缺陷的板剔出，并按花型、颜色挑选后分别堆放。

6.4.2.3 木工

（1）材料。材料应采用最好的类型，必须经过烘干或自然干燥后才能使用，自然生长的木料，没有虫蛀、松散或腐节或其他缺点，锯成方条形，并且无翘曲、爆裂及其他因为处理不当而引起的缺陷。

胶合板按不同等级选用进口或国产，但必须达到 AAA 要求。

地板等木材产品施工前检查规格相关性能指标外观特质，产品应合格。

1）施工前基层平整、干燥等处理应符合木材安装相关规范要求。

2）施工中尤其注意锁扣、舌扣部位接搓平整，胶水无遗痕。

3）地板伸缩缝无锯齿状，与墙面距离合适，踢脚接缝平整，钉眼补好。

（2）防火处理。所有基层木材均应满足防火要求，涂上三层防火漆。

（3）制作工艺及安装。

1）所有装饰用的木材均严格按图纸施工，尺寸必须在工地核实，图样或规格与实际工地偏差大时，应立即通知设计师。

2）所有完工时暴露在外的木质表面，除特殊注明处，都应该按设计做饰面。

3）当采用自然终饰或者采用指定为染色、打白漆，或油漆被指定为终饰时，相连木板在形式，颜色或纹理上要相互协调。

4）所有木工制品所用之木材，均应经过干燥并保证制品的收缩度不会损害其强度和装饰品之外观，也不应引起相邻材料和结构的破坏。

5）木工制品须严格按照图样的说明制作，在没有特别标明的地方接合，应按该处接合之公认的形式完成。胶接法适用于需要紧密接合的地方，所有胶接处应用交叉舌榫或其他加固法。

6）所有铁钉头打进去并加上油灰，胶合表面接触地方用胶水接合，接触表面必须用锯或刨进行终饰。实板的表面需要用胶水接合的地方，必须用砂纸轻打磨光。

7）有待接合的表面必须保持清洁、不肮脏，没有灰尘、锯灰、油渍和其他污染。

8）胶合地方必须给予足够压力以保持粘牢，并且胶水凝固条件均按照说明进行。

9）所有踢脚板、框缘、平板和其他木工制品必须准确画线以配合实际现场达成应有的紧密配合。

10）一般用木材成架安装于天花板上时，应确保所有部件牢固及拉紧，且不得影响其他管线（风管、喷淋管等）走向。依照设计图纸固定于天花板。

6.4.2.4 装饰五金

所有五金器具必须防止生锈和沾染，使用前应提供样品，在完成工作后所有五金器具都应擦油、清洗、磨光和可以操作，所有钥匙必须清楚地贴上标签。

本设计中所选的不锈钢型材为 304 系列，且为亚光面。

6.4.2.5 金属覆盖板工程

（1）金属板必须可以承受本身的荷载，而不会产生任何损害性或永久性的变形。

所有金属表面覆盖板及配件需符合《建筑装饰工程施工及验收规范》（JGJ 73—91）要求。

（2）金属饰面板的品种、质量、颜色、花型、线条应符合设计要求，并应有产品合格证。

（3）墙体骨架如采用轻钢龙骨时，其规格、形状应符合设计要求连接的部位，并应进行除锈、防锈处理。

（4）安装大龙骨应考虑顶棚起拱高度不小于房间短向跨度的 1/200。

（5）灯具、风口的附加龙骨应按规范要求进行组装。

（6）龙骨与地面、顶面接触处应铺垫橡胶条或沥青泡沫塑料条。

（7）轻钢龙骨架安装完毕后，应检查对接和连接处的牢固性，不得有虚接虚焊现象，轻钢龙骨选用主龙骨 D38，次龙骨 D32，间距 900mm，间距可按工程实际减小吊杆采用 ϕ6 钢筋间距 900mm，所有吊杆长度及相关构配件按工程实际情况现场定。

（8）墙体材料为纸面石膏板时，应按设计要求进行防火处理，安装时纵、横碰头缝应拉开 5 ～ 8mm。

（9）金属饰面板安装，当设计无要求时，宜采用抽芯铝铆钉，中间必须垫橡胶垫圈。抽芯铝铆钉间距以控制在 100 ～ 150mm 为宜。

（10）安装突出墙面的窗台、窗套凸线等部位的金属饰面时，裁板尺寸应准确，边角整齐光滑，搭接尺寸及方向应正确。

（11）板材安装时严禁采用对接。搭接长度应符合设计要求，不得有透缝现象。

（12）外饰面板安装时应挂线施工，做到表面平整、垂直，线条通顺清晰。

（13）阴阳角宜采用预制角装饰板安装，角板与大面搭接方向应与主导风向一致，严禁逆向安装。

（14）保温材料的品种、堆集密度应符合设计要求，并应填塞饱满，不留空隙。

6.4.2.6 玻璃工程

（1）玻璃品种规格和颜色应符合设计要求，所有镜子的边要光滑，在安装前用砂纸擦过。室内安装玻璃要用毡制条子，颜色要与周围材质相配，厚度按图纸所示。

（2）准确地把所有玻璃切割成为适当的尺寸，安装槽要清洁，没有任何灰尘。所有螺丝或其他固定部件都不能在槽中凸出来。所有框架的调整将在安装玻璃之前进行。所有封密剂在完工时要清洁、平滑。

（3）玻璃工程应在框、扇校正和五金件安装完毕后，以及框、扇最后一遍涂料前进行。

（4）中庭的围护结构安装钢化玻璃时，应用卡紧螺丝或压条镶嵌固定。玻璃与围护结构的金属框格相接处，应衬橡胶垫塑料垫。安装玻璃隔断时，磨砂玻璃的磨砂面应向室内。

（5）落地钢化玻璃的厚度最小为12mm，它们必须能够抵预2.5kPa风压力或吸力。

（6）玻璃必须顾及温差应力和视觉歪曲的效果。

（7）用作玻璃门和栏杆之透明强化玻璃必须符合《普通平板玻璃》（GB 4871—1995）规定的产品质量。

（8）玻璃必须结构完整，无破坏性的伤痕及针孔、尖角或不平直的边缘。

（9）安装大块玻璃（长边大于1.5m的或短边大于1m的）须用橡皮垫，再用压条或螺钉镶嵌固定。

6.4.2.7 油漆及涂料工程

（1）油漆及涂料的等级和品质应符合设计要求和现行有关产品国家标准的规定。

（2）没有完全干透，或环境有尘埃时，不能进行操作。

（3）对所有表面的洞、裂缝和其他不足之处，应预先修整好才进行油漆。

（4）要保证每道油漆工序的质量，要求涂刷均匀，防止漏刷、过厚、流淌等弊病。

（5）在原先之油漆涂层结硬并打磨后，才可再进行下一道工序。

（6）在油漆之前应拆开所有五金器具，并且在油漆后安回原处，保持一切清洁和完全没有油漆斑点等。

（7）上油漆前应先进行油漆小色板的封样，在征得同意后方可大面积施工。

（8）涂料施工的基体或基层应干燥。

（9）腻子应涂抹坚实，不得有起皮裂缝等缺陷。

（10）浆膜干燥前，应防止尘土沾污和热空气的侵袭。

（11）用于涂料施工的腻子品种应与涂料品种相对应，配合比应符合规范要求。

（12）涂漆前板面清扫干净，刷两遍成活。

（13）木质表面施工时，底层宜先涂一层槽油，完全干透后，再涂刷乳胶漆三道。

（14）墙面与柱面缺棱角部位应用水泥混合砂浆修补整齐。

6.5 典型部位细部设计

6.5.1 设计方案说明

6.5.1.1 楼地面、踢脚

（1）现制水磨石、水泥砂浆、聚合物水泥砂浆等面层的分隔缝，除应与垫层的缩缝对齐外，应缩小间距，并在主梁两侧及四周设置分隔缝。

（2）有需要排除水或其他液体时的楼地面应设坡向地漏或地沟的坡度，坡度为0.5%～1%。

（3）聚氨酯防水层表面宜撒粘适量细沙，以增加结合层与防水层的黏结力，防水层在墙柱交接处翻起高度不小于150mm。

（4）有防静电要求的地面，应采用导静电面层材料，其表面电阻率、体积电阻率等主要技术指标应满足生产和使用要求，并应设置静电接地。

（5）石材铺装前宜刷防污剂，防污剂的施工见生产厂家提供的说明书。

（6）石材放射性核素限量应符合现行国家标准的规定。

（7）地砖要求宽缝时用1∶1水泥砂浆勾平缝。

（8）建筑胶需选用经检测、鉴定品质优良的产品。

（9）踢脚板材料除特殊注明外应与地面材料一致。

（10）采用金属板踢脚时，需先安装踢脚板后施工地面面层及墙面。

（11）采用成品踢脚时，也可先固定金属卡具，待地面及前面施工后再安装踢脚板。

6.5.1.2 墙裙、墙面

（1）为了有效防止内墙饰面与基层墙体发生空鼓、开裂、返碱等情况，应做到饰面上墙前确认。

（2）面砖或陶瓷锦砖表面如有污染，可用专用清污剂处理。

（3）墙裙中的木龙骨和木质饰面板应按有关防火规范的规定进行防火处理。

（4）有防水要求的墙面，墙面防水层与地面防水层需做好交接处理。

（5）防水层如改用表面不易黏结面砖的防水涂膜时，应在防水涂膜表层未固化前稀甩干净砂。

（6）外加剂专用砂浆及界面剂均应采用配套产品。

（7）油漆、涂料、壁纸、面砖、石材等的施工工序和要求按《建筑装饰工程质量验收规范》（GB 50210—2001）的规定执行。

6.5.2 典型部位细部设计

6.5.2.1 主厂房发电机层（主机间及安装间）

（1）主厂房发电机层主机间地面采用玻化砖或塑胶地板，规格为800mm×800mm。

主厂房发电机层安装间采用地砖地面。

主厂房发电机层楼梯间地面采用石材或地砖。

（2）地面采用300mm高不锈钢踢脚板。

（3）内墙采用干挂多孔吸音铝板，规格为2000mm×1200mm×2.5mm。

主厂房发电机层地面铺装图和上游侧立视图见图6-1。

6.5.2.2 副厂房与发电机层同高层

（1）照明配电室、公用LCU室地面铺设地砖。

楼梯间、电梯前室及走廊地面铺设石材或地砖。

（2）耐磨地砖地面采用150mm高地砖踢脚板，做法参见《工程做法》（05J909）。

（3）内墙均采用白色乳胶漆，做法参见05J909-NQ16-内墙8A。

副厂房与发电机同高层地面铺装见图6-2。

6.5.2.3 主变洞主变层

（1）主变压器室地面采用水泥砂浆压光地面，做法参见05J909-LD4-楼1A。

（2）主变运输道、主变运输洞地面采用石材或地砖，规格为800mm×800mm。

（3）盥洗室和主变空载水泵室地面采用防滑地砖，其余房间地面采用耐磨地砖。

（4）水泥砂浆地面采用150mm高水泥砂浆踢脚板，做法参见《工程做法》（05J909）。

（5）耐磨地砖地面采用150mm高地砖踢脚板，做法参见《工程做法》（05J909）。

（6）内墙均采用白色乳胶漆，做法参见05J909-NQ16-内墙8A。

主变洞主变层地面铺装见图6-3。

6.5.2.4 楼梯间、走廊及电梯前室、卫生间

（1）楼梯间地面采用石材或地砖。楼梯梯段除镶边外为整块花岗岩板，带凹凸槽防滑带（图6-4）。

（2）走廊及电梯前室地面采用石材或地砖（图6-5）。

（3）卫生间地面采用防滑地砖（图6-6）。

（4）石材地面采用150mm高石材踢脚板，做法参见05J909-TJ9 -踢6A（图6-7）。

（5）卫生间墙裙采用面砖，贴至吊顶。

（6）内墙均采用白色乳胶漆，做法参见《工程做法》（05J909）。

6.6 零星部位细部设计

6.6.1 防潮墙细部设计

靠岩壁侧防潮墙底部设置排水沟时，防潮墙底部混凝土上翻300mm，并在靠岩壁侧的整面墙面上涂刷弹性防水涂料。

6.6.2 洞室内排水管细部设计

厂房内部洞室内一般采用PE排水管，当排水管穿伸缩缝及暗埋时，

使用2mm厚不锈钢管作为套管。

6.6.3 防潮墙检修门细部设计

厂房内防潮墙检修门采用2mm厚不锈钢面板和50mm×50mm×2mm不锈钢方管，现场制作，尺寸为600mm×900mm，离当前层室内地面600mm，不锈钢材质为亚光。

6.6.4 电缆及电线覆盖工程细部设计

厂房内明敷的电缆及电线采用槽盒敷设，槽盒尺寸可根据现场实际情况进行微调。

6.6.5 厂房结构缝、振动缝与伸缩缝细部设计

厂房内部分缝主要存在于两个部位，分别是：①主厂房机组间、主变洞主变间的分缝；②主副厂房间分缝。

厂房结构缝、振动缝与伸缩缝见图6-8、图6-9。

6.6.6 穿墙、楼面设备管道安装缝隙封堵细部设计

穿墙、楼面设备管道安装缝隙封堵细部设计见图6-10。

6.7 设计图

设计图目录见表6-1。

表6-1 设计图目录

序号	图名	图号
1	主厂房发电机层地面铺装图、主厂房发电机层上游侧立视图	图6-1
2	主变运输洞地面铺装图、主厂房发电机层左侧立视图、主厂房发电机层右侧立视图	图6-2
3	副厂房与发电机层同高层地面铺装图	图6-3
4	主变洞主变层地面铺装图一	图6-4
5	主变洞主变层地面铺装图二	图6-5
6	楼梯栏杆细部设计	图6-6
7	楼梯踏步防滑条细部设计	图6-7
8	副厂房电梯前室细部设计	图6-8
9	厂房结构缝、振动缝与伸缩缝细部设计一	图6-9
10	厂房结构缝、振动缝与伸缩缝细部设计二	图6-10
11	穿墙、楼面设备管路安装缝隙封堵细部设计	图6-11
12	副厂房卫生间细部设计	图6-12

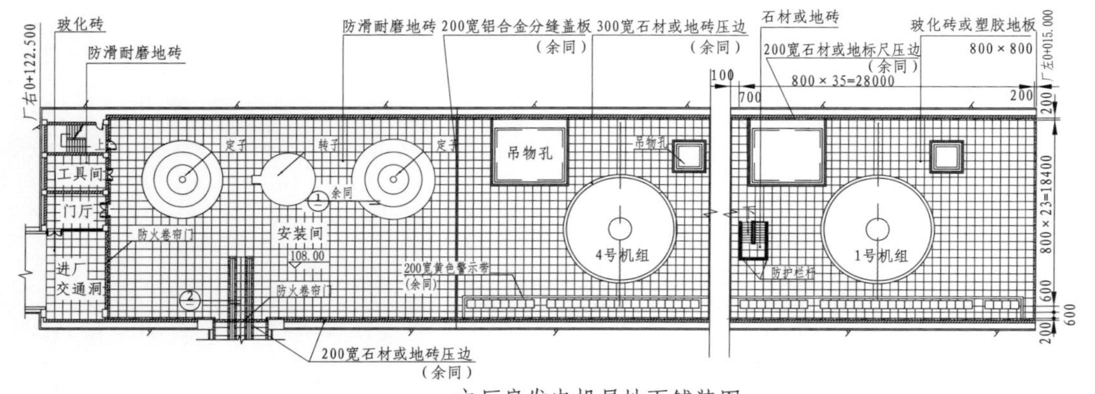

主厂房发电机层地面铺装图
（说明：警示带应根据现场盘柜安装的实际情况进行微调）

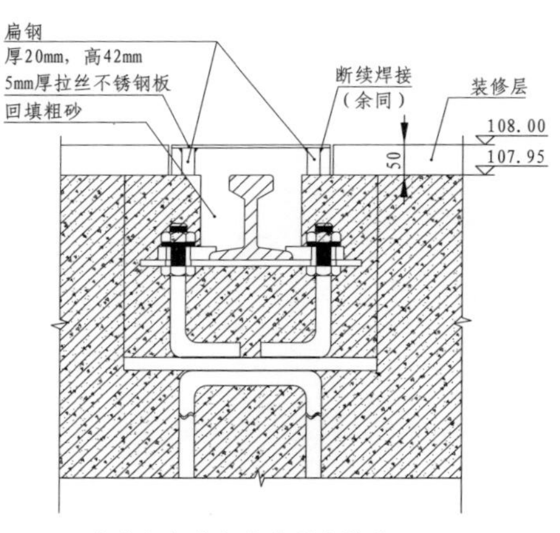

安装场埋件与装修层交接处理②

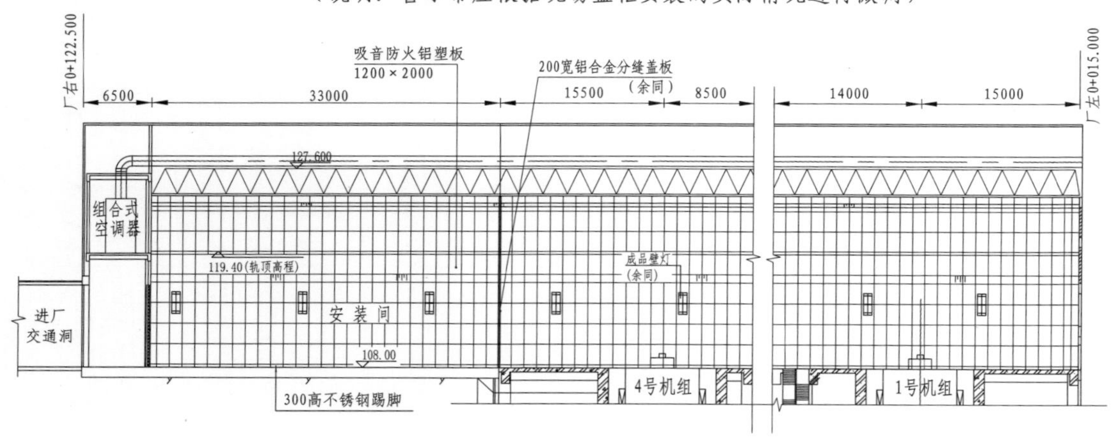

主厂房发电机层上游侧立视图
（下游侧立视图同上游侧）

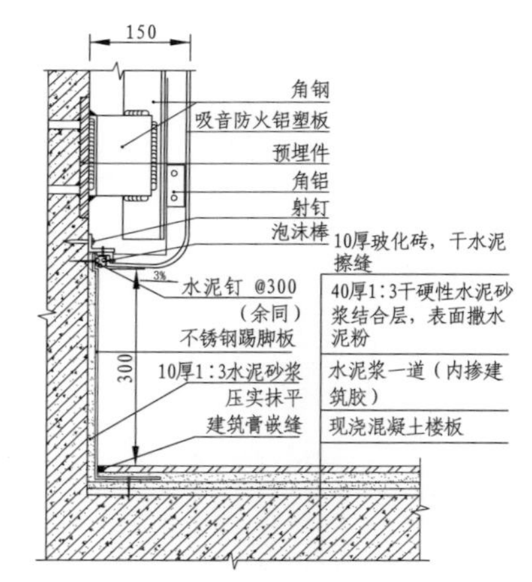

墙裙与踢脚交接处详图

10厚玻化砖，干水泥擦缝
40厚1:3干硬性水泥砂浆结合层，表面撒水泥粉
水泥浆一道（内掺建筑胶）
现浇混凝土楼板

玻化砖楼面做法

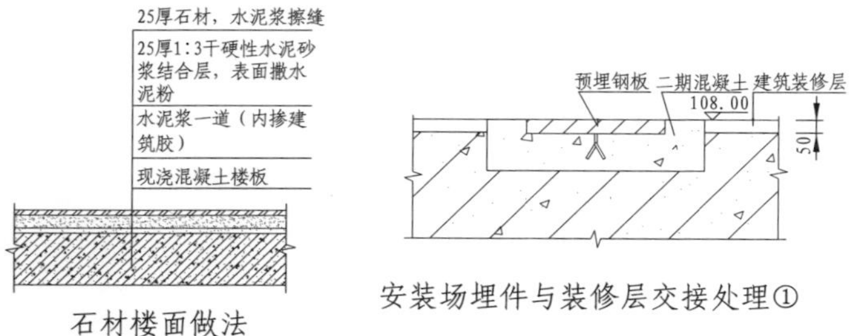

石材楼面做法

安装场埋件与装修层交接处理①

图 6-1 主厂房发电机层地面铺装图、主厂房发电机层上游侧立视图

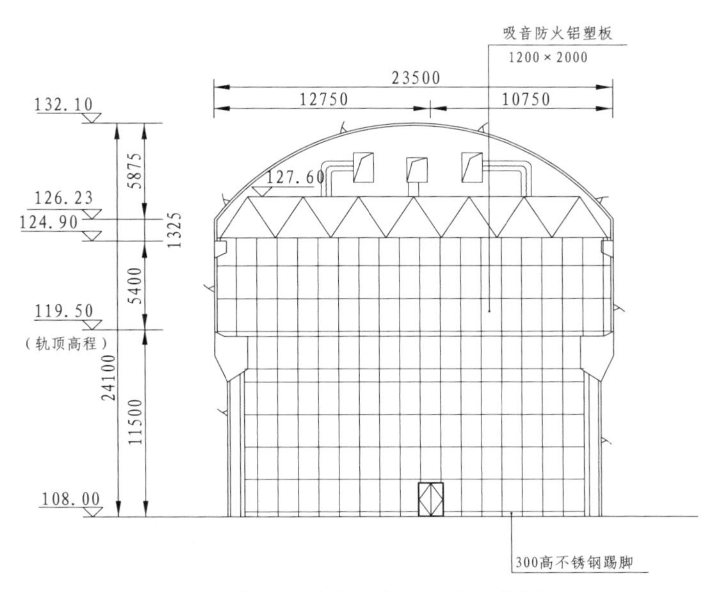

主厂房发电机层厂左侧立视图

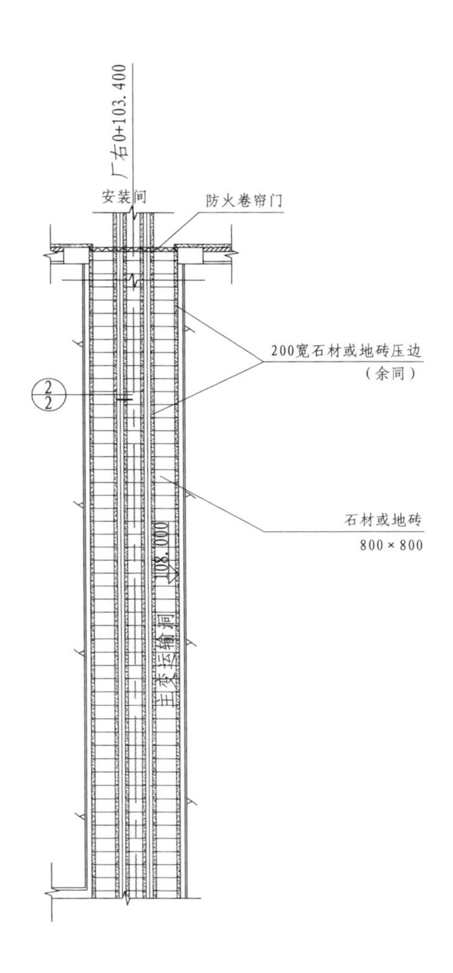

主变运输洞地面铺装图

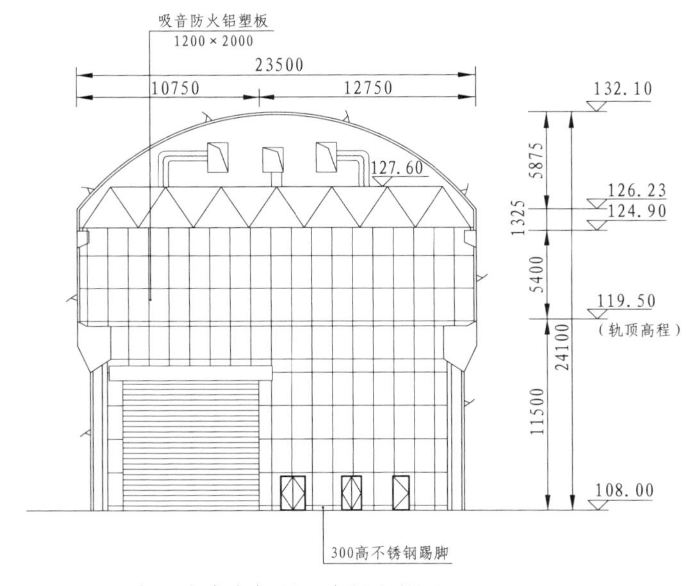

主厂房发电机层厂右侧立视图

图 6-2　主变运输洞地面铺装图、主厂房发电机层左侧立视图、主厂房发电机层右侧立视图

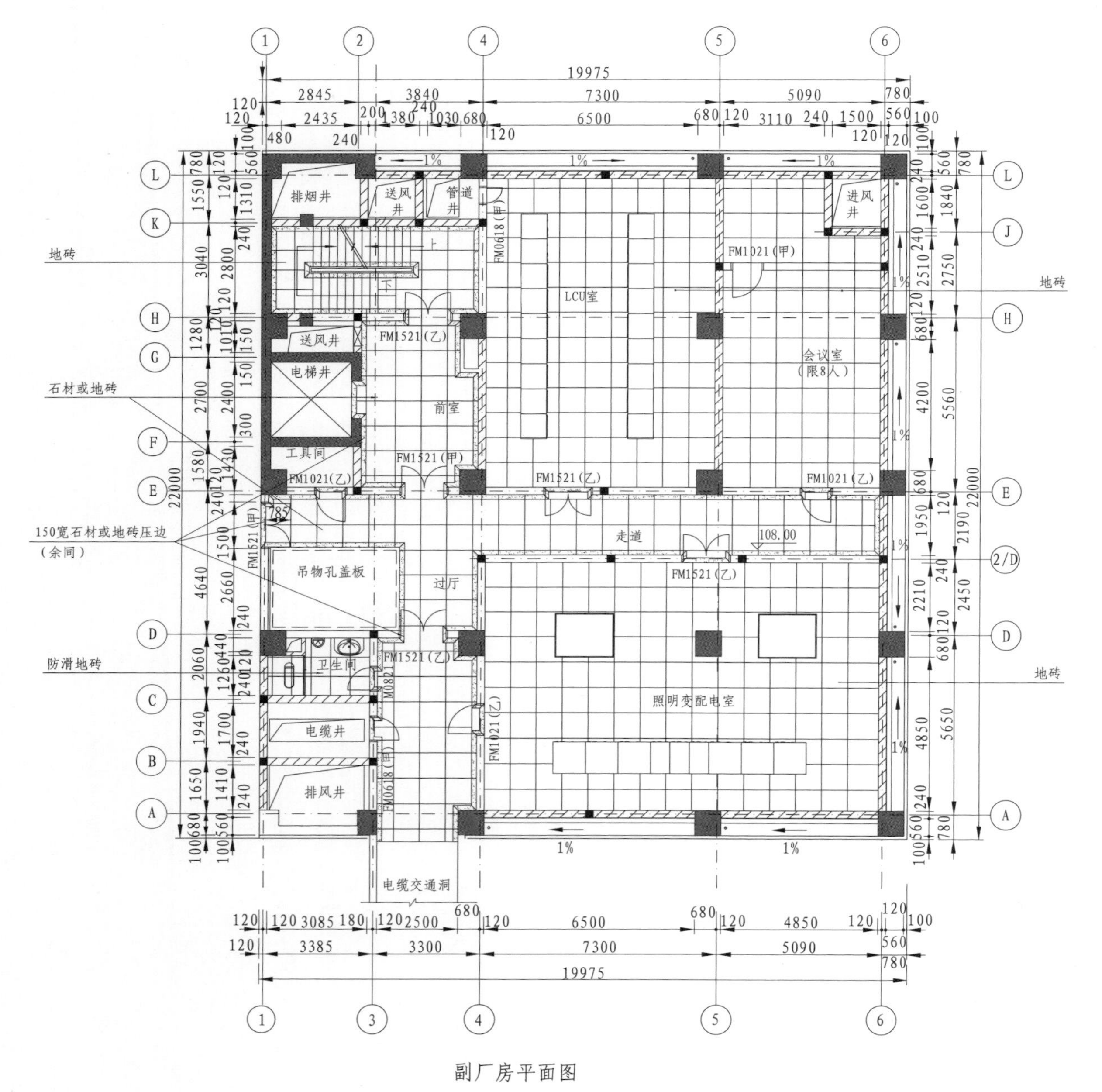

副厂房平面图

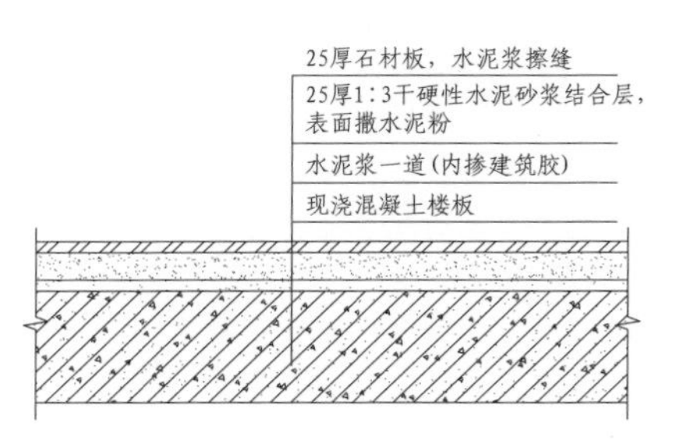

石材楼面做法

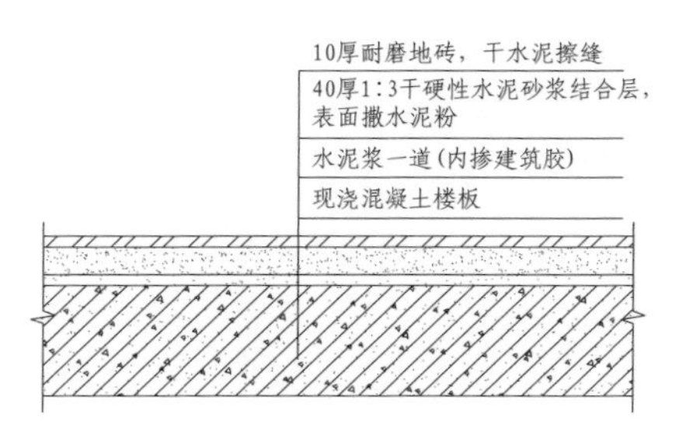

耐磨地砖楼面做法

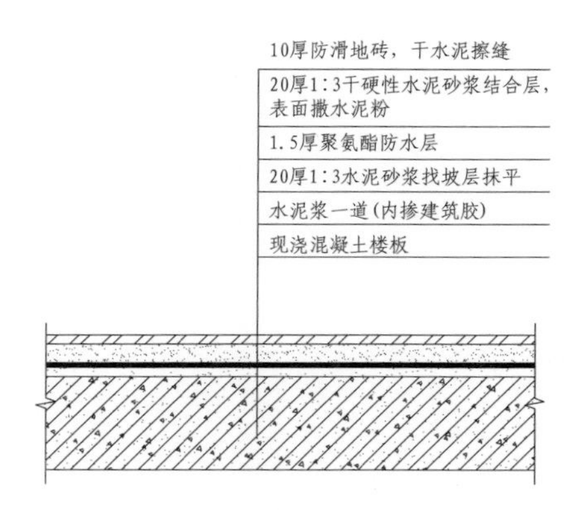

防滑地砖楼面做法

图 6-3　副厂房与发电机层同高层地面铺装图

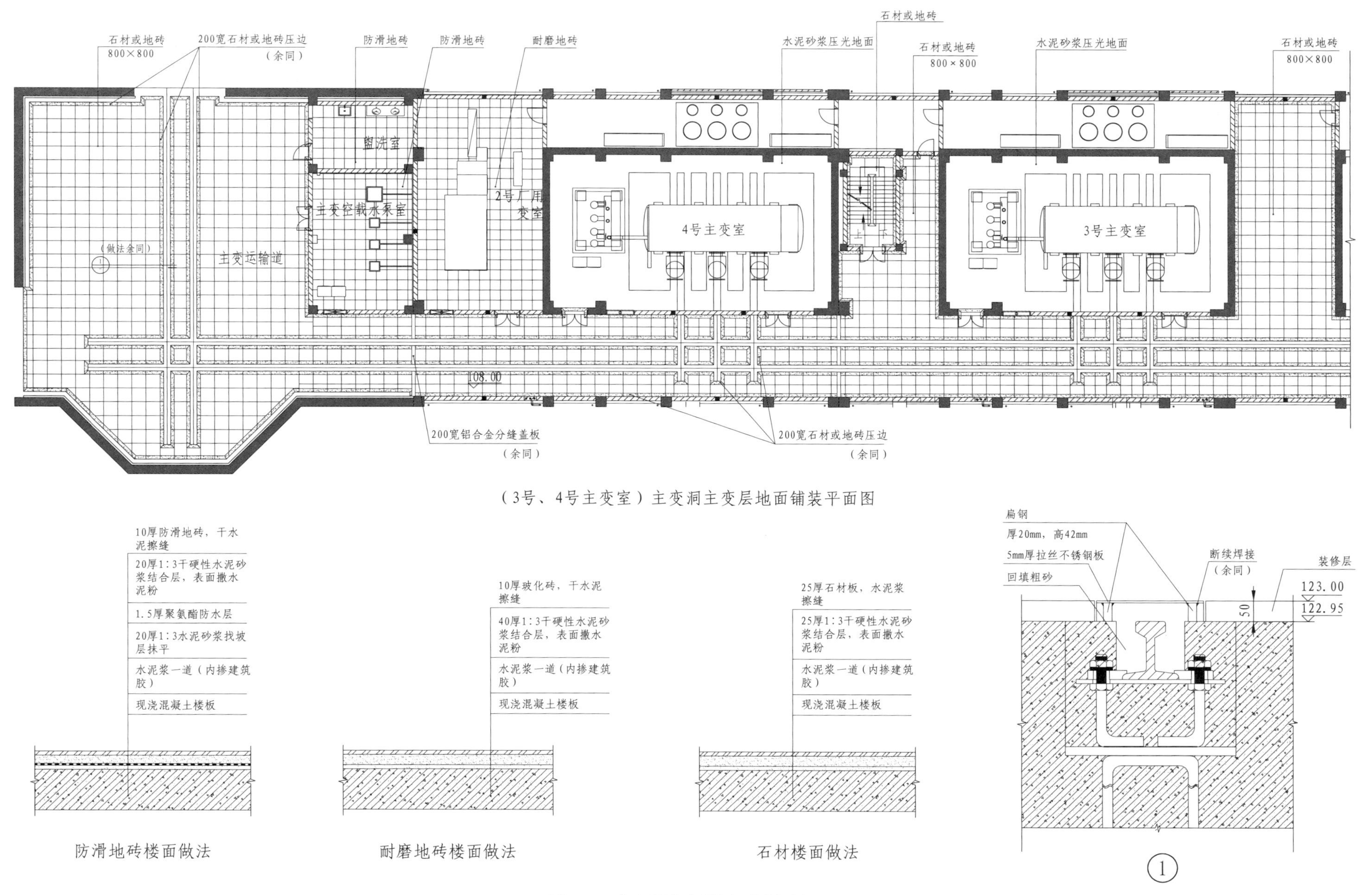

图 6-4　主变洞主变层地面铺装图一

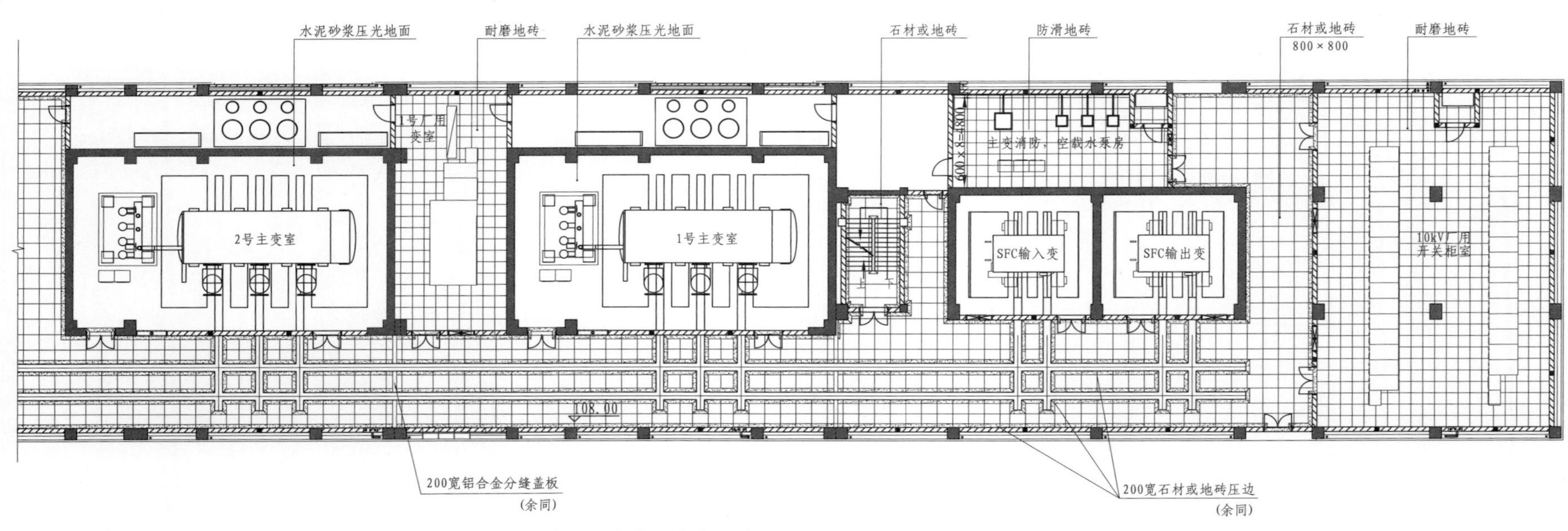

图 6-5　主变洞主变层地面铺装图二

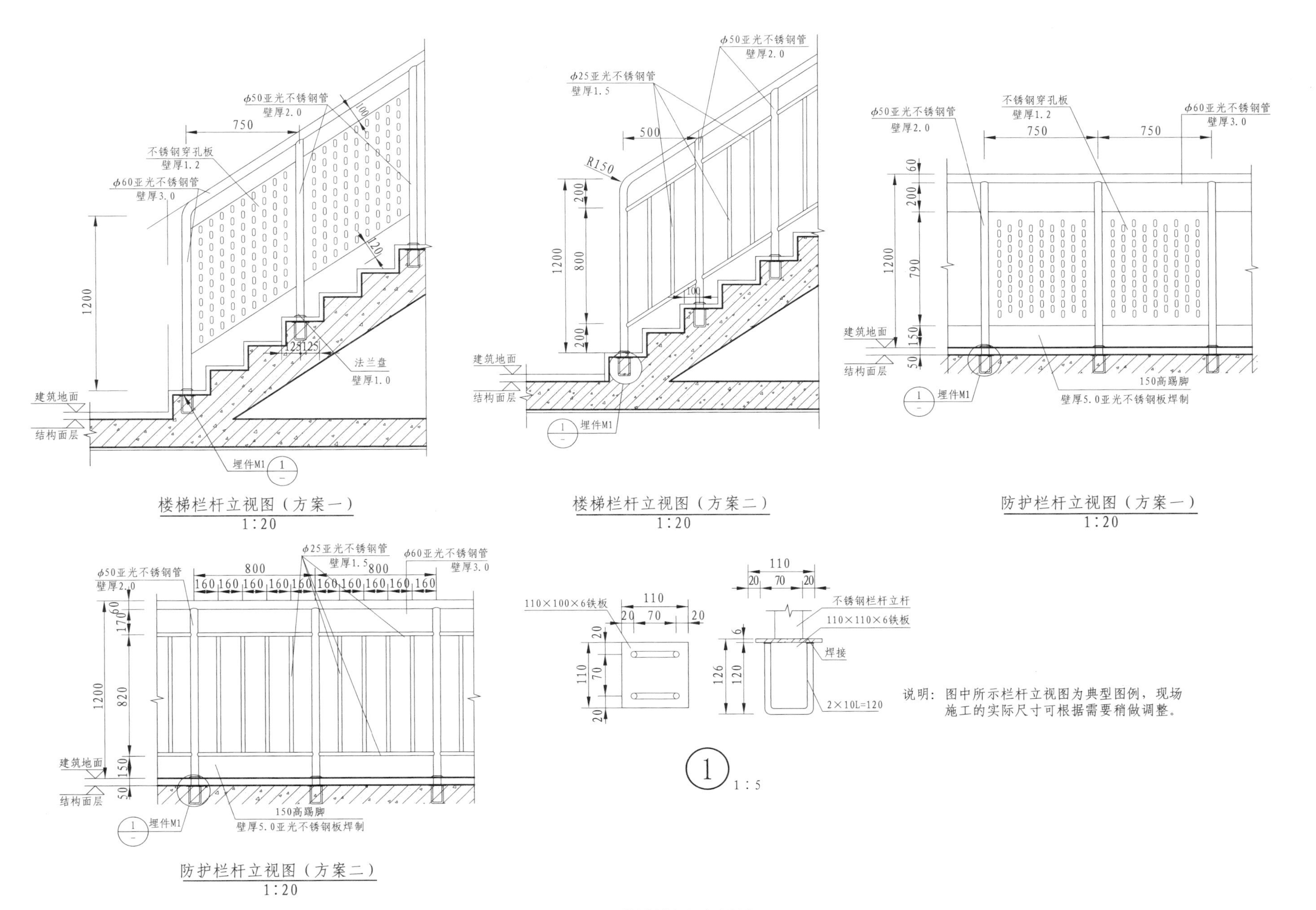

图 6-6　楼梯栏杆细部设计

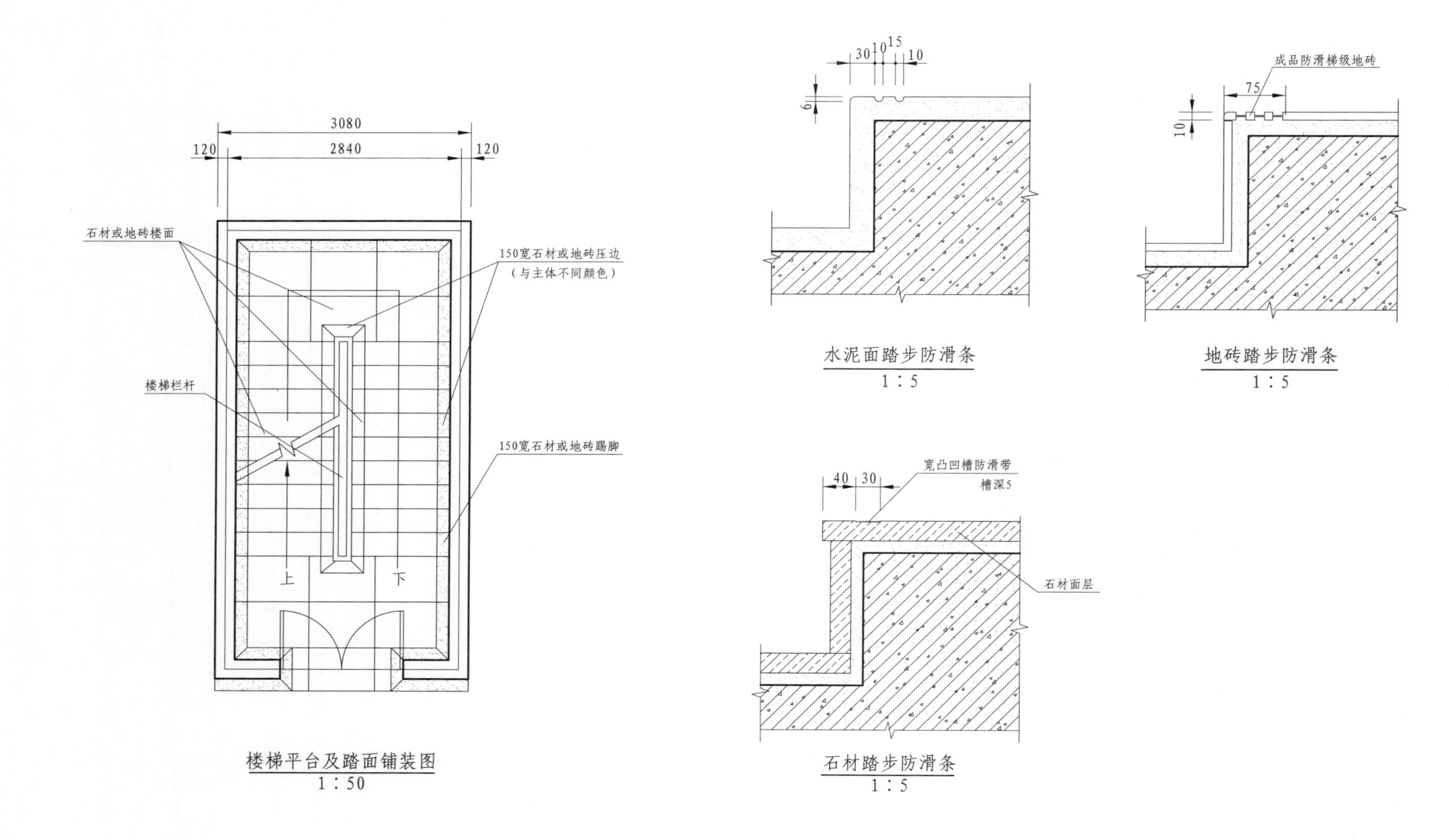

图 6–7　楼梯踏步防滑条细部设计

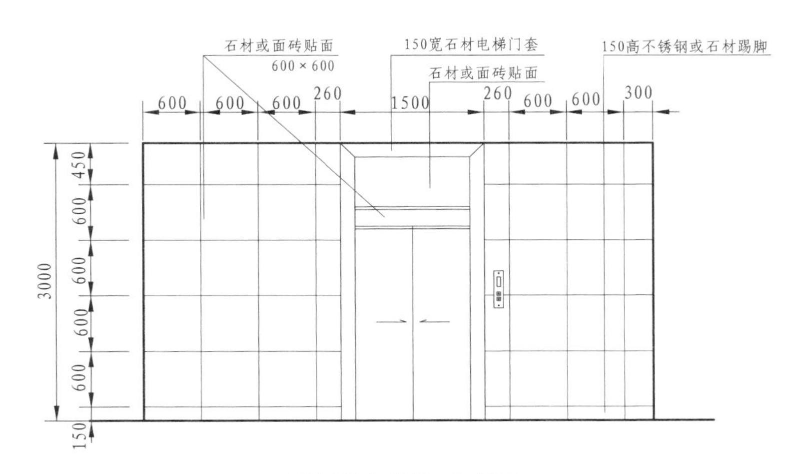

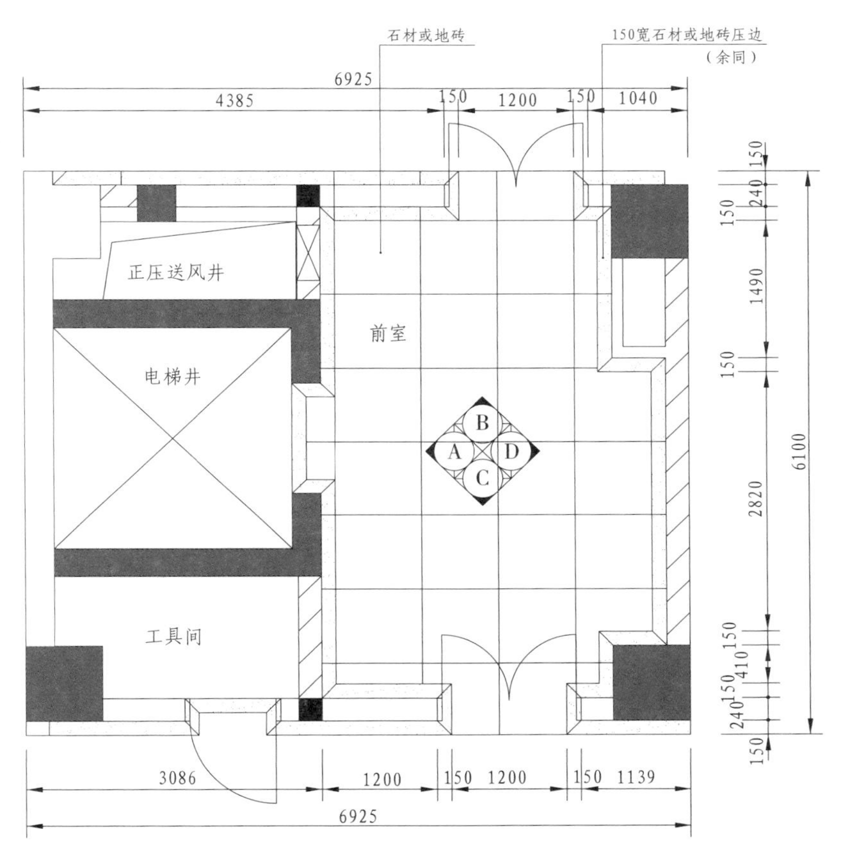

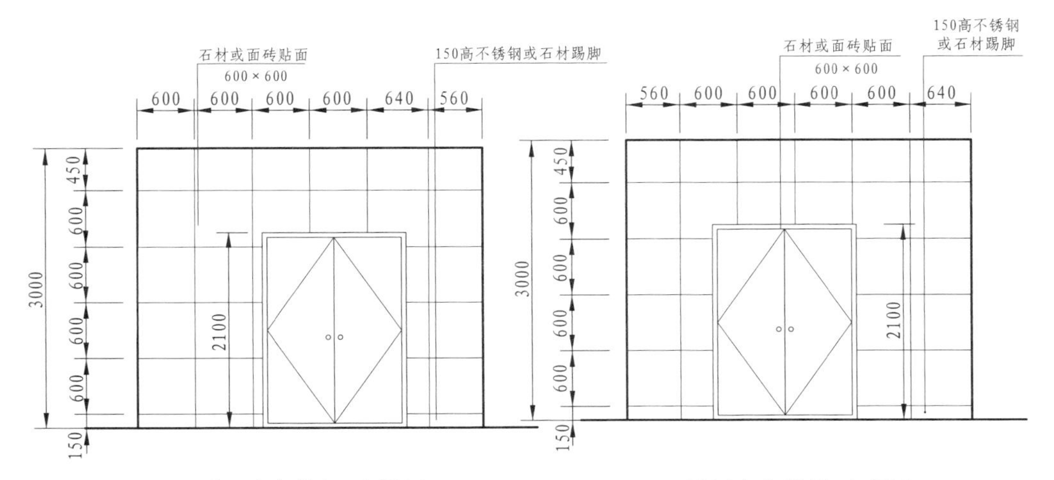

图6-8　副厂房电梯前室细部设计

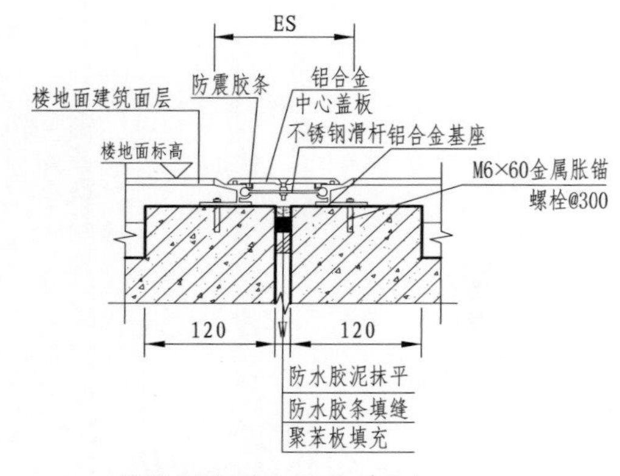

楼地面变形缝（平面处）
1∶5（缝宽小于50mm）

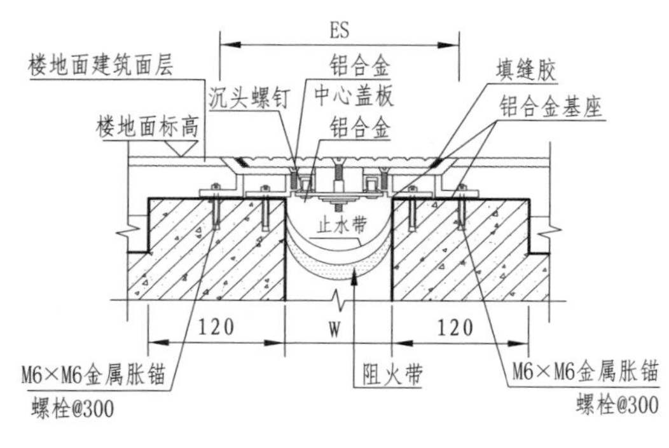

楼地面变形缝（平面处）
1∶5（缝宽大于50mm）

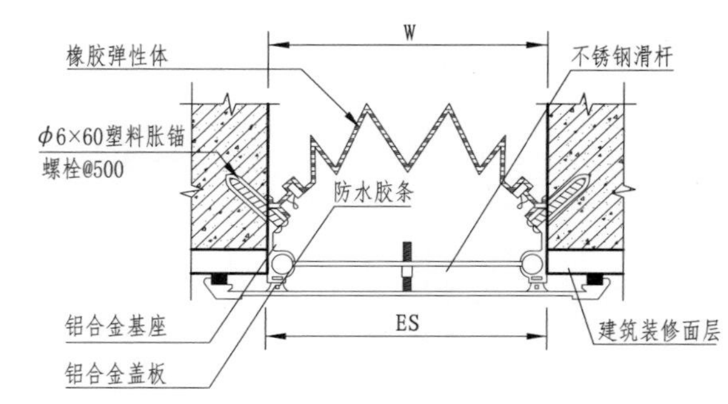

外墙变形缝（平面处）
1∶5（缝宽大于50mm）

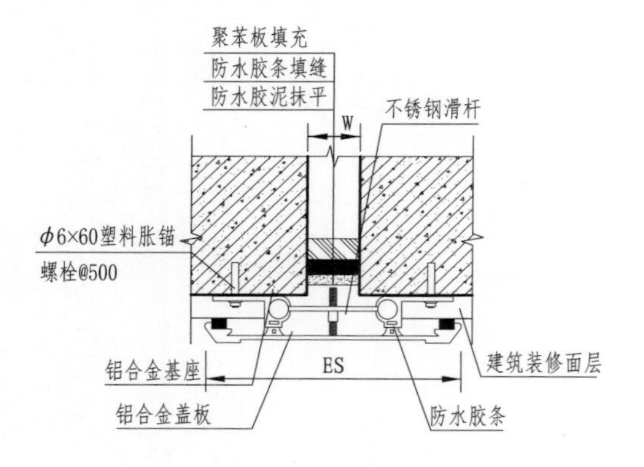

外墙变形缝（平面处）
1∶5（缝宽小于50mm）

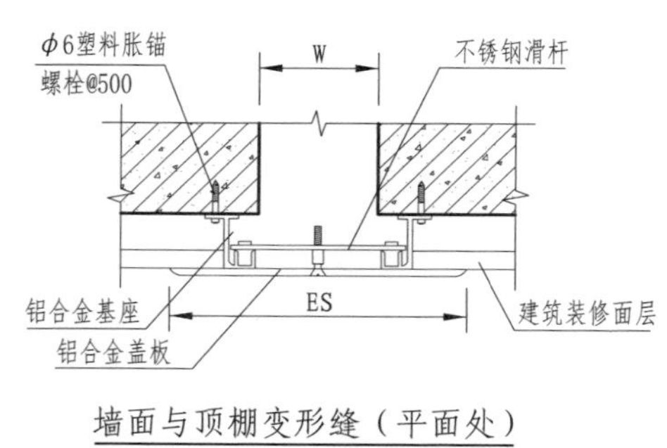

墙面与顶棚变形缝（平面处）
1∶5

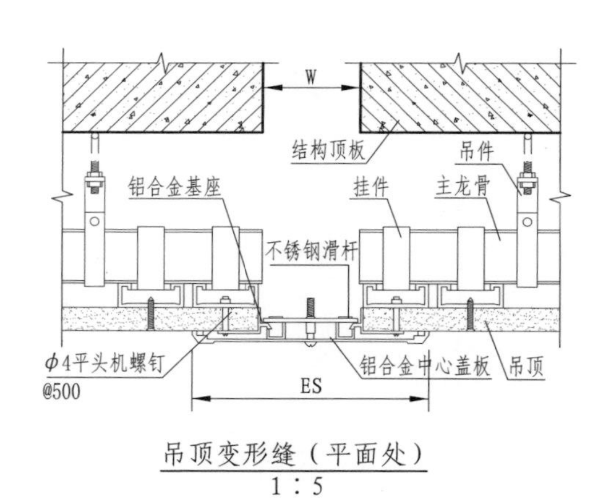

吊顶变形缝（平面处）
1∶5

说明：
1. 图中W为变形缝宽，ES为分缝处理完成面的宽度。
2. 本图中分缝处理适用于主厂房机组间、主变洞主变间的分缝。
3. 对分缝进行封填前，必须对沟槽进行清理。

图 6-9　厂房结构缝、振动缝与伸缩缝细部设计一

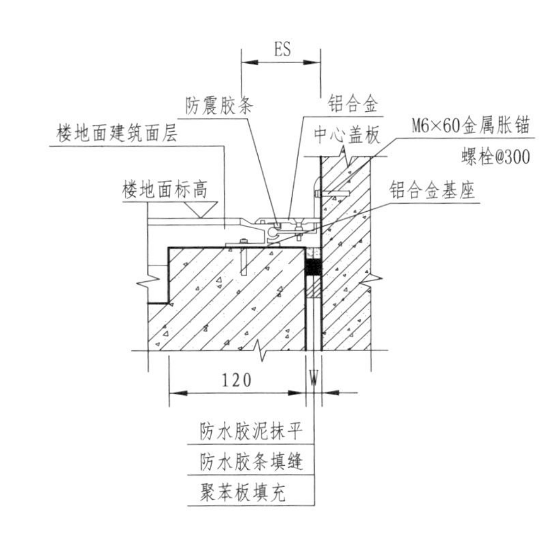

楼地面变形缝（转角处）
1：5（缝宽小于50mm）

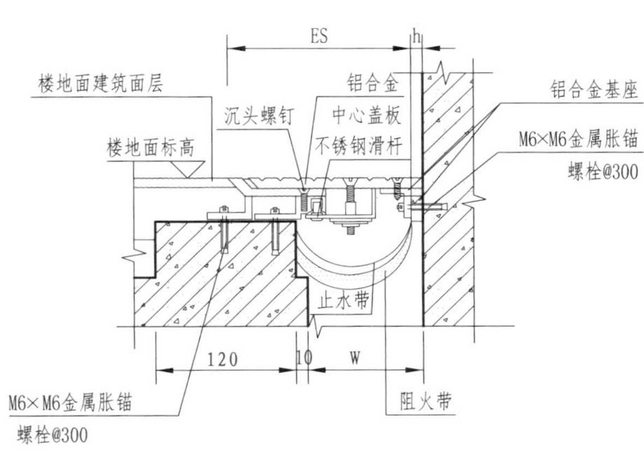

楼地面变形缝（转角处）
1：5（缝宽大于50mm）

W
橡胶弹性体
不锈钢滑杆
防水胶条
φ6×60塑料胀锚
螺栓@500
φ6×60塑料胀锚
螺栓@500
铝合金基座
ES
铝合金盖板
φ6×60塑料胀锚
螺栓@500

外墙变形缝（转角处）
1：5（缝宽大于50mm）

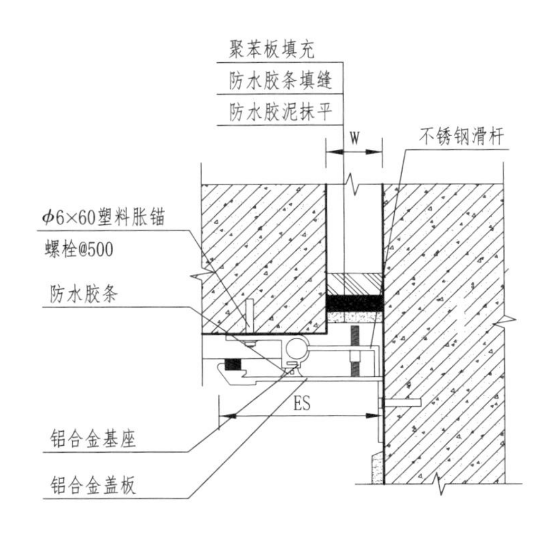

外墙变形缝（平面处）
1：5（缝宽小于50mm）

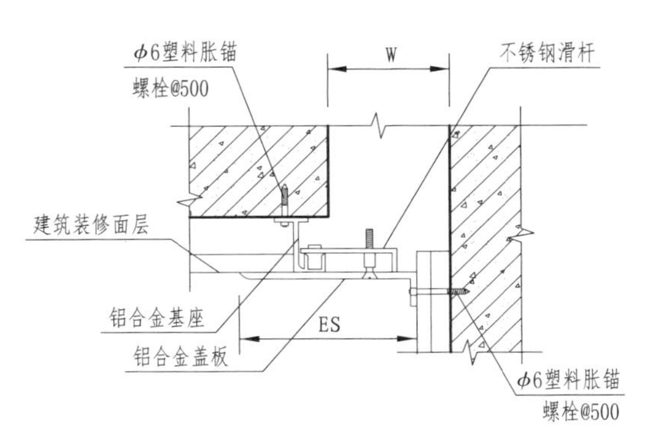

墙面与顶棚变形缝（转角处）
1：5

说明：
1. 图中W为变形缝宽，ES为分缝处理完成面的宽度。
2. 本图中分缝处理适用于主副厂房间的分缝。
3. 对分缝进行封填前，必须对沟槽进行清理。

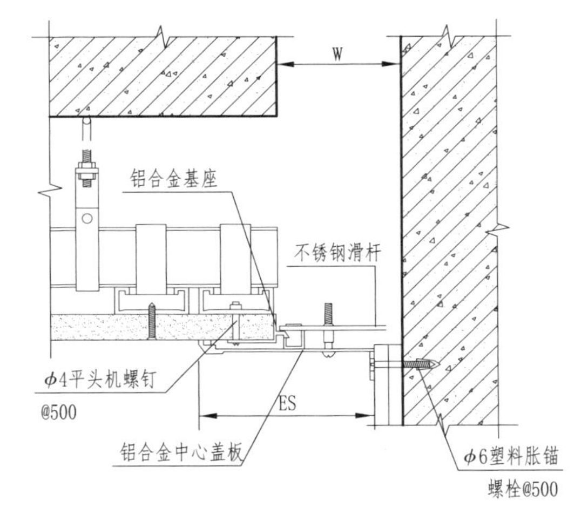

吊顶变形缝（转角处）
1：5

图 6–10　厂房结构缝、振动缝与伸缩缝细部设计二

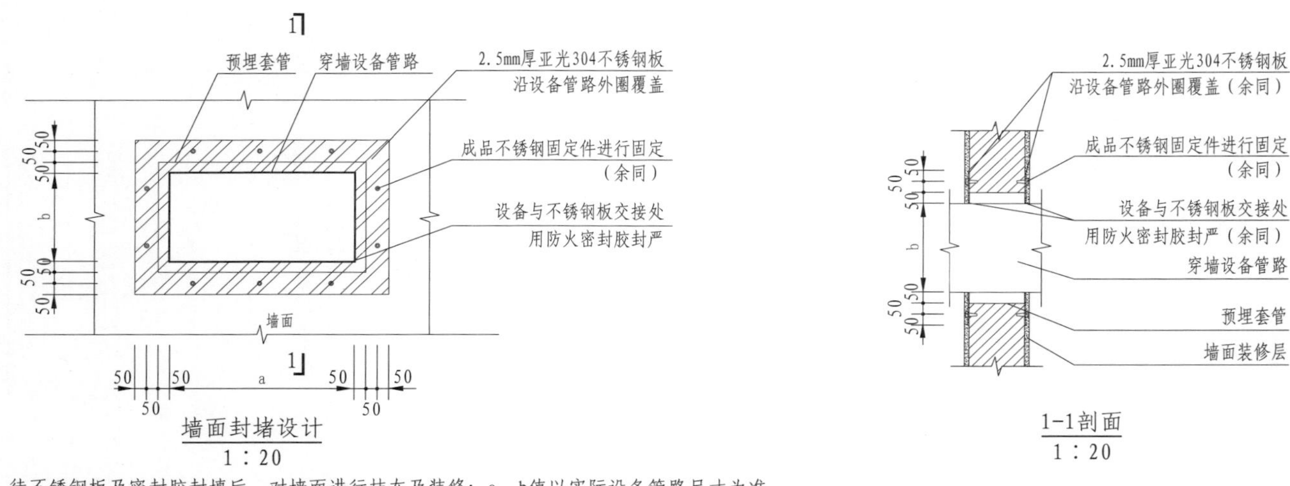

注：待不锈钢板及密封胶封填后，对墙面进行抹灰及装修；a、b值以实际设备管路尺寸为准。

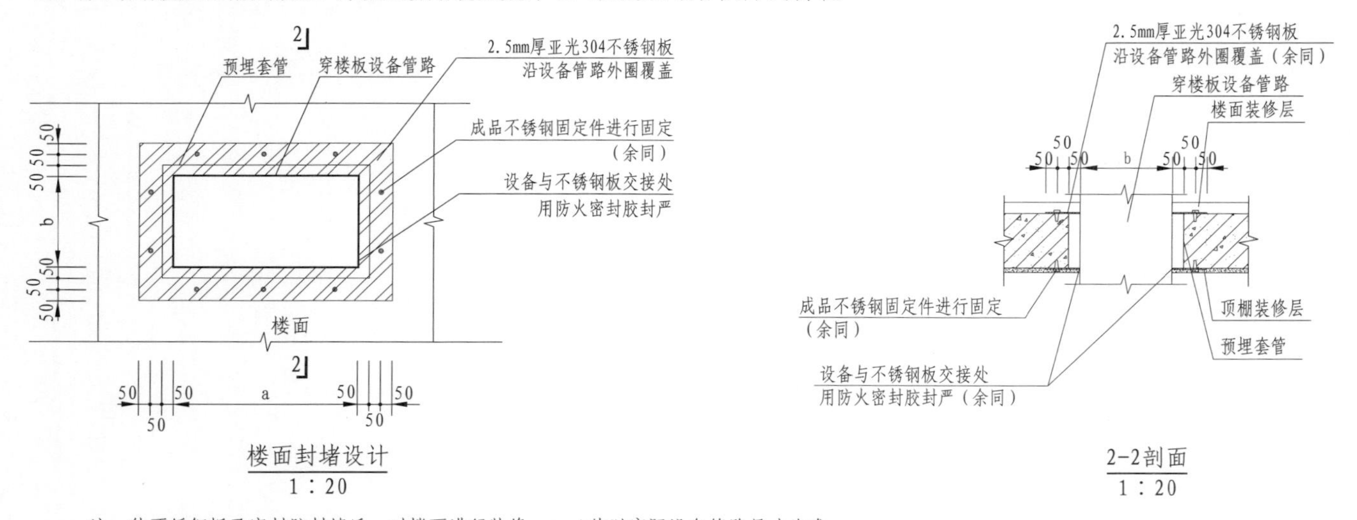

注：待不锈钢板及密封胶封填后，对楼面进行装修；a、b值以实际设备管路尺寸为准。

说明：
1. 预埋套管露出楼板或地面时，应考虑装修层，管口高程应高于装修后楼面或地面高程50mm。
2. 穿墙套管，露出墙面时应考虑装修层，管口应与墙面装修层齐平。

图 6–11　穿墙、楼面设备管路安装缝隙封堵细部设计

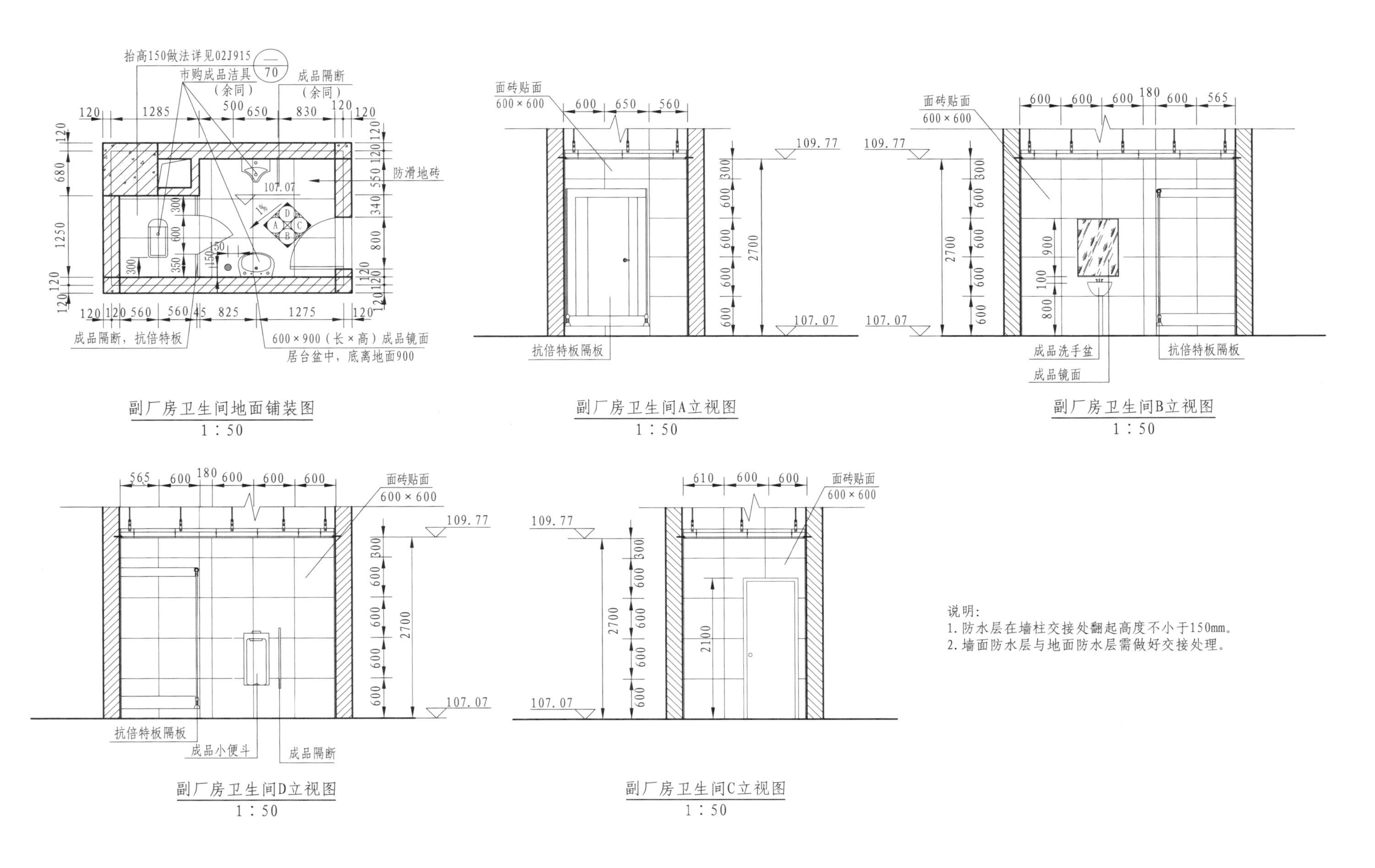

图 6-12　副厂房卫生间细部设计

第7章　道路护栏及排水沟设计部分

7.1　设计依据

（1）《公路交通安全设施设计细则》（JTG/T D81—2006）。

（2）《公路排水设计规范》（JTG/TD 33—2012）。

（3）《公路钢筋混凝土及预应力混凝土桥涵设计规范》（JTG D62—2004）。

7.2　设计原则

（1）功能性原则。路侧护栏设计必须首先考虑其安全功能，护栏的高度应根据相关规范制定。根据护栏所在的位置选择合适的护栏形式，根据车辆驶出路外有可能造成的交通事故等级选取路侧护栏的防撞等级。

（2）地域性原则。排水沟设计中材料的选择应适应地区常用的材料，采用常规的施工工艺。石料充足的地区可采用浆砌石材料，石料缺乏的地区可采用混凝土材料。

7.3　设计条件及设计方案

7.3.1　路侧护栏设计

7.3.1.1　路侧护栏设置原则及施工注意事项

（1）根据《公路交通安全设施设计细则》（JTG/T D81—2006）4.2节，规定如下。

1）车辆驶出路外有可能造成二次特大事故的路段必须设置路侧护栏。

2）路侧有江、河、湖、海、沼泽、航道等水域的路段，车辆驶出路外有可能造成单车特大事故或二次重大事故的路段必须设置路侧护栏。

3）三、四级公路路侧有悬崖、深谷、深沟等的路段，车辆驶出路外有可能造成重大事故的路段，应设置路侧护栏。

4）三、四级公路边坡坡度和路堤高度在图7-1中Ⅰ区内的，经论证车辆驶出路外有可能造成一般或重大事故的路段宜设置路侧护栏。

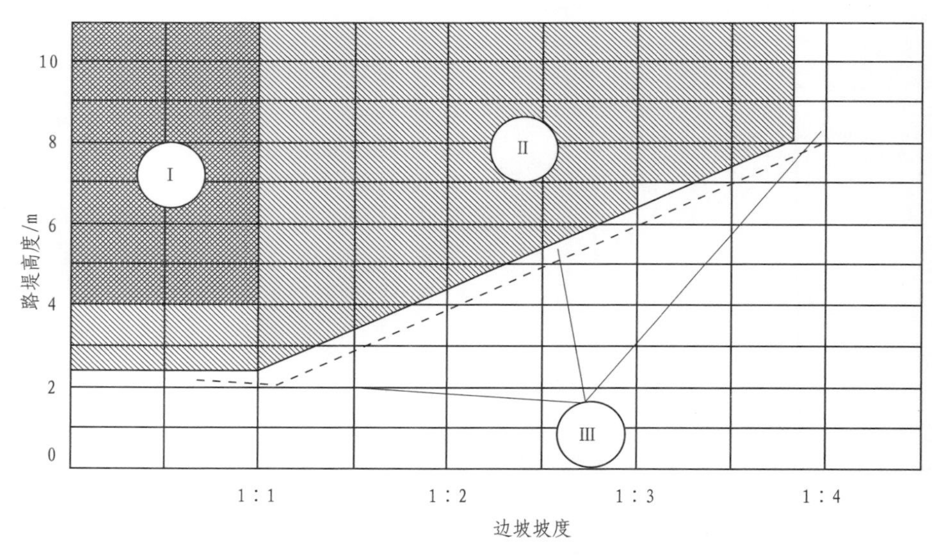

图7-1　设置护栏与边坡坡度、路堤高度的关系

5）抽水蓄能电站场内公路地形陡峻，山高坡陡，重车较多，车辆驶出路外的事故严重度大。根据车辆驶出路外有可能造成的交通事故等级，应按表7-1的规定选取路侧护栏的防撞等级。因公路线形、运行速度、填土高度、交通量和车辆构成等因素易造成更严重碰撞后果的路段，应在表7-1的基础上提高护栏的防撞等级。

表 7-1　　路基护栏防撞等级

公路等级	设计速度 /（km/h）	车辆驶出路外或进入对向车道有可能造成的交通事故等级		
		一般事故或重大事故	单车特大事故或二次重大事故	二次特大事故
高速公路	120	A、Am	SB、SBm	SS
	100、80			SA、SAm
一级公路	60		A、Am	SB、SBm
二级公路	80、60	B	A	SB
三级公路	40、30		B	A
四级公路	20			

（2）抽蓄工程道路可参考公路三、四级标准设置护栏。本次通用设计中列出了抽蓄道路中最常采用 B 级、A 级、SB 级波形梁护栏和 A 级、SB 级钢筋混凝土护栏。护栏施工中应注意的内容如下。

1）波形梁护栏位于公路路肩内，护栏的任何部分不能侵入公路建筑限界以内。在路侧填方和挡墙小半径曲线路段应设置加强型护栏。

2）所有钢构件均应进行热浸镀锌处理。

3）所有钢护栏立柱基础 1.5m 范围内的填土密实度必须达到《公路工程技术标准》（JTG B01—2003）所规定的路基压实度。

4）路侧混凝土护栏的基础采用座椅方式，将护栏基础嵌锁在路面结构中，借助路面结构对基础腿部位移的抵抗力来提高护栏的倾覆稳定性。

7.3.1.2　轮廓标

轮廓标是沿道路两侧边缘设置、用于显示道路边界轮廓、指引车辆正常行驶、具有逆反射性能的一种交通安全设施。从功能上说，轮廓标是一种视线诱导设施。《公路交通安全设施设计细则》（JTG/T D81—2006）关于轮廓标的规定如下。

（1）一般规定。轮廓标反射体的颜色分为白色和黄色。按行车方向，配置白色反射体的轮廓标应安装于公路右侧，配置黄色反射体的轮廓标应安装于公路左侧。轮廓标不得侵入公路建筑限界以内。

（2）设置原则。

1）二级及以下等级公路的视距不良路段、车道数或车道宽度有变化的路段及连续急弯陡坡路段宜设轮廓标，其他路段视需要可设置轮廓标，轮廓标的设置间距可按表 7-2 设置。

表 7-2　　曲线路段、匝道处轮廓标的设置间距

曲线半径 /m	≤ 89	90 ~ 179	180 ~ 274	275 ~ 374	375 ~ 999	1000 ~ 1999	≥ 2000
设置间距 /m	8	12	16	24	32	40	48

2）安装轮廓标时，反射体应面向交通流，其表面法线应与公路中心线程 0° ～ 25° 的角度。

3）各种类型的轮廓标设置高度宜保持一致，轮廓标反射体中心线距路面的高度应为 60 ～ 70cm。有特殊需要时，经论证可以采用其他高度。

（3）形式选择。

1）轮廓标按设置条件可分为柱式轮廓标和附着式轮廓标两类。

2）根据路侧设置的不同护栏形式及结构物的分布，轮廓标可分别附着于波形梁护栏、混凝土护栏、隧道侧墙等结构物上，其他没有设置护栏的路段可设置柱式轮廓标。

3）双向行驶的公路和隧道两侧需要设置轮廓标时，应设置双向反光轮廓标。

道路路侧护栏见图 7-2 ～图 7-35。

7.3.2　桥梁护栏设计

7.3.2.1　桥梁护栏适用条件

《公路交通安全设施设计细则》（JTG/T D81—2006）第 5.2 条规定如下：

（1）跨越深谷、深沟、江河湖泊的三级、四级公路桥梁应设置路侧护栏。

（2）根据车辆驶出桥外或进入对向车行道有可能造成的交通事故等级，应按表 7-3 的规定选取桥梁护栏的防撞等级。

抽蓄道路可参考公路三级、四级标准设置护栏。车辆驶出桥梁外侧的危害较大，因此桥梁护栏一般采用 SB 级钢筋混凝土护栏。

表 7-3 桥梁护栏防撞等级适用条件

公路等级	设计速度 /（km/h）	重大事故或特大事故	二次重大事故或二次特大事故
高速公路	120	SB、SBm	SS
一级公路	100、80		SA、SAm
	60	A、Am	SB、SBm
二级公路	80、60	A	SB
三级公路	40、30	B	A
四级公路	20		

7.3.2.2 桥梁护栏主要材料

（1）混凝土。防撞护栏采用 C30 混凝土，混凝土所使用的各项材料的质量应经过检验，试验方法应符合《公路工程水泥及水泥混凝土试验规程》（JTG E30—2005）、《公路工程岩石试验规程》（JTG E41—2005）和《公路工程集料试验规程》（JTG E42—2005）的有关规定。

（2）钢筋及预应力钢筋。普通钢筋 R235、HRB335 钢筋的技术条件必须符合《钢筋混凝土用钢　第 1 部分：热轧光圆钢筋》（GB 1499.1—2008）和《钢筋混凝土用钢　第 2 部分：热轧带肋钢筋》（GB 1499.2—2007）中的有关规定，钢材凡需焊接者均应满足可焊性条件。

在使用前进行抽检，必须具有出厂质量证明书及检验证明，钢筋须按不同钢种、等级、牌号、规格及生产厂家分批验收，分别堆存，不得混杂。钢筋的存放必须避免锈蚀和污染，对进口钢筋，除力学性能应满足相应的国产钢筋的规定要求外，还应在使用前检测其含碳量及焊接性能。

（3）浇筑主梁混凝土前应严格检查护栏等附属设施的预埋件是否齐全，确定无误后方能浇筑。

桥梁护栏见图 7-36 和图 7-37。

7.3.3 排水沟设计

7.3.3.1 排水沟设置原则

为保持排水通畅，在路基两侧设置了边沟、截水沟、排水沟等排水设施，并与涵洞形成完整的排水体系。

（1）挖方路段边沟采用侧 C25 钢筋混凝土矩形边沟。

（2）填方边沟近山体侧一般为梯形，无排水构造物时可将原地面回填至与山体交接处，砌边沟与路肩平齐，其余部分夯实，边沟采用 M7.5 浆砌片石梯形断面，内边坡 1:1.5，外边坡 1:1；有排水构造物时设边沟将水引至排水构造物入口处，急流槽采用 M7.5 浆砌片石矩形断面。

（3）为汇集并排除路基边坡上侧地表径流，部分路段应设置截水沟，截水沟设置于距坡口线不小于 5m 处，截水沟采用 M7.5 浆砌片石梯形断面，内边坡 1:0.5，外边坡 1:0.3。

（4）边沟纵坡宜与路线纵坡一致，并不小于 0.5%，设置超高路段的边沟应加深，以保持边沟排水畅通。

（5）排水构造物出口如与挡墙侧衔接，需采用浆砌片石做一定范围的坡面防护。

（6）路面排水采用分散排水方式。路面横坡度 2%，路肩横坡度 3%。

7.3.3.2 排水沟设计降雨的重现期

根据《公路排水设计规范》（JTJ 018—97）第 9.1.2 条规定：设计降雨的重现期应根据公路等级和排水类型见表 7-4。

表 7-4 设计降雨的重现期 单位：年

公路等级	路面和路肩表面排水	路界内坡面排水	公路等级	路面和路肩表面排水	路界内坡面排水
高速公路和一级公路	5	15	二级和二级以下公路	3	10

抽蓄电站场内道路可参考高速公路和一级公路的标准确定设计降雨的重现期，路面和路肩表面排水按 5 年一遇，路界内坡面排水按 15 年一

遇设计。

7.3.3.3 边沟设计尺寸和排水流量

根据地区差异，本次通用设计根据流量大小制定了不同的排水边沟的尺寸，根据区域流量大小选择边沟尺寸。填方边沟、截水沟和急流槽采用的材料是 M7.5 浆砌片石，挖方边沟采用的是 C25 混凝土。在石材缺乏的地区 M7.5 浆砌片石亦可以用 C25 混凝土代替。

各种排水边沟的流量详见表 7-5。

表 7-5　边沟流量表　单位：m^3/s

边沟形式	边沟尺寸 / cm	排水沟坡度				
		1%	2%	3%	4%	5%
填方边沟	（40+60+40+40）×40	0.514	0.727	0.891	1.029	1.15
	（60+75+60+50）×50	1.042	1.474	1.805	2.084	2.33
挖方边沟	40×40	0.278	0.394	0.482	0.557	0.623
	50×50	0.505	0.714	0.874	1.01	1.129
	60×60	0.821	1.161	1.422	1.642	1.835

道路排水沟见图 7-38 ～图 7-42。

7.4 使用说明

本章节中道路护栏及排水沟设计部分内容适用于抽蓄电站交通工程中的道路护栏、桥梁护栏和排水沟。

本次通用设计中列出了抽蓄电站道路中最常采用 B 级、A 级、SB 级波形梁护栏和 A 级、SB 级钢筋混凝土护栏。桥梁护栏中最常用的 SB 级钢筋混凝土护栏。对于路侧护栏的型式和等级可根据车辆驶出路外有可能造成的交通事故等级来选择。

对于排水沟，根据公路等级确定设计降雨的重现期、排水沟坡度、集雨面积，来计算排水沟的排水流量，然后确定排水沟尺寸。排水沟的建筑材料可根据当地采购条件做适当调整。对石料充足的地区可采用浆砌石材料，石料缺乏的地区可采用混凝土材料。

7.5 设计图

设计图目录见表 7-6。

表 7-6　设计图目录

序号	图　　名	图号
1	边坡坡度、路堤高度与设置护栏的关系	图 7-1
2	B 级波形护栏设计图	图 7-2 ～图 7-9
3	A 级波形护栏设计图	图 7-10 ～图 7-19
4	SB 级波形护栏设计图	图 7-20 ～图 7-29
5	A 级混凝土护栏设计图	图 7-30 ～图 7-32
6	SB 级混凝土护栏设计图	图 7-33 ～图 7-35
7	桥梁防撞护栏设计图	图 7-36 ～图 7-37
8	路基、路面排水工程设计图	图 7-38 ～图 7-42
9	路侧波形护栏（工程实例）	图 7-43
10	路侧混凝土护栏（工程实例）	图 7-44
11	桥梁防撞护栏（工程实例）	图 7-45
12	排水沟（工程实例）	图 7-46

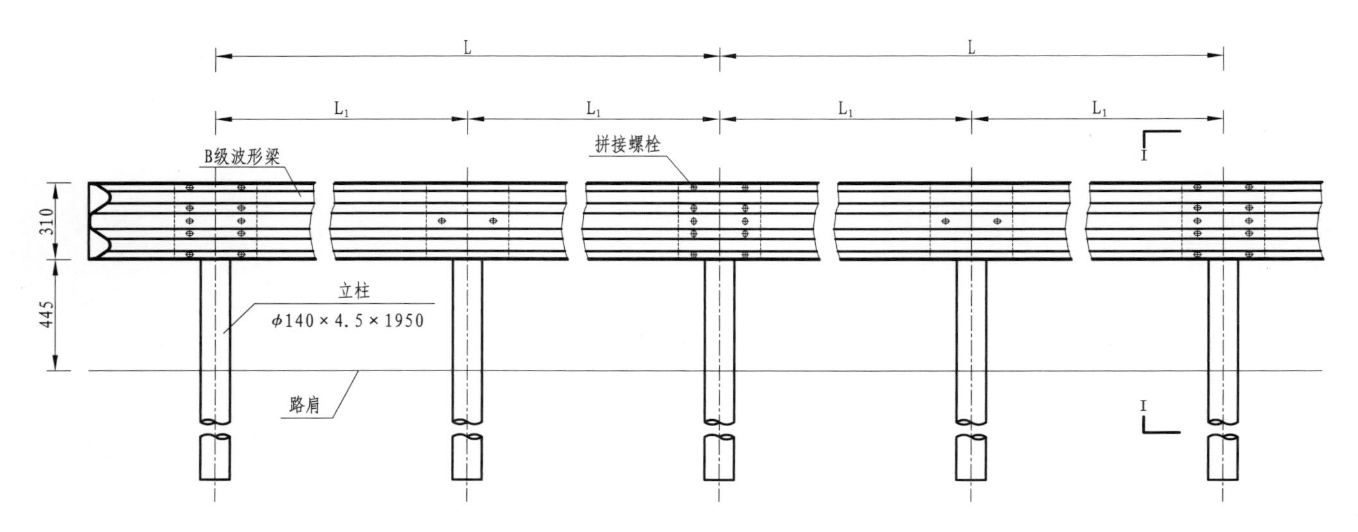

标准段波形钢护栏立面设计图

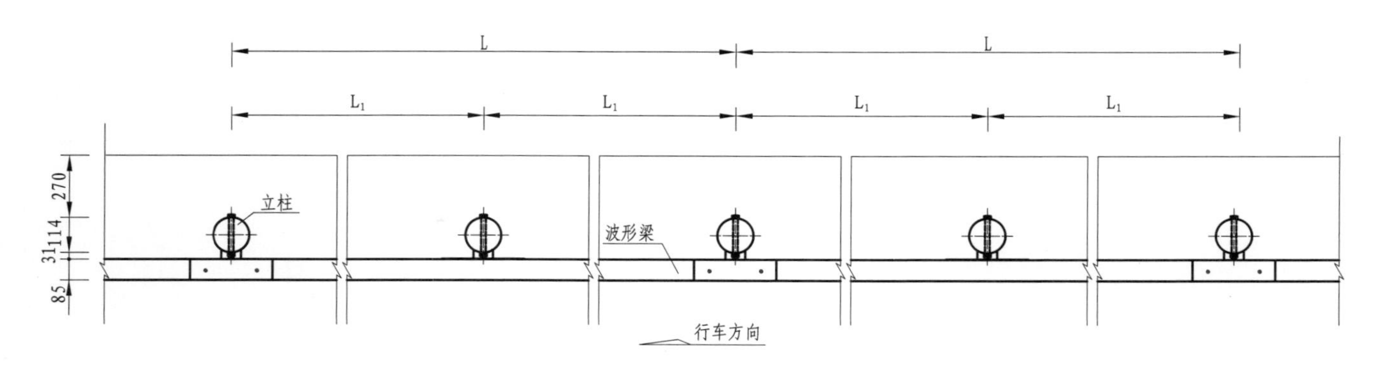

标准段波形钢护栏平面设计图

B级护栏参数及适用范围表

L/mm	L_1/mm	适用范围
4000	—	路侧坡高、墙高≤5m，且平曲线半径≥100m的正常路段
4000	2000	①路侧桥梁、涵洞，或外侧有建筑物路段; ②路侧坡高、墙高>5m，或平曲线半径<100m的正常路段

说明：图中单位以mm计。

图 7-2　B 级波形护栏设计图（一）

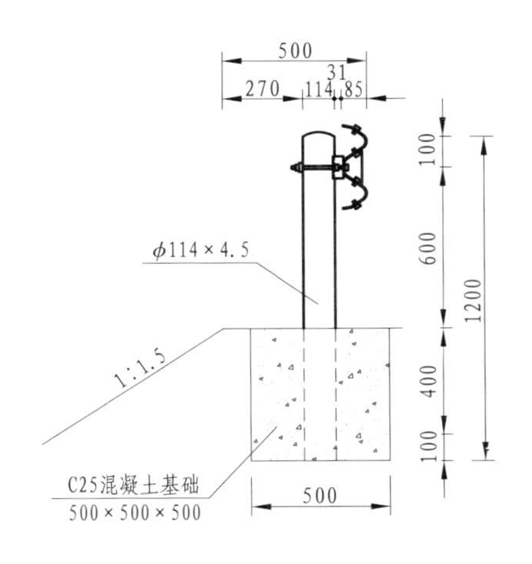

横断位置图一般填方路段

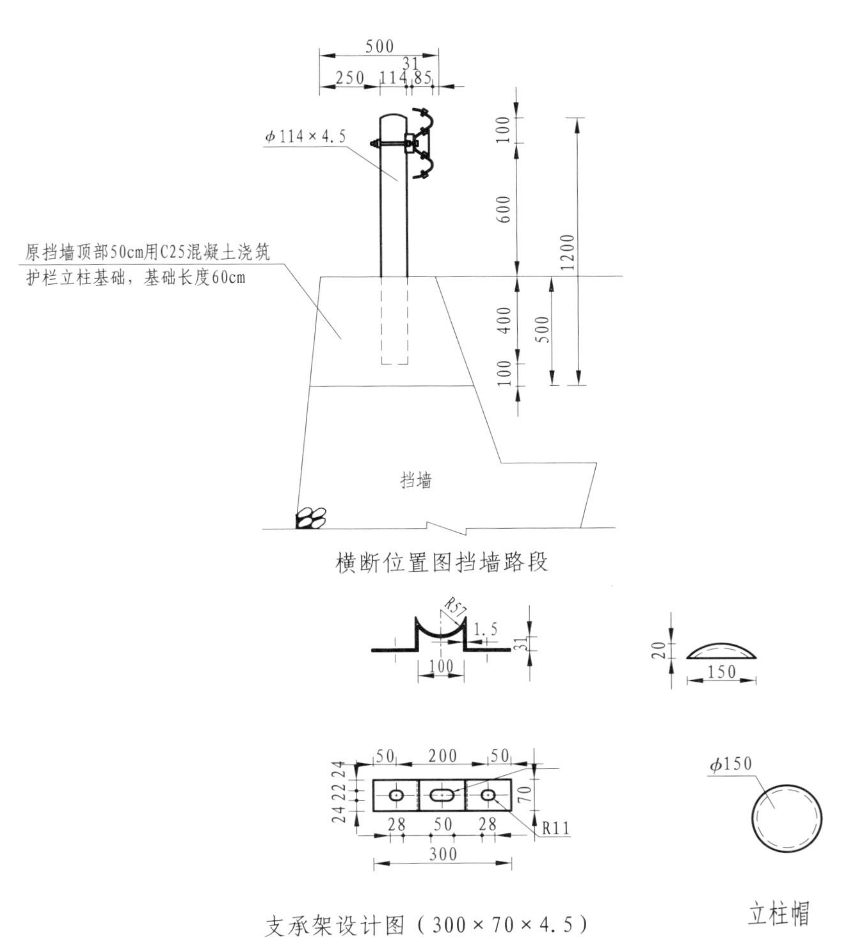

横断位置图挡墙路段

支承架设计图（300×70×4.5）

立柱帽

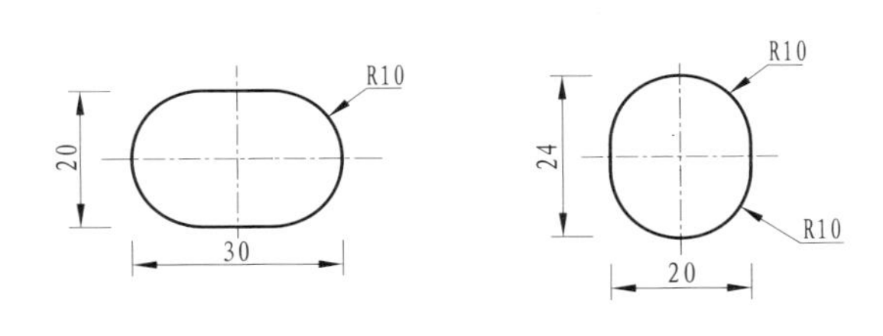

拼接螺栓孔

说明:

1. 本图尺寸以cm为单位。
2. 横梁的搭接方向应与行车方向一致。
3. 所有钢构件均应进行热浸镀锌处理。
4. 所有钢护栏立柱基础1.5m范围内的填土密实度必须达到《公路工程 技术标准》所规定的路基压实度。
5. 护栏端头的钢板厚度为3mm。
6. 端头应进行热浸镀锌防锈处理，镀锌量为600g/m^2。

图 7-3　B级波形护栏设计图（二）

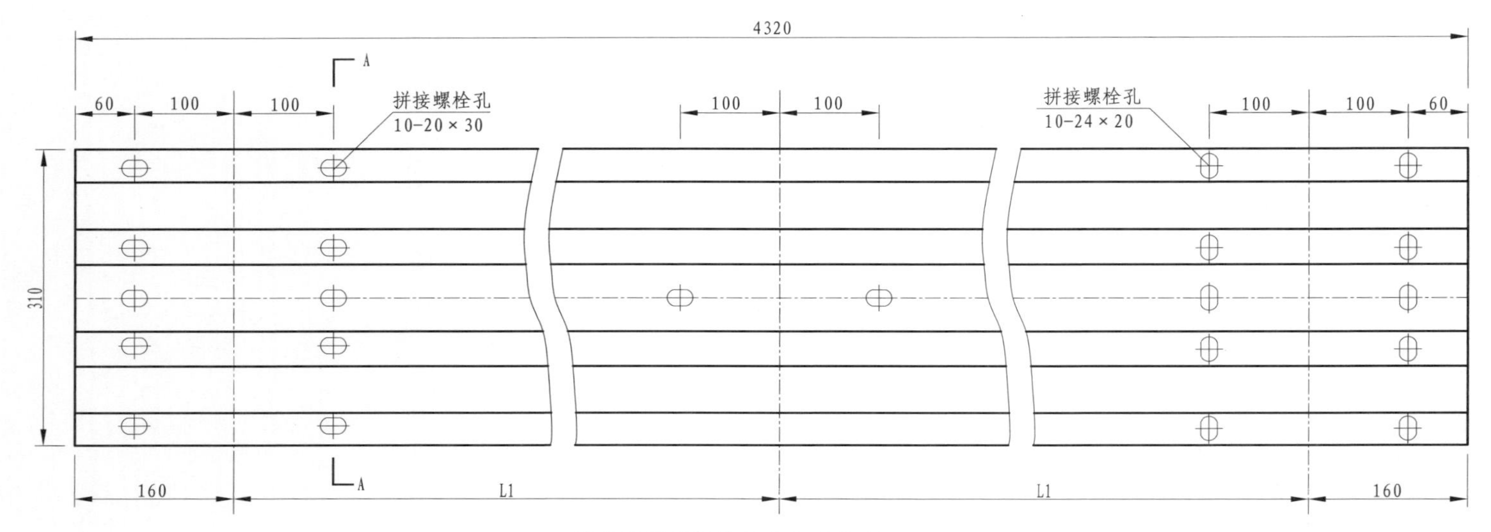

路侧波形梁标准段立面设计图

护栏单侧材料表

编号	名　　称		规　　格
1	钢管立柱		Φ114×4.5×1200
2	立柱帽		Φ150×4.5×20
3	支承架		70×300×4.5
4	波形梁		310×85×3
5	拼接螺栓组	螺　栓	M20×50
		螺　母	AM20
		垫　圈	20
6	连　接螺栓组	螺　栓	M16×150
		螺　母	AM16
		垫　圈	16

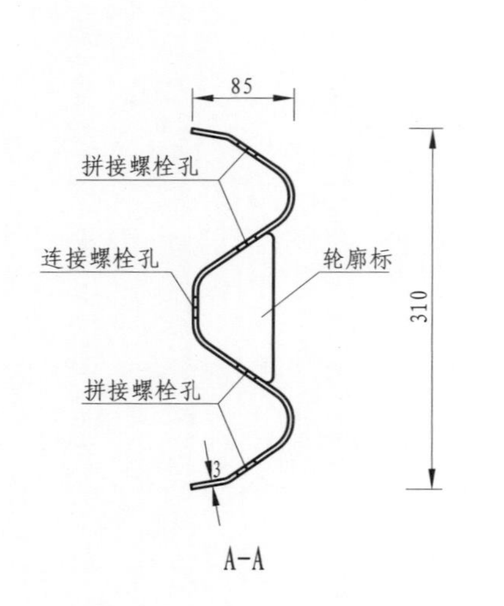

说明:
1.图中单位以mm计。
2.本图为路侧B级波形梁标准段结构设计图。
3.连接螺栓为一般普通螺栓，拼接螺栓为高强螺栓，采用20MnTiB钢，螺母推荐采用35号钢。
4.紧固件应进行热浸镀锌防锈处理,镀锌量为600g/m^2。

图 7-4　B 级波形护栏设计图（三）

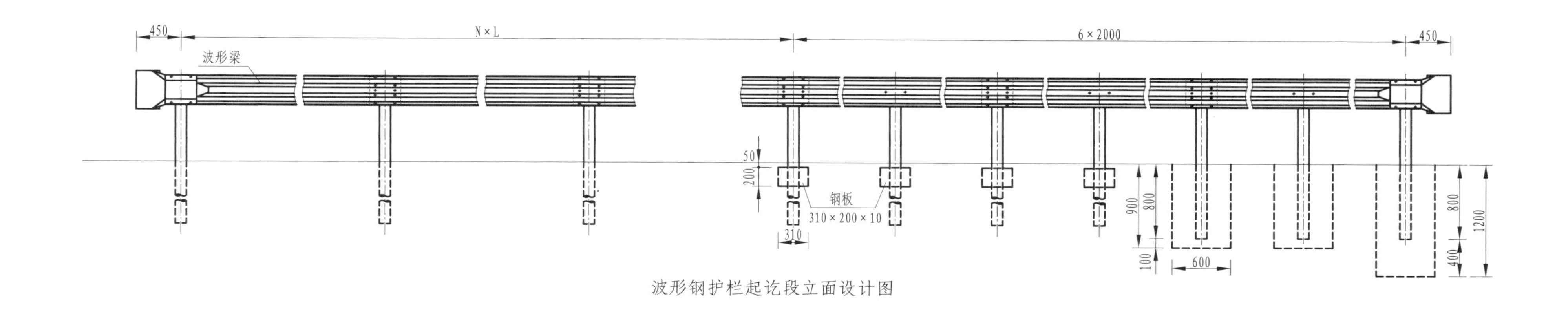

波形钢护栏起讫段立面设计图

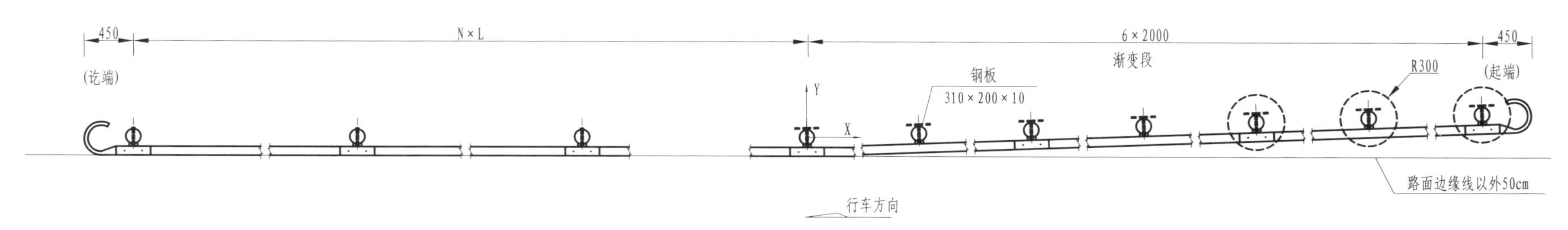

波形钢护栏起讫段平面设计图

渐变段立柱坐标位置表（单位：mm）

X	0	2000	4000	6000	8000	10000	12000
Y	0	21	83	188	333	521	750

说明：
1. 图中单位以mm计。
2. 本图适用于起讫段路侧波形钢护栏布置。

图 7–5　B 级波形护栏设计图（四）

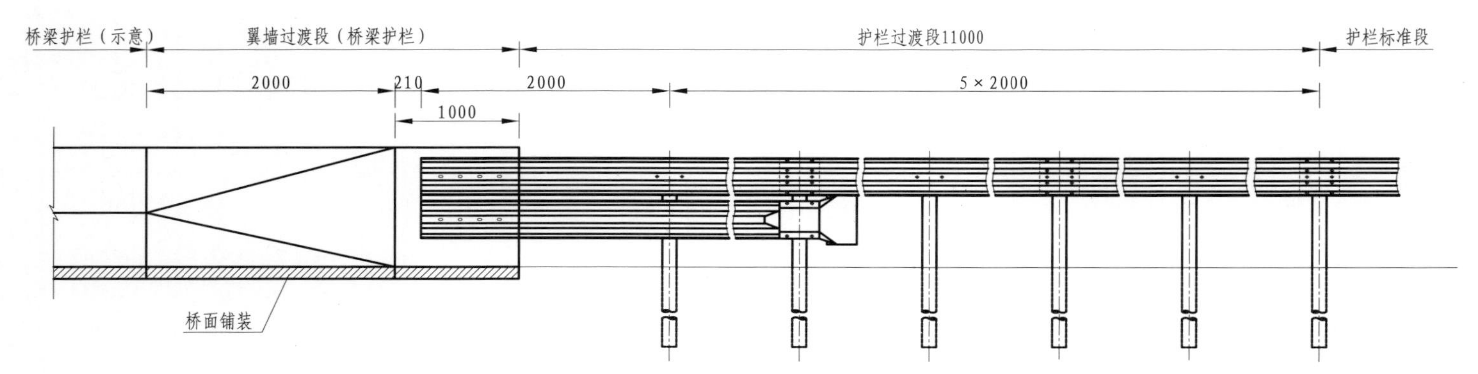

桥梁钢筋混凝土墙式护栏与波形梁护栏过渡段结构立面设计图

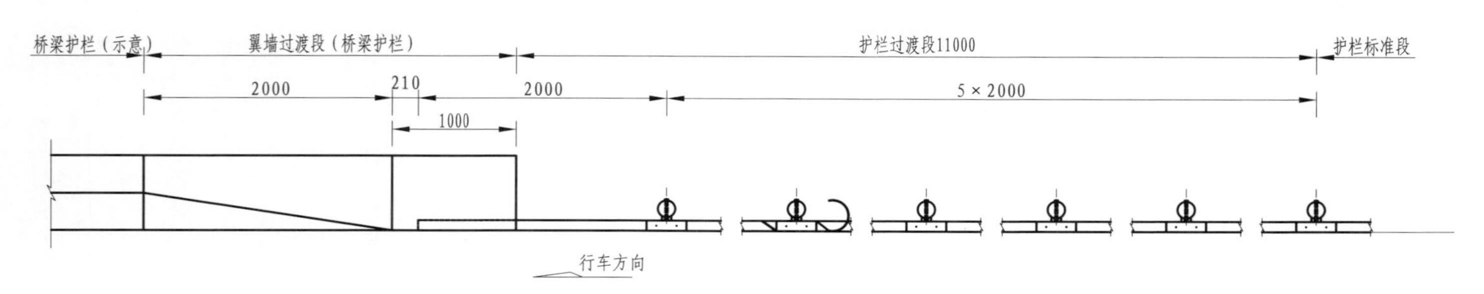

桥梁钢筋混凝土墙式护栏与波形梁护栏过渡段结构平面设计图

说明:
1. 图中单位以mm计。
2. 波形梁护栏与混凝土护栏连接采用8-16膨胀螺栓，垫片规格为74 × 44 × 4。

图 7–6 B 级波形护栏设计图（五）

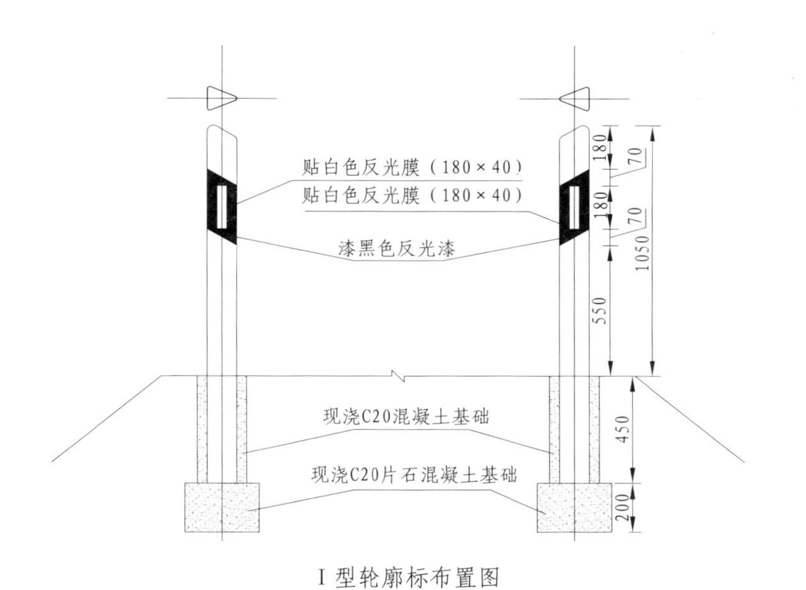

I 型轮廓标布置图

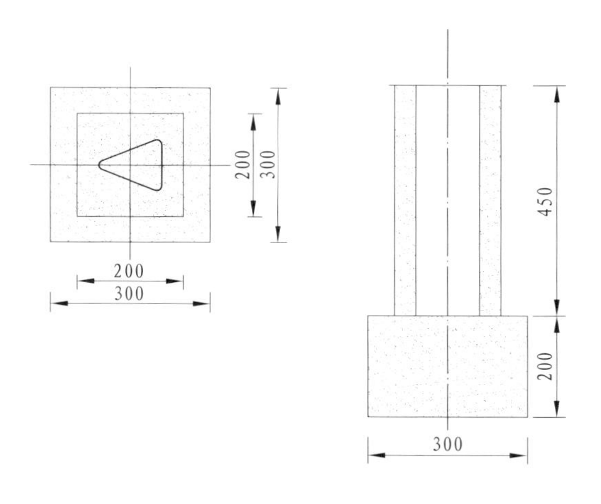

I 型轮廓标基础

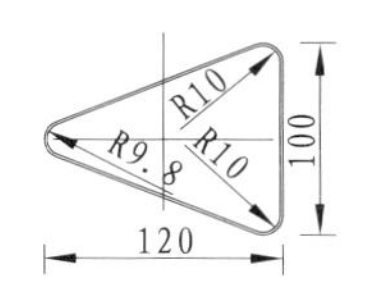

I 型轮廓标平面

说明：
1. 本图尺寸均以mm计。
2. 本图为轮廓标设计图，适用于细部设计中的所有护栏。

图 7–7　B 级波形护栏设计图（六）

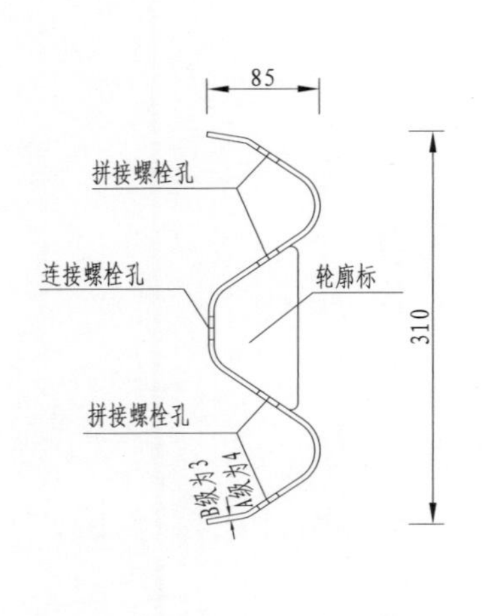

附着于路侧护栏(B级和A级)上的II型轮廓标

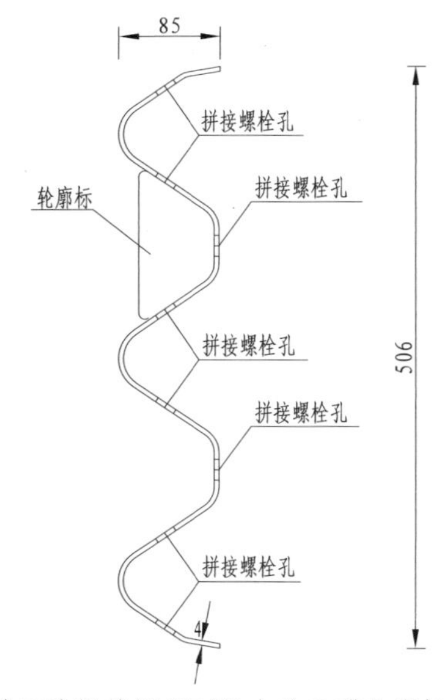

附着于路侧护栏(SB级)上的II型轮廓标

附着于路侧护栏和桥梁护栏(SB级)上的II型轮廓标

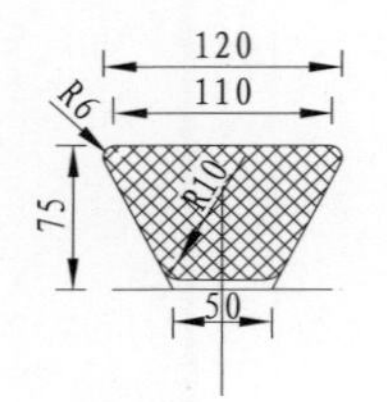

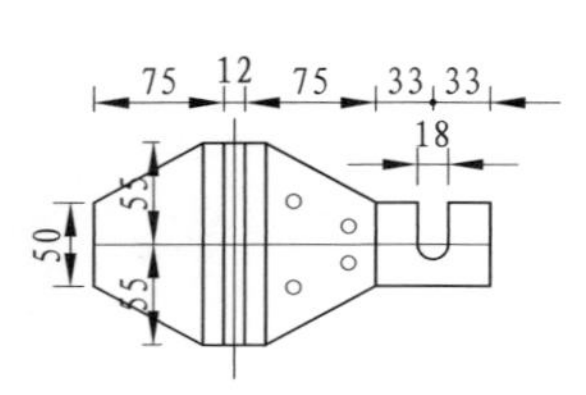

II型轮廓标详图

说明:
1. 本图尺寸均以mm计。
2. 本图为轮廓标设计图，适用于细部设计中的所有护栏。

图 7-8　B 级波形护栏设计图（七）

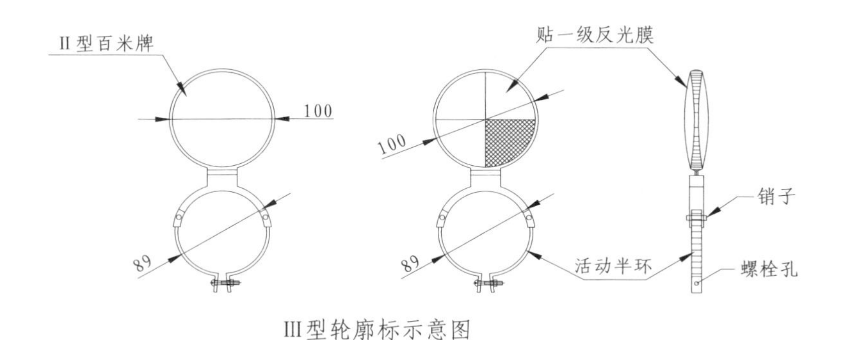

III型轮廓标示意图

每100个轮廓标材料数量表

型号	材料名称	数量	重量/kg
I型	δ=1.5冷轧钢板		635.85
	白色环氧树脂粉末喷涂	59m²	
	845不透明黑油漆	6.5m²	
	一级反光膜	0.72m²	
	现浇C20素混凝土	1.53m³	
	现浇C20片石混凝土	1.8m³	
II型	δ=1.5冷轧钢板		19.77
	一级反光膜	1.28m²	
	δ=1.5冷轧钢板百米牌		9.247
	百米牌钢筋ϕ10		14.81
III型	轮廓标III型	100套	
	一级反光膜	3.14m²	

说明:
1. 本图尺寸均以mm计。
2. I型轮廓标无路侧护栏的一般地段，用1.5mm厚普通冷轧钢板弯制并封顶，路廓标中心距路基边缘19.9cm。
3. II型轮廓标附着于波形梁护栏板凹槽内，反射器为梯形，并与后底板铆接连接，底板与波形梁用连接螺栓连接。安装角度以保证汽车前照灯光线与其垂直为宜。
4. III 型轮廓标(系外购定型产品)，安装于大、中桥两侧的防撞墙护栏钢管上。
5. 轮廓标直线段设置间距为50m，曲线段曲线半径30～89m,间距取8m;
   曲线段曲线半径90～179m,间距取12m;
   曲线段曲线半径180～274m,间距取16m;
   曲线段曲线半径275～374m,间距取24m;
   曲线段曲线半径375～999m,间距取32m。
6. 轮廓标反光材料采用高强级反光膜。
7. 柱式轮廓标应垂直地面，三角形柱体的顶角平分线与道路中心线垂直。
8. 本图为轮廓标设计图，适用于细部设计中的所有护栏。

图 7-9　B级波形护栏设计图（八）

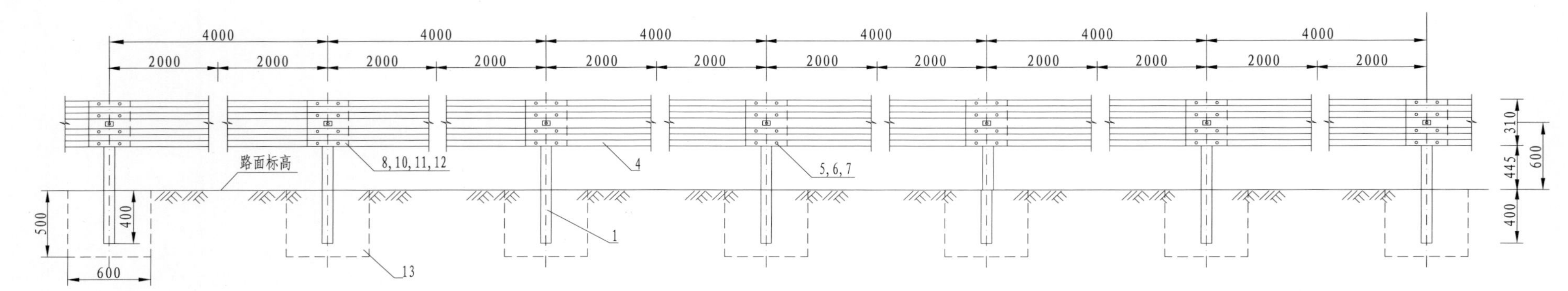

Gr-A-4C标准段立面设计图

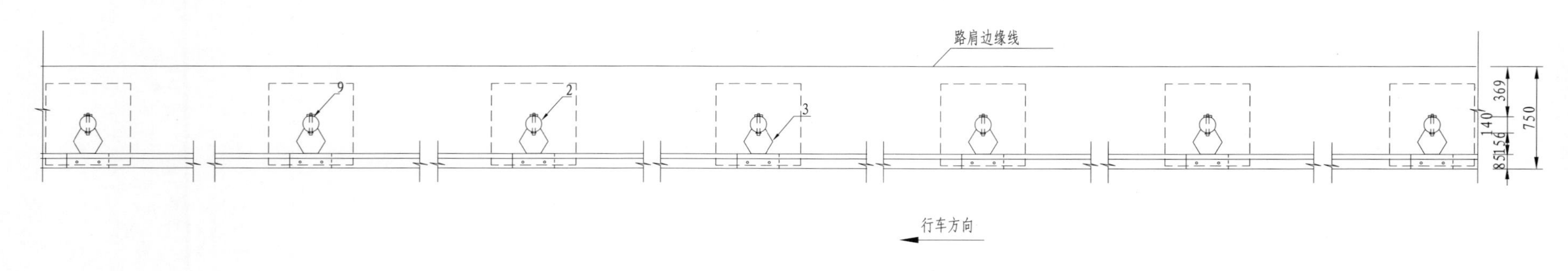

Gr-A-4C标准段平面设计图

说明:
1.本图尺寸以mm为单位。
2.横梁的搭接方向应与行车方向一致。
3.所有钢构件均应进行热浸镀锌处理。
4.所有钢护栏立柱基础1.5m范围内的填土密实度必须达到《公路工程技术标准》所规定的路基压实度。
5.本图适用于填方路段、挡土墙正常路段处设置的护栏。

图7-10　A级波形护栏设计图(一)

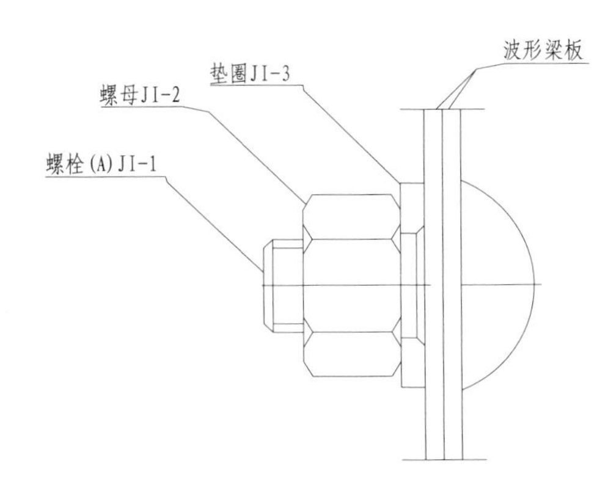

A节点详图

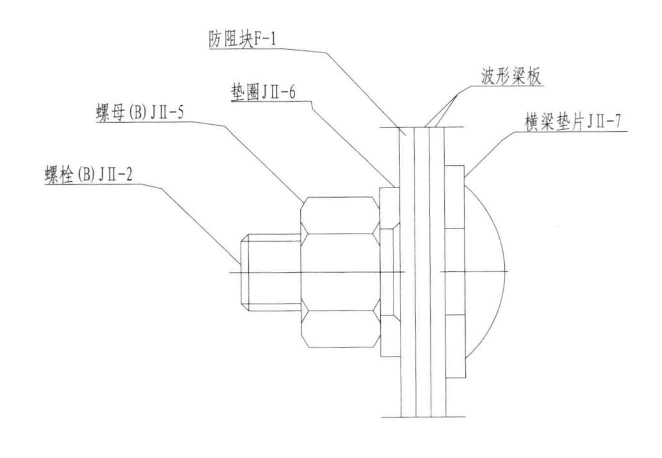

B节点详图

每100m Gr-A-4C护栏材料数量表

代号	名称	规格	数量	材料	重量/kg		备注
					单件	总计	
1	立柱G-Z-1-2	ϕ140×4.5×1150	25	Q235	17.29	432.32	4m间距计
2	柱帽	ϕ140×3	25	Q235	0.65	16.25	
3	防阻块F-1-1	196×178×200×4.5	25	Q235	4.37	109.25	
4	DB01板	310×85×4×4320	25	Q235	65.55	1638.75	
	DB03板	310×85×4×3820		Q235	57.87		
	DB04板	310×85×4×3320		Q235	49.76		
	DB05板	310×85×4×2320		Q235	35.15		
5	拼接螺栓JI-1-1	M16×34	200	45号钢	0.085	17.00	
6	拼接螺母JI-2	M16	200	45号钢	0.056	11.20	
7	拼接垫圈JI-3	ϕ16×4	200	45号钢	0.024	4.80	
8	连接螺栓JⅡ-2-1	M16×45	25	Q235	0.088	2.20	
9	六角头螺栓JⅡ-3	M16×170	25	Q235	0.316	7.90	
10	螺母JⅡ-5	M16	50	Q235	0.056	2.80	
11	垫圈JⅡ-6	ϕ16×4	50	Q235	0.024	1.20	
12	横梁垫片JⅡ-7	76×44×4	25	Q235	0.093	2.33	
13	混凝土基础	600×600×500	25	C25	0.165m^3	4.13m^3	未计钢筋

说明:
1. 本图尺寸以mm为单位。
2. 横梁的搭接方向应与行车方向一致。
3. DB03、DB04、DB05板用于调节护栏长度用。
4. 所有钢构件均应进行热浸镀锌处理。
5. 所有钢护栏立柱基础1.5m范围内的填土密实度必须达到《公路工程技术标准》所规定的路基压实度。
6. 本图适用于路侧石方、挡土墙正常路段处护栏的设置。

图7-11 A级波形护栏设计图（二）

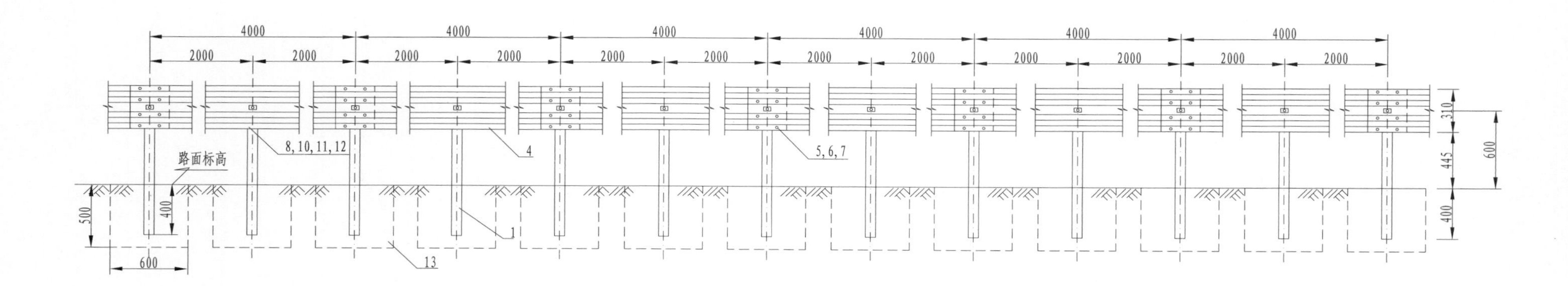

Gr-A-2C标准段立面图

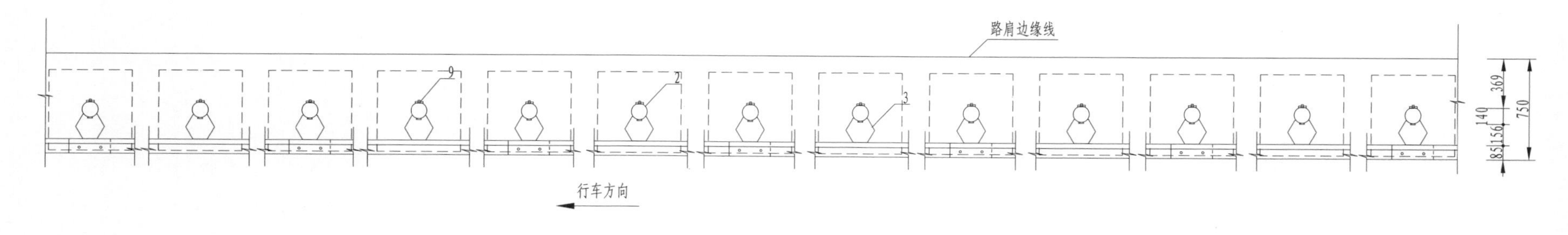

Gr-A-2C标准段平面图

说明:
1. 本图尺寸以mm为单位。
2. 横梁的搭接方向应与行车方向一致。
3. 所有钢构件均应进行热浸镀锌处理。
4. 所有钢护栏立柱基础1.5m范围内的填土密实度必须达到《公路工程技术标准》所规定的路基压实度。
5. 本图适用于路侧填方和挡土墙小半径路段(小于圆曲线最小半径一般值)。

图 7-12　A 级波形护栏设计图（三）

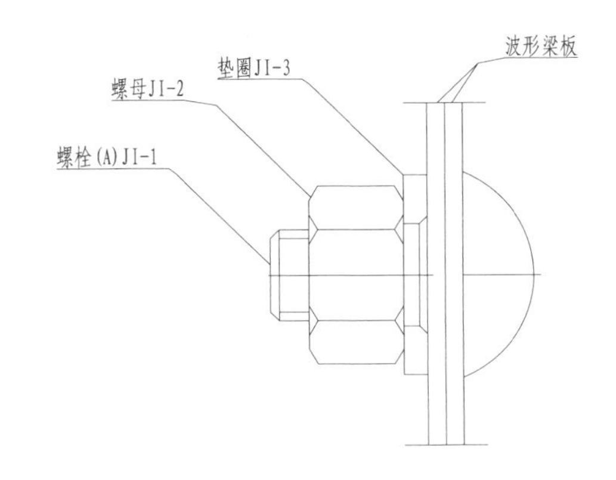

A节点详图

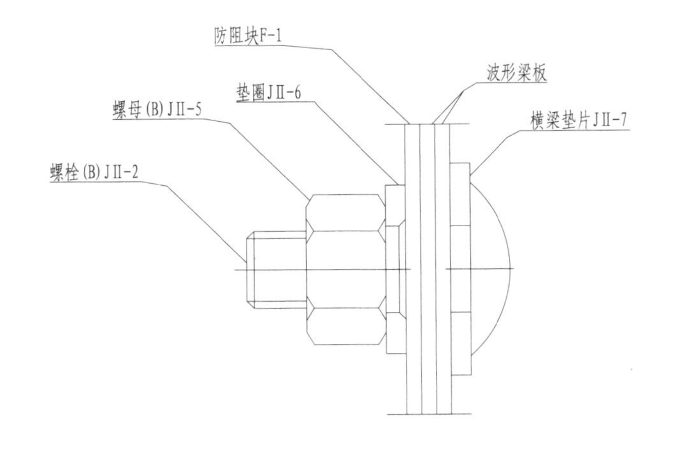

B节点详图

每100m Gr-A-2C护栏材料数量表

代号	名称	规格	数量	材料	重量/kg		备注
					单件	总计	
1	立柱G-Z-1-2	ϕ140×4.5×1150	50	Q235	17.29	864.50	
2	柱帽	ϕ140×3	50	Q235	0.65	32.50	
3	防阻块F-1-1	196×178×200×4.5	50	Q235	4.37	218.50	
4	DB02板	310×85×4×4320	25	Q235	65.55	1638.75	
5	拼接螺栓JⅠ-1-1	M16×34	200	45号钢	0.085	17.00	
6	拼接螺母JⅠ-2	M16	200	45号钢	0.056	11.20	
7	拼接垫圈JⅠ-3	ϕ16×4	200	45号钢	0.024	4.80	
8	连接螺栓JⅡ-2-1	M16×45	50	Q235	0.088	4.40	
9	六角头螺栓JⅡ-3	M16×170	50	Q235	0.316	15.80	
10	螺母JⅡ-5	M16	100	Q235	0.056	5.60	
11	垫圈JⅡ-6	ϕ16×4	100	Q235	0.024	2.40	
12	横梁垫片JⅡ-7	76×44×4	50	Q235	0.093	4.66	
13	混凝土基础	600×600×500	50	C25	0.165m^3	8.25m^3	未计钢筋

说明:
1. 本图尺寸以mm为单位。
2. 横梁的搭接方向应与行车方向一致。
3. 所有钢构件均应进行热浸镀锌处理。
4. 所有钢护栏立柱基础1.5m范围内的填土密实度必须达到《公路工程技术标准》所规定的路基压实度。
5. 本图适用于路侧石方、挡土墙小半径曲线路段处护栏的设置。

图7-13　A级波形护栏设计图（四）

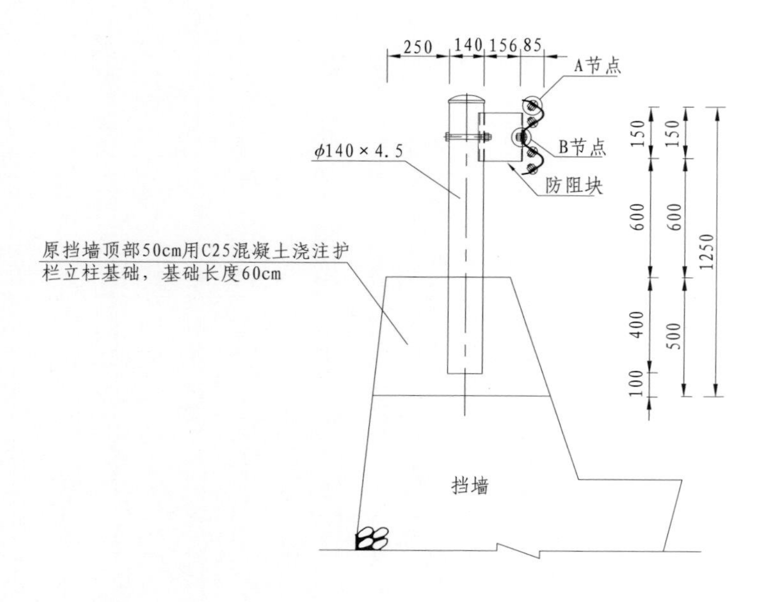

横断位置图挡墙路段

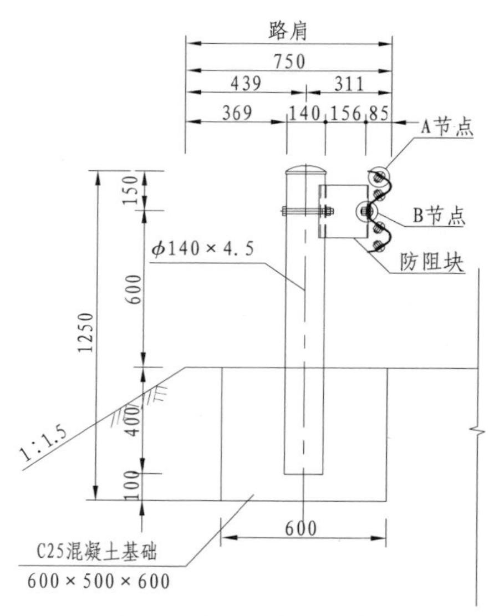

横断位置图一般填方路段

说明:

1. 本图尺寸以mm为单位。
2. 横梁的搭接方向应与行车方向一致。
3. 所有钢构件均应进行热浸镀锌处理。
4. 所有钢护栏立柱基础1.5m范围内的填土密实度必须达到《公路工程技术标准》所规定的路基压实度。

图 7-14　A 级波形护栏设计图（五）

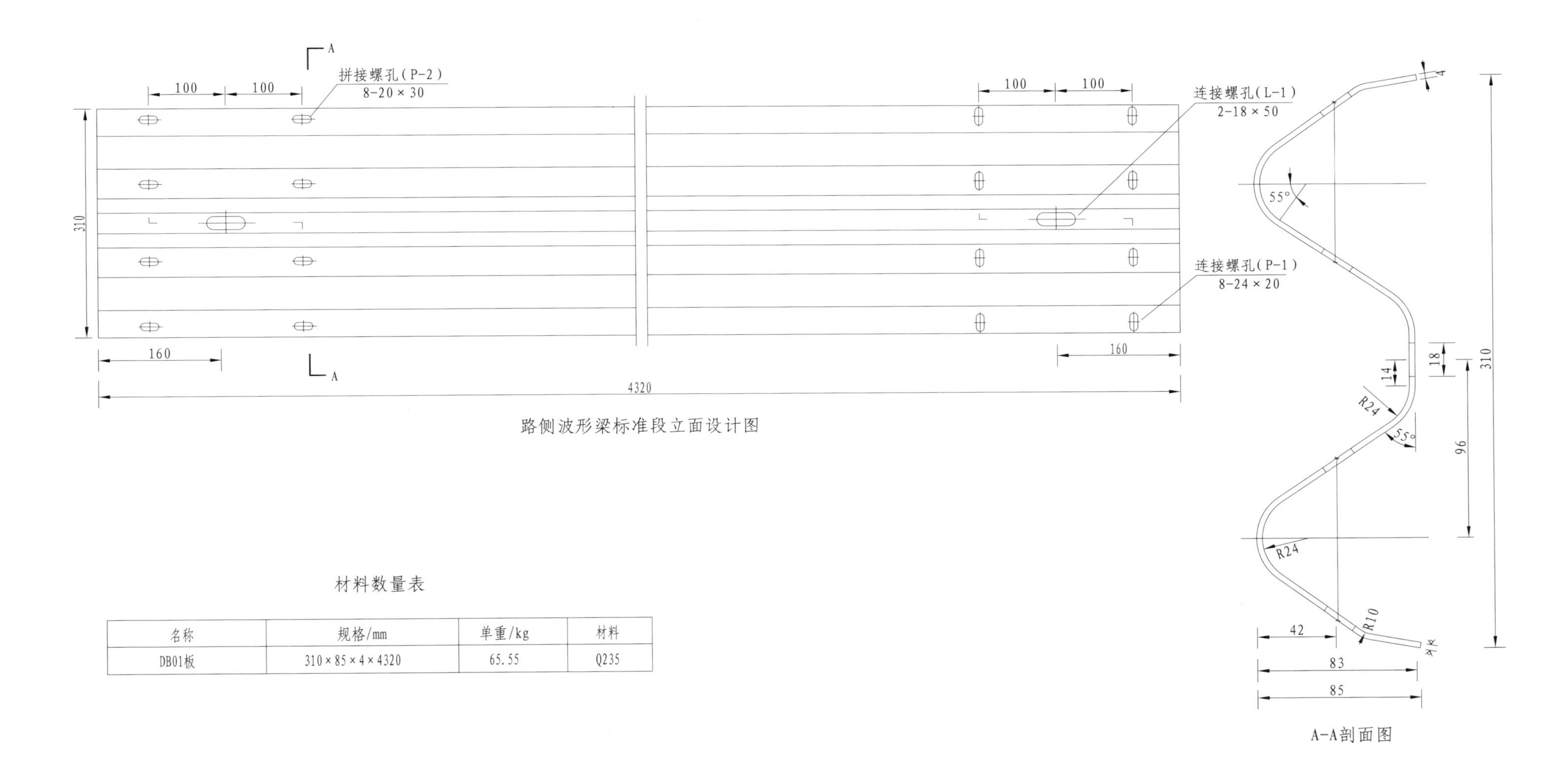

材料数量表

名称	规格/mm	单重/kg	材料
DB01板	310×85×4×4320	65.55	Q235

说明：
1. 本图尺寸以mm为单位。
2. 所有波形梁板均应按规范要求进行防腐处理。

图 7-15　A 级波形护栏设计图（六）

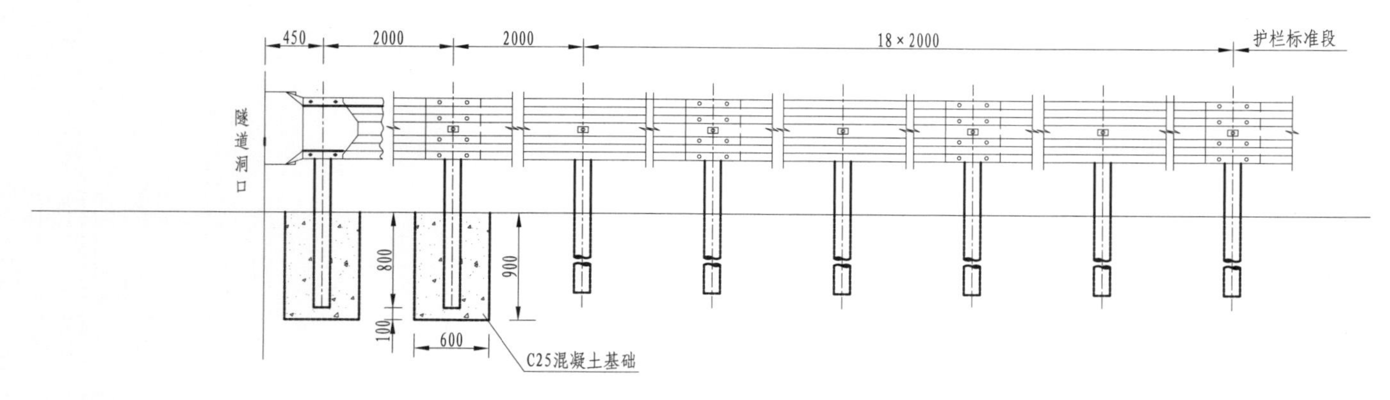

路侧波形梁护栏隧道洞口过渡段立面设计图

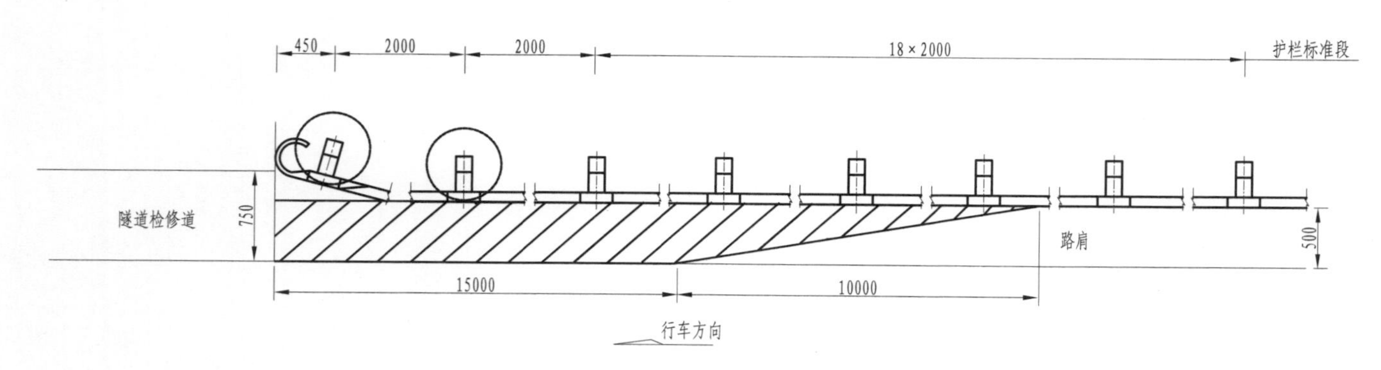

路侧波形梁护栏隧道洞口过渡段平面设计图

说明:
1. 图中尺寸单位以mm计。
2. 图中适用于土质路段，石方路段可参照使用。

图 7-16　A 级波形护栏设计图（七）

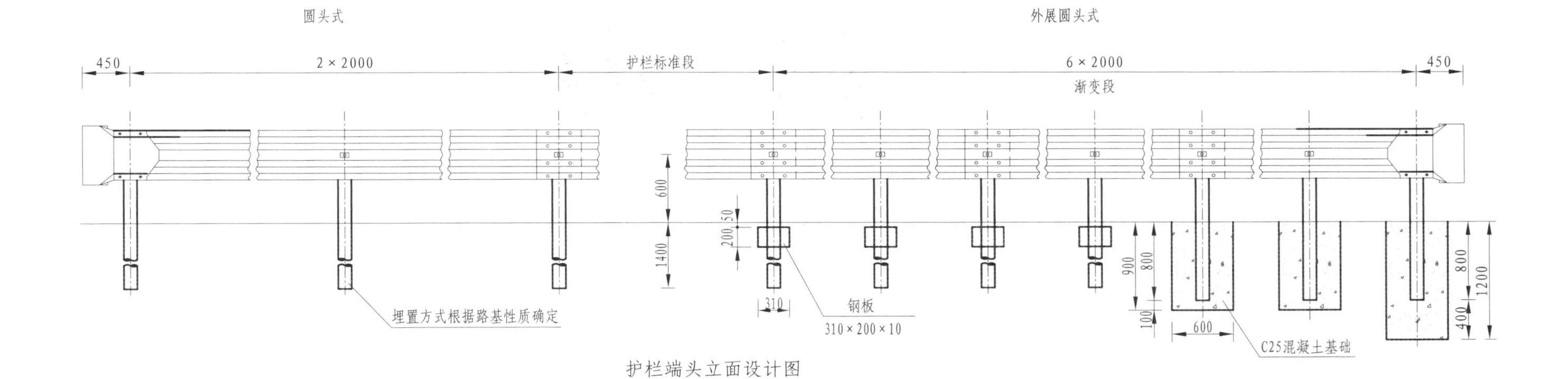

护栏端头立面设计图

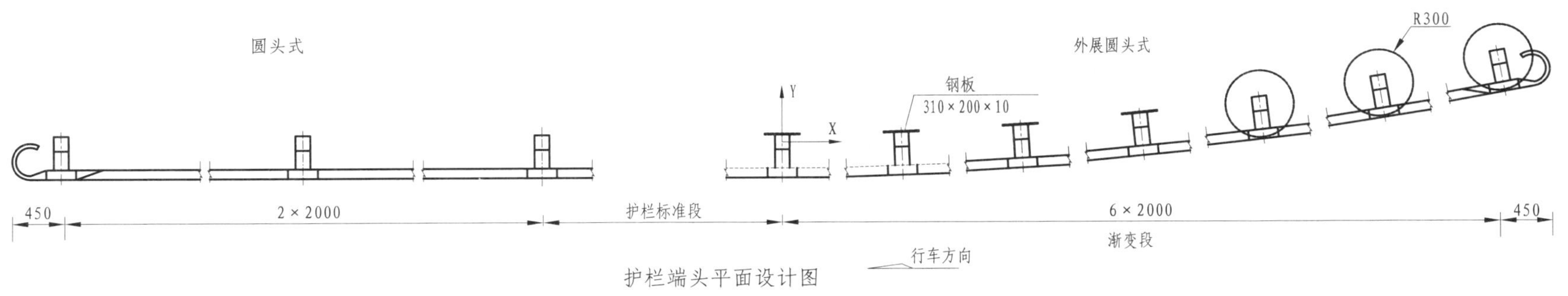

护栏端头平面设计图

渐变段立柱坐标位置表　　　　单位：mm

X	0	2000	4000	6000	8000	10000	12000
Y	0	21	83	188	333	521	750

说明：
1. 图中单位以mm计。
2. 行车方向的上游端头采用外展圆头式；
   行车方向的下游端头采用圆头式，与标准段成一直线布置；
   在填挖路基交界处护栏起点端头的位置，应从填挖零点向挖方延伸20m，并设置为外展圆头式。
3. 所有钢构件采用先热浸锌再浸塑的防腐处理措施。

图 7-17　A 级波形护栏设计图（八）

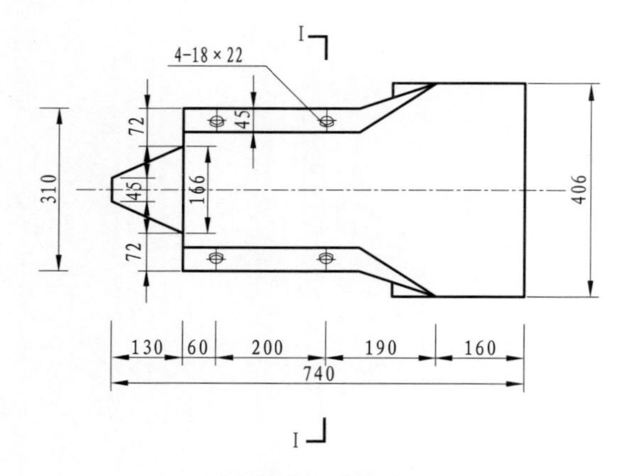

路侧护栏端头立面图

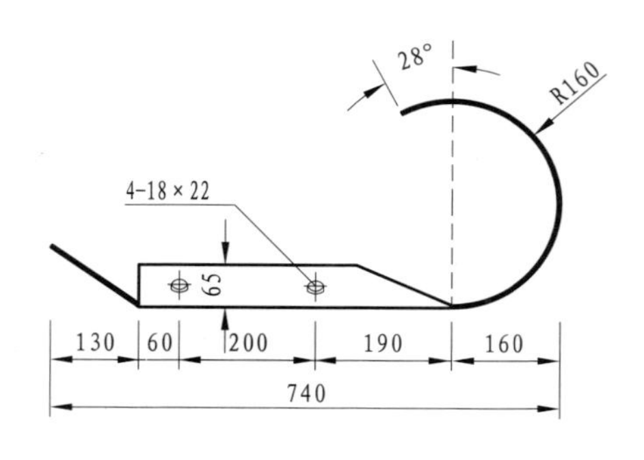

路侧护栏端头平面图

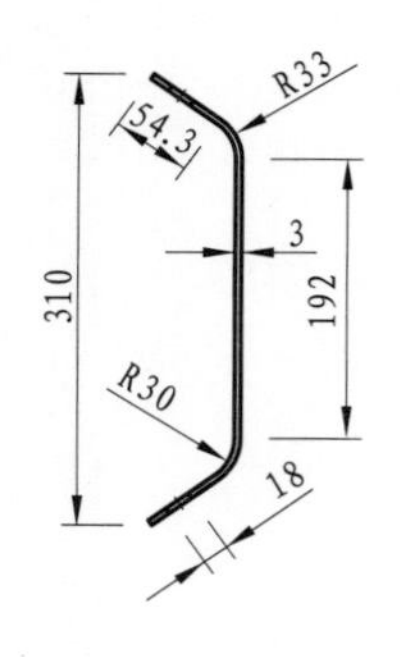

I-I 剖面图

说明:
1. 图中单位以mm计。
2. 护栏端头的钢板厚度为3mm。
3. 端头应进行热浸镀锌防锈处理，镀锌量为600g/m²。
4. 端头适用于路侧波形钢护栏起讫端。

图 7-18　A 级波形护栏设计图（九）

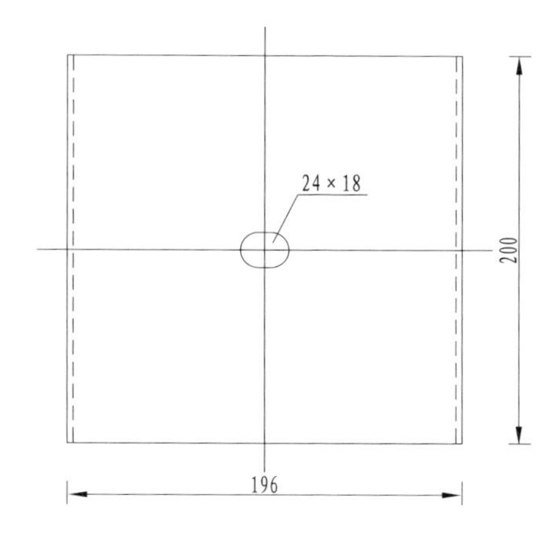

防阻块设计图立面图(196×178×200×4.5)

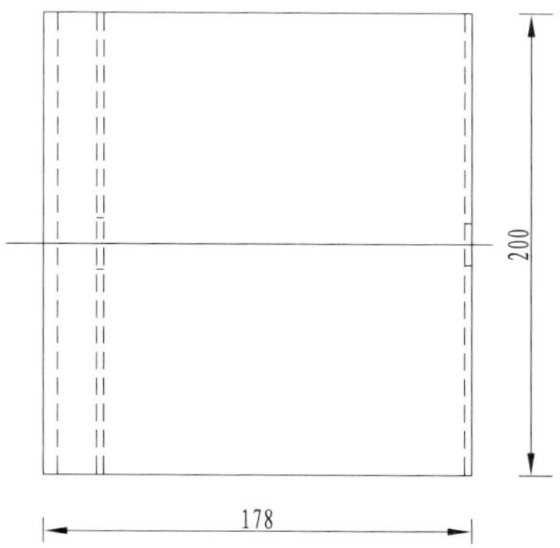

防阻块设计图侧面图(196×178×200×4.5)

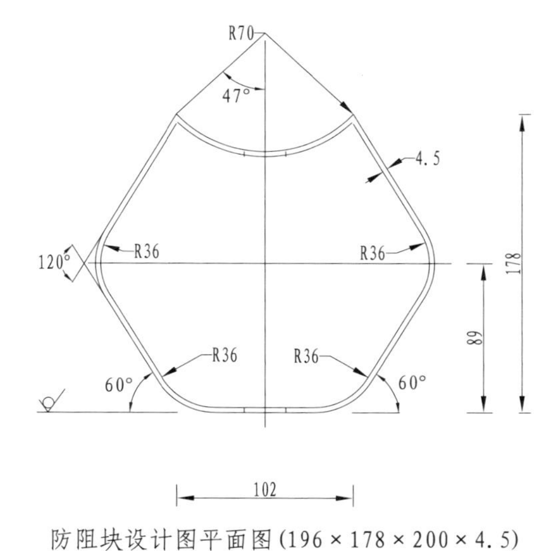

防阻块设计图平面图(196×178×200×4.5)

说明：
1. 本图尺寸以mm为单位。
2. 加工成型后的防阻块应按规范要求进行防腐处理。
3. 本防阻块用于路侧ϕ140立柱护栏的连接。

图 7-19 A 级波形护栏设计图（十）

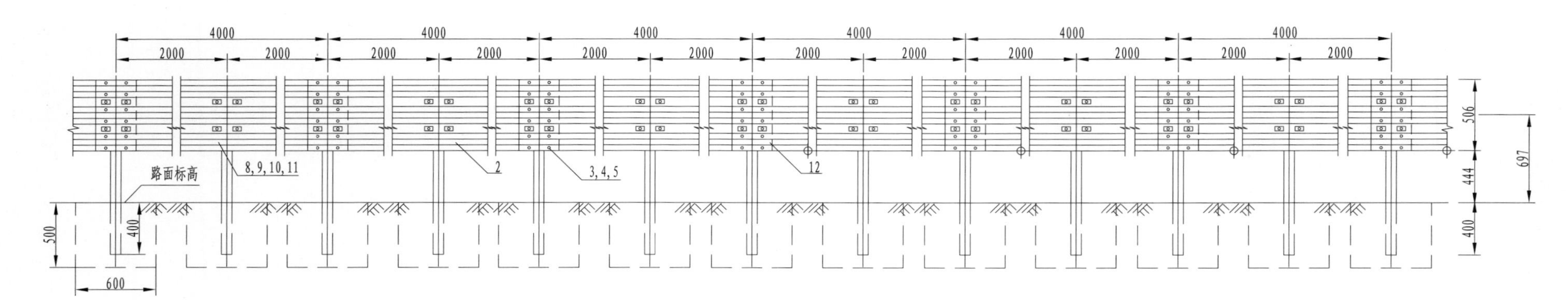

Gr-SB-2C标准段立面图

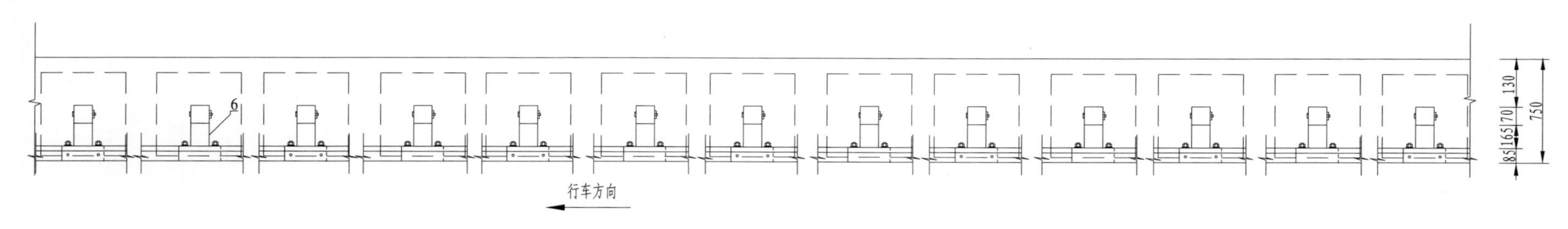

Gr-SB-2C标准段平面图

说明:
1. 本图尺寸以mm为单位。
2. 横梁的搭接方向应与行车方向一致。
3. 所有钢构件均应进行热浸镀锌处理。
4. 所有钢护栏立柱基础1.5m范围内的填土密实度必须达到《公路工程技术标准》所规定的路基压实度。

图 7-20　SB 级波形护栏设计图（一）

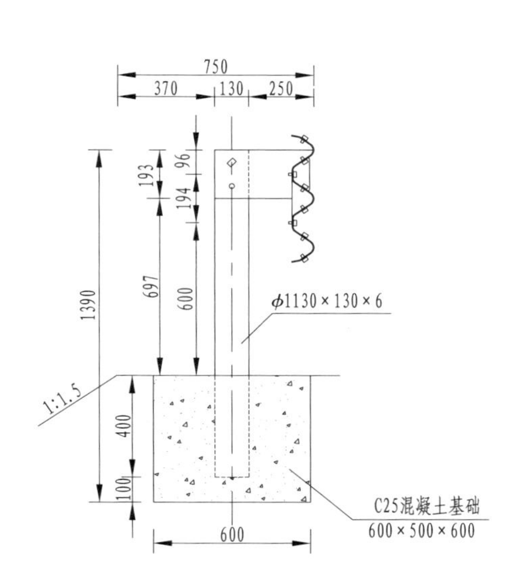

横断位置图一般填方路段

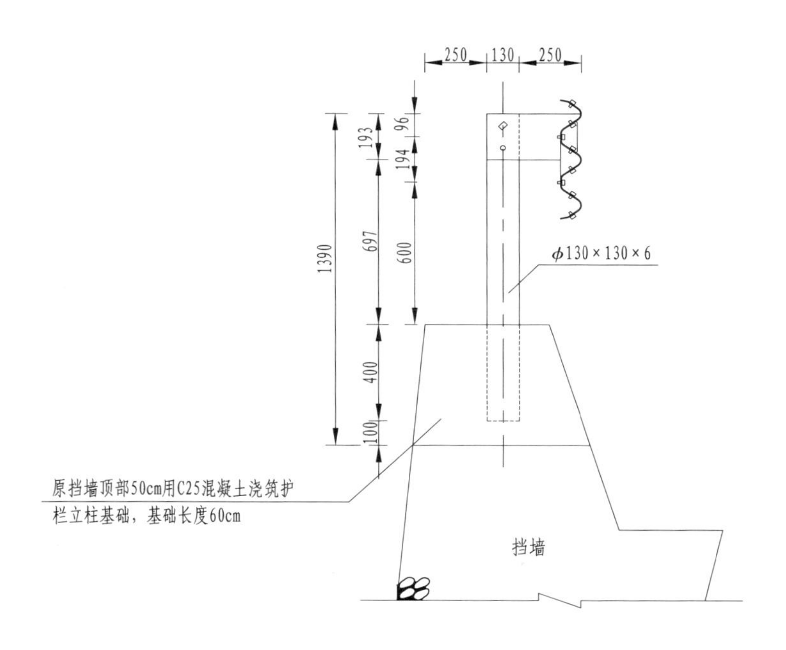

横断位置图挡墙路段

说明：
1. 本图尺寸以mm为单位。
2. 横梁的搭接方向应与行车方向一致。
3. 所有钢构件均应进行热浸镀锌处理。
4. 所有钢护栏立柱基础1.5m范围内的填土密实度必须达到《公路工程技术标准》所规定的路基压实度。
5. 本图适用于路侧填方、挡墙路段处护栏的设置。

图 7-21　SB 级波形护栏设计图（二）

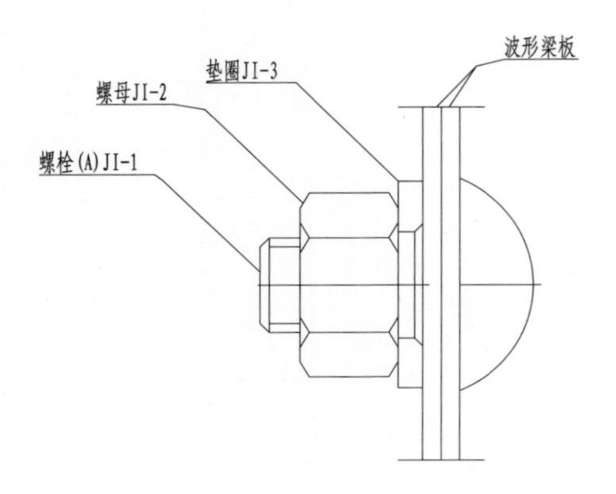

A节点详图

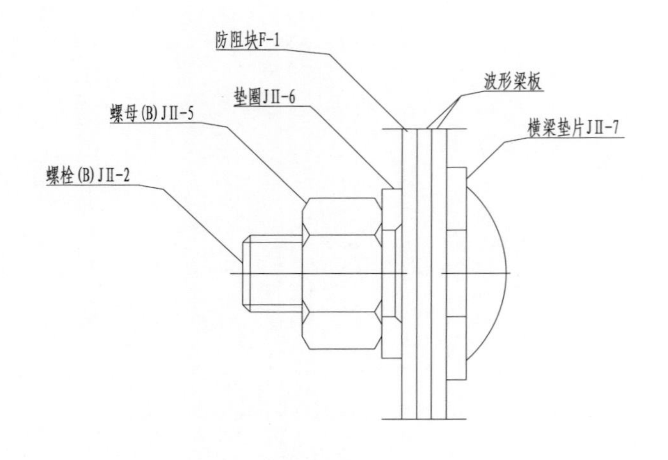

B节点详图

每100m Gr-SB-2C护栏材料数量表

代号	名 称	规 格	数量	材 料	重量/kg		备 注
					单件	总计	
1	立柱F-Z-1-2	130 × 130 × 6 × 1290	50	Q235	31.59	1579.74	
2	柱帽	ϕ140 × 3	50	Q235	0.65	32.50	
3	防阻块F-2-1	300 × 200 × 290 × 4.5	50	Q235	11.39	569.50	
4	RTB01板	506 × 85 × 4 × 4320	25	Q235	102.00	2550.00	
	RTB03板	506 × 85 × 4 × 2320		Q235	54.78		
5	拼接螺栓JI-1-2	M16 × 35	300	45号钢	0.093	27.90	
6	拼接螺母JI-2	M16	300	45号钢	0.056	16.80	
7	拼接垫圈JI-3	ϕ16 × 4	300	45号钢	0.024	7.20	
8	连接螺栓JⅡ-2-2	M16 × 50	200	Q235	0.103	20.60	
9	六角头螺栓JⅡ-3	M16 × 170	100	Q235	0.316	31.60	
10	螺母JⅡ-5	M16	200	Q235	0.056	11.20	
11	垫圈JⅡ-6	ϕ 35×4	200	Q235	0.024	4.80	
12	横梁垫片JⅡ-7	76 × 44 × 4	200	Q235	0.093	18.60	
13	三波梁垫板	506 × 85 × 4 × 320	25	Q235	7.54	188.50	
14	混凝土基础	600 × 600 × 500	50	C25	0.165m^3	8.25m^3	未计钢筋

说明：本图尺寸以mm为单位。

图 7-22　SB 级波形护栏设计图（三）

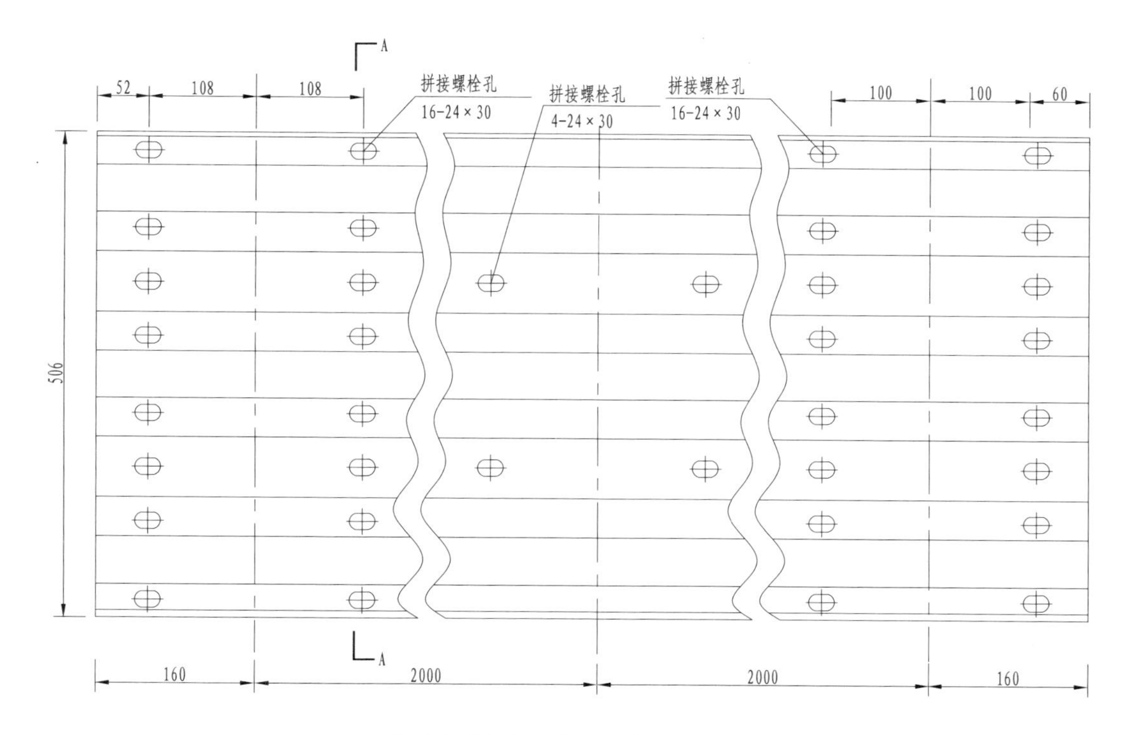

路侧波形梁标准段立面设计图（506×85×4）

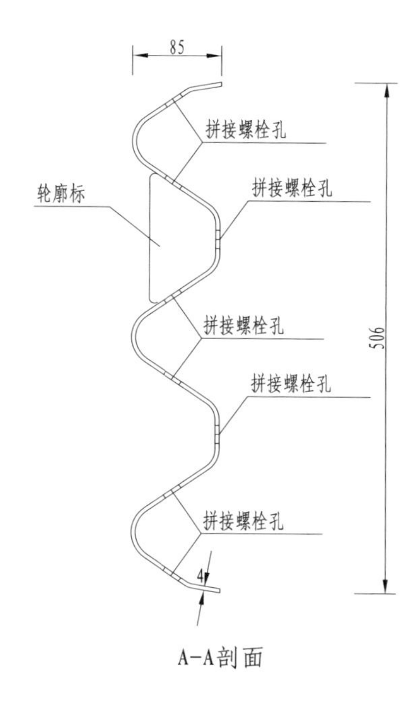

A-A剖面

说明:
1. 图中单位以mm计。
2. 本图为路侧波形梁标准段结构设计图。
3. 连接螺栓为一般普通螺栓，拼接螺栓为高强螺栓，采用20MnTiB钢，螺母推荐采用35号钢。
4. 紧固件应进行热浸镀锌防锈处理，镀锌量为600g/m²。

图 7-23　SB 级波形护栏设计图（四）

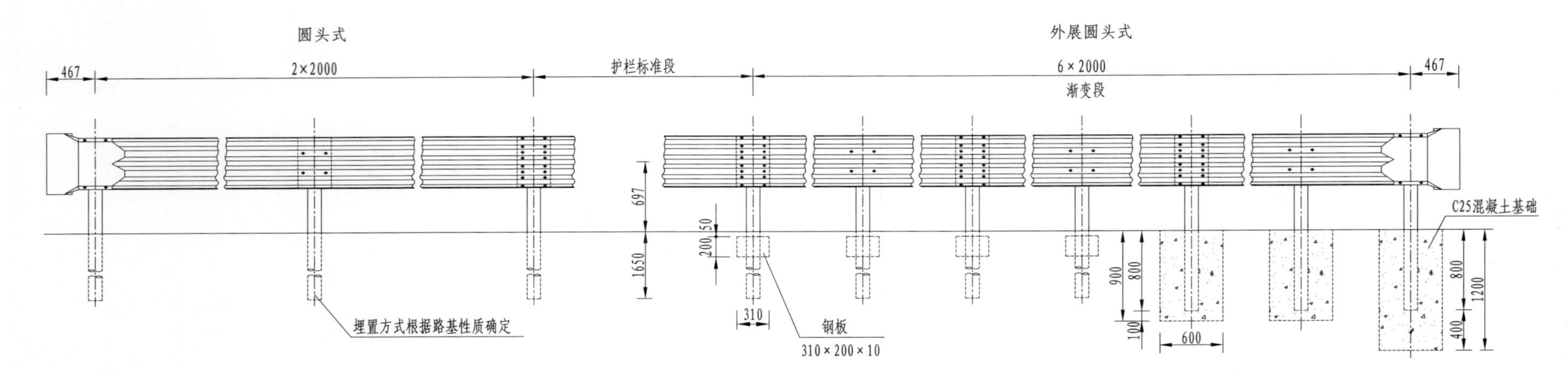

护栏端头立面设计图

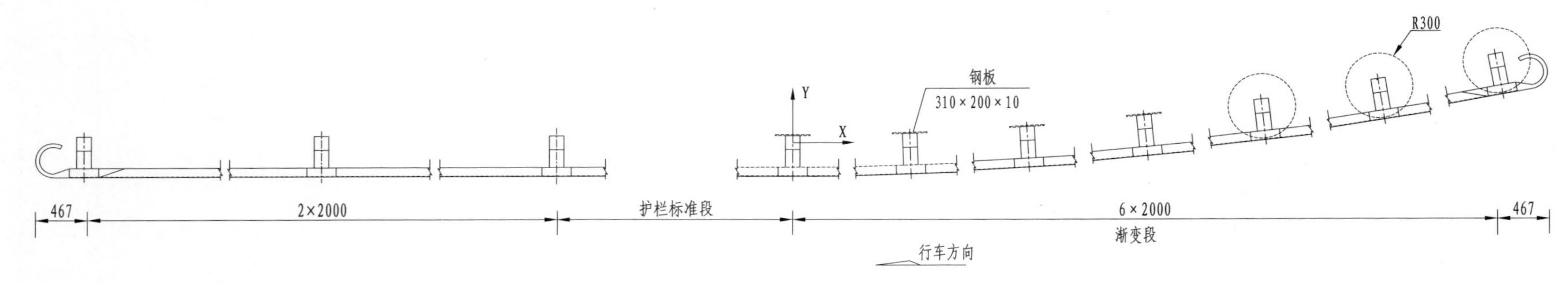

护栏端头平面设计图

渐变段立柱坐标位置表　　　　单位：mm

X	0	2000	4000	6000	8000	10000	12000
Y	0	21	83	188	333	521	750

说明：
1. 图中单位以mm计。
2. 行车方向的上游端头采用外展圆头式；
   行车方向的下游端头采用圆头式，与标准段成一直线布置；
   在填挖路基交界处护栏起点端头的位置，应从填挖零点向挖方延伸20m，并设置为外展圆头式。

图 7-24　SB 级波形护栏设计图（五）

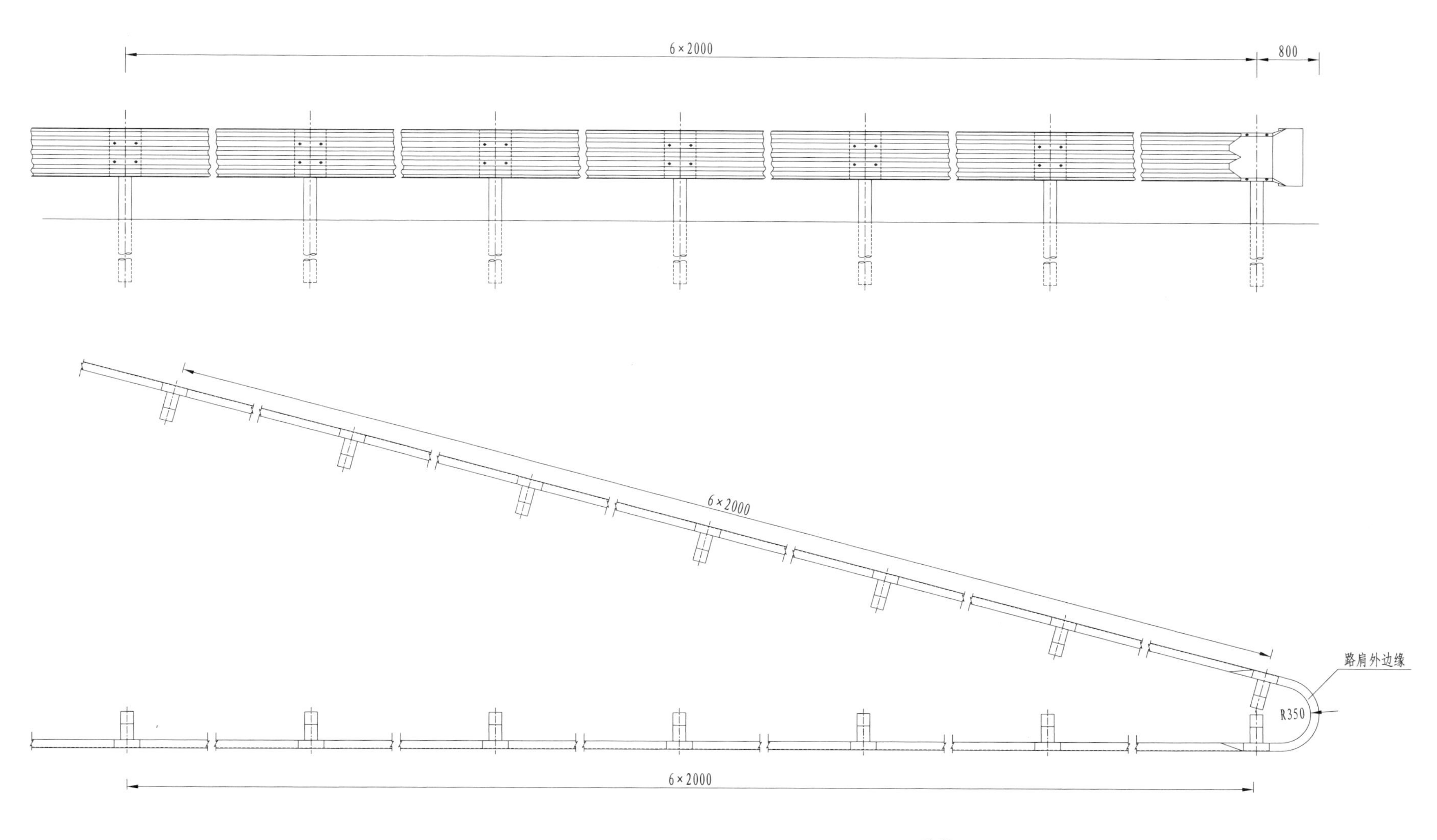

说明：
1. 图中单位以mm计。
2. 本图适用于土质路基路段，石方及挡墙路段可参照使用。
3. 波形梁板搭接方向与行车方向一致。

图 7-25　SB 级波形护栏设计图（六）

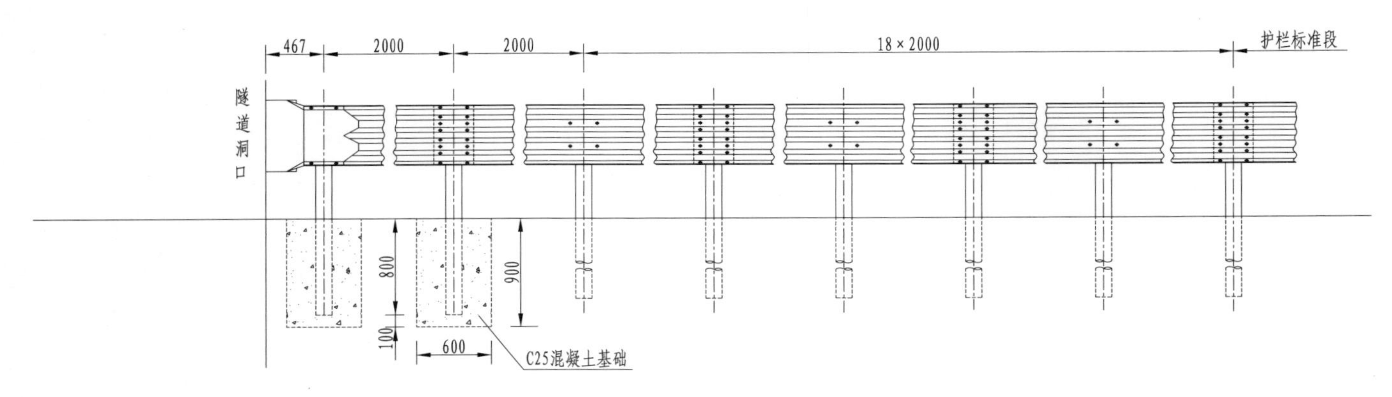

路侧波形梁护栏隧道洞口过渡段立面设计图

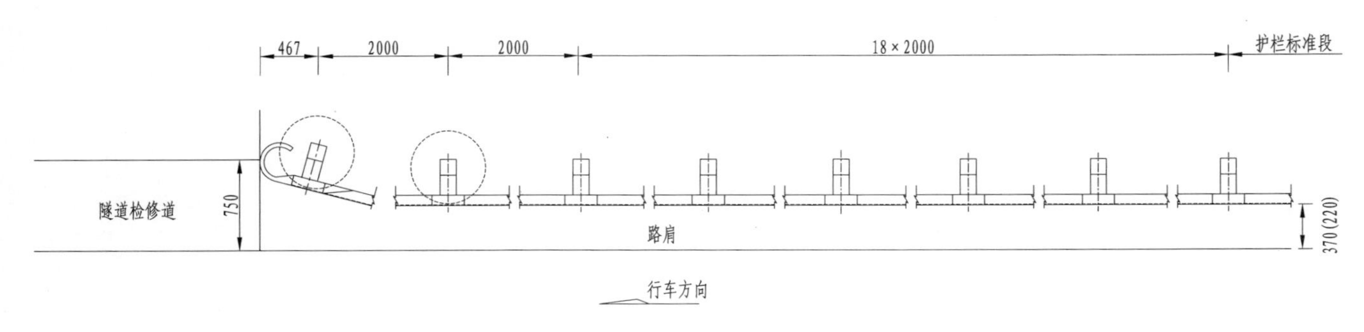

路侧波形梁护栏隧道洞口过渡段平面设计图

说明:
1. 图中单位以mm计。
2. 图中适用于土质路段，石方路段可参照使用。

图 7–26　SB 级波形护栏设计图（七）

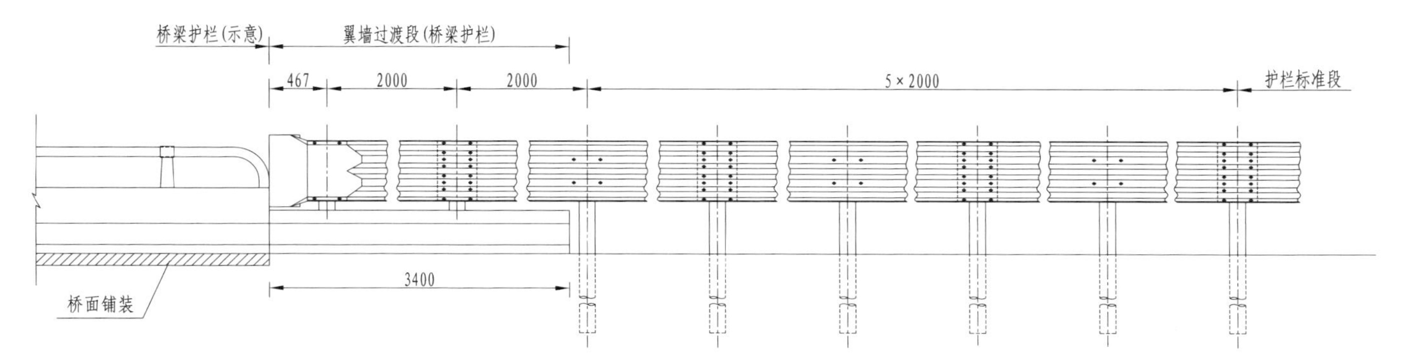

桥梁钢筋混凝土墙式护栏与波形梁护栏过渡段结构立面设计图

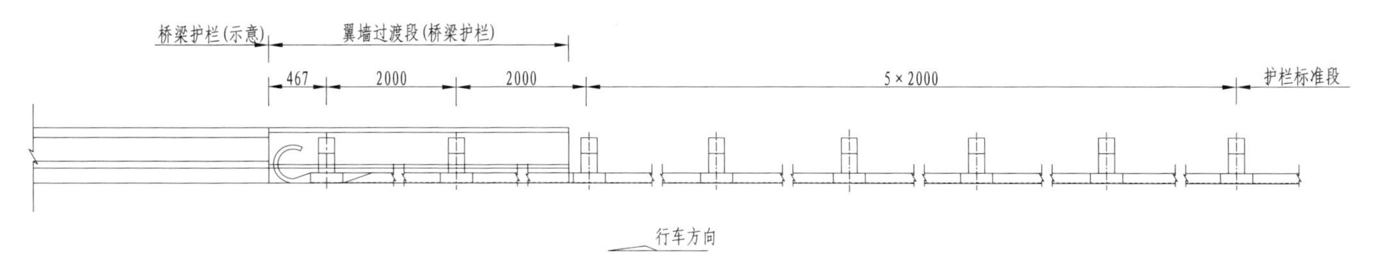

桥梁钢筋混凝土墙式护栏与波形梁护栏过渡段结构平面设计图

说明:
1. 图中单位以mm计。
2. 图中桥梁护栏仅为示意，详细结构见相应图纸。
3. 翼墙过渡段护栏结构采用在标准段桥梁护栏基础上降低下部混凝土墙高度，满足与波形梁护栏连接的要求即可。
4. 波形梁护栏立柱与翼墙过渡段采用地脚螺栓连接方式，具体连接方式参照桥梁护栏相关图纸执行。

图 7–27　SB 级波形护栏设计图（八）

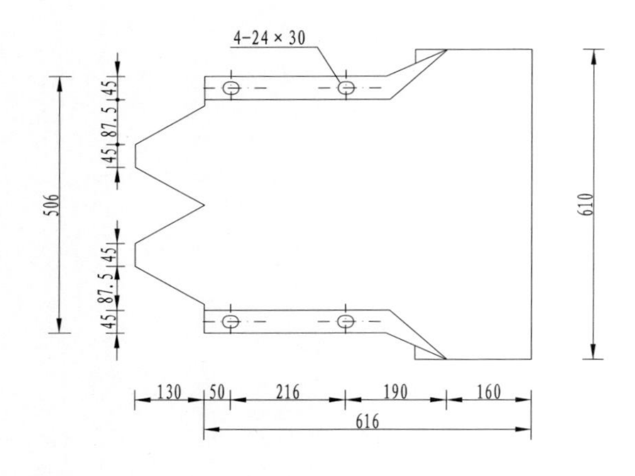

路侧护栏端头立面图

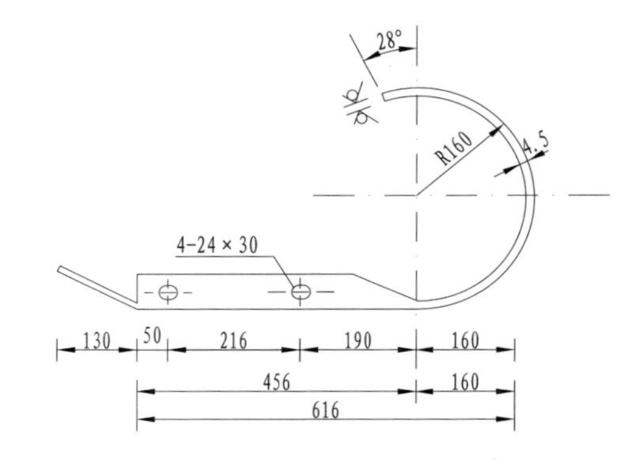

路侧护栏端头平面图

说明:
1. 图中单位以mm计。
2. 护栏端头的钢板厚度为3mm。
3. 端头应进行热浸镀锌防锈处理，镀锌量为600g/m²。

图 7-28　SB 级波形护栏设计图（九）

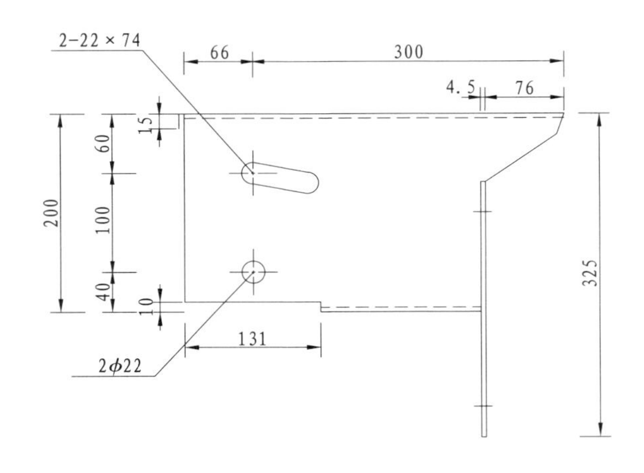

防阻块立面图

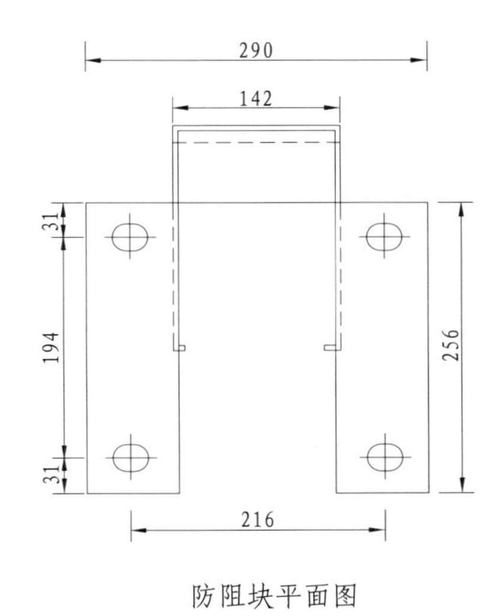

防阻块平面图

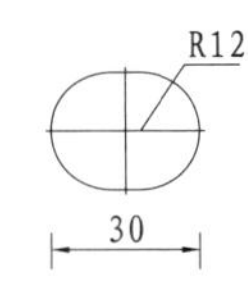

拼接螺栓

单位材料数量表

名称	规格	单重/kg	材料
防阻块F-2-1型	300×200×290×4.5	11.39	Q235

说明：
1.图中标注尺寸均以mm为单位。
2.加工成型后的防阻块应按规范要求进行防腐处理。
3.本防阻块用于路侧三波形梁护栏与立柱的连接。

图7-29　SB级波形护栏设计图（十）

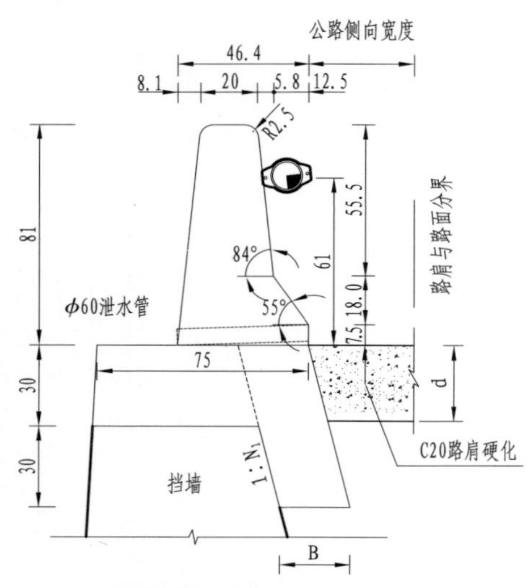

护栏横断面图(挡墙路段)

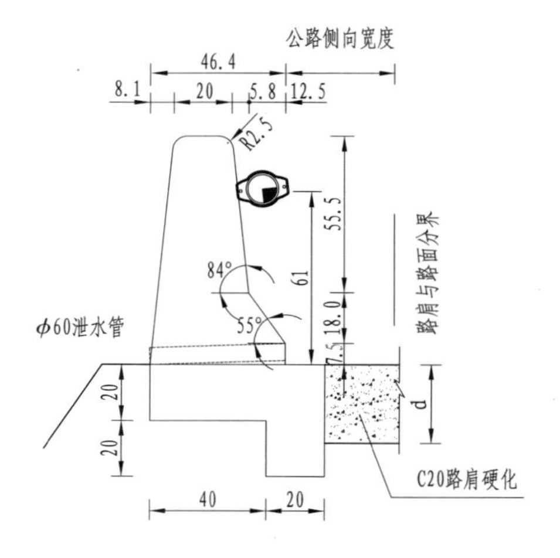

护栏横断面图(常规填方路段)

每延米护栏工程量表(挡墙路段)

编号	直径/mm	单根长/cm	单位重/(kg/m)	根数	总重/kg
1	ф10	100	0.617	16	9.87
2	ф12	224.7	0.888	2.5	4.99
3	φ8	177.6	0.395	2.5	1.75
4	φ8	168.8	0.395	2.5	1.67
合计/kg			18.28		
C25混凝土/m³			0.56		

每延米护栏工程量表(常规填方路段)

编号	直径/mm	单根长/cm	单位重/(kg/m)	根数	总重/kg
1	ф10	100	0.617	16	9.87
2	ф12	204.4	0.888	2.5	4.54
3	φ8	85.2	0.395	2.5	0.84
4	φ8	186	0.395	2.5	1.84
合计/kg			17.09		
C25混凝土/m³			0.44		

说明:

1. 本图尺寸除钢筋直径以mm计外，余均以cm为单位。
2. 现浇混凝土护栏纵向长度按25m设置一道横向伸缩缝，每3~4m应设置一道假缝。横向伸缩缝按平接头加传力钢筋处理，传力钢筋采用ф38，间距30cm，长度50cm。
3. 泄水管每10m设置一道，排水纵坡为3%。
4. 护栏及护栏基础均采用C25混凝土浇筑。
5. 图中B值根据挡墙上坡N_1确定。
6. 图中d值为混凝土路面面层厚度。

图7-30　A级混凝土护栏设计图(一)

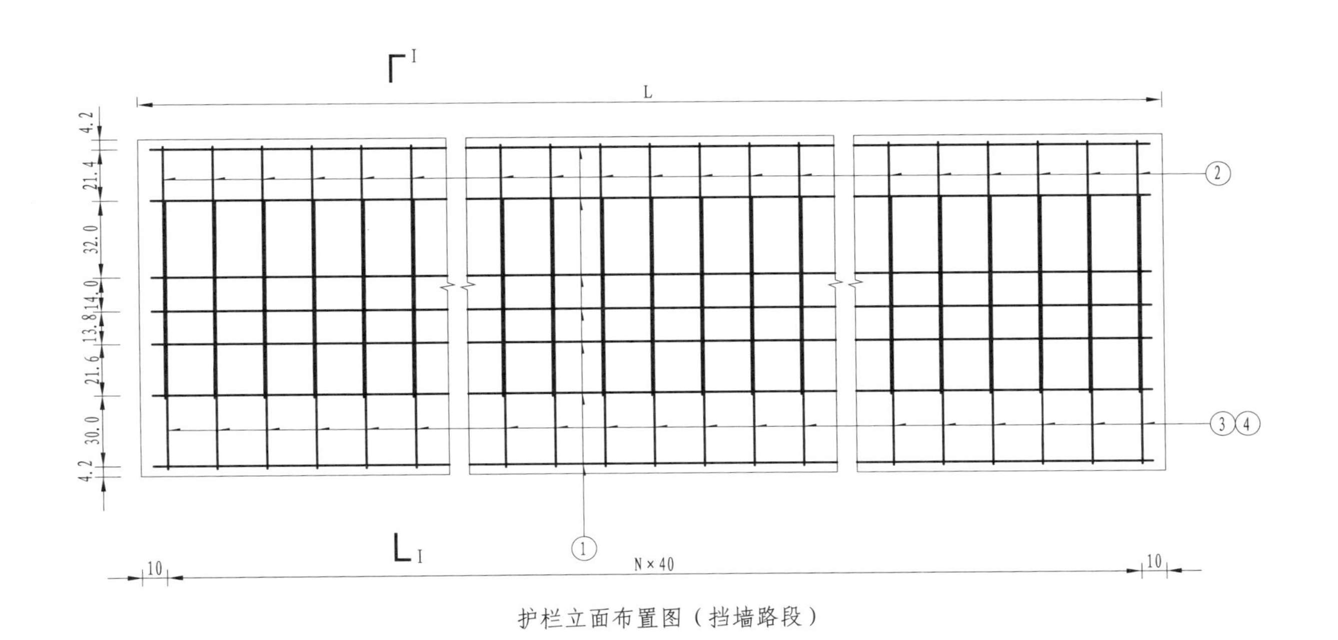

护栏立面布置图（挡墙路段）

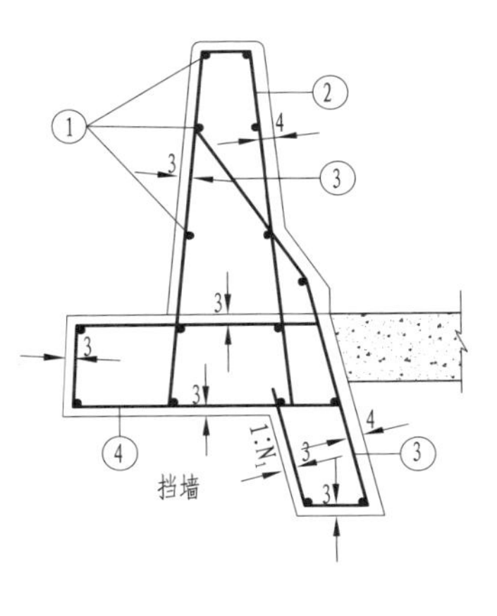

I-I剖面图

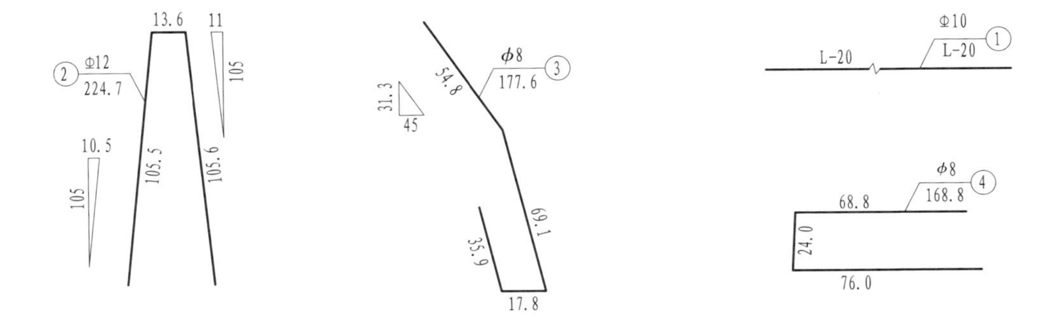

说明：
1. 本图尺寸除钢筋直径以mm计外，其余均以cm为单位。
2. 护栏及护栏基础均采用C25混凝土浇筑。
3. 护栏除迎撞面的钢筋保护层厚度为4cm，其余均为3cm。
4. 3号钢筋长度根据N_1确定，图中按N_1取值0.25计算。
5. L为现浇段长度，为15~30m，本图取值25m。

图 7-31　A级混凝土护栏设计图（二）

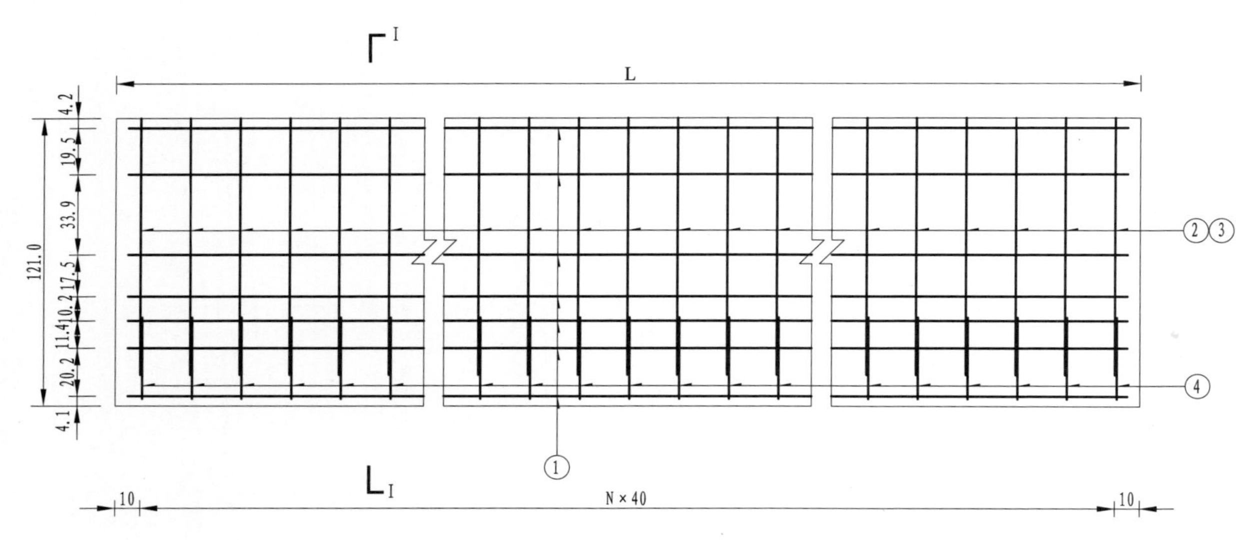

护栏立面布置图（常规填方路段）

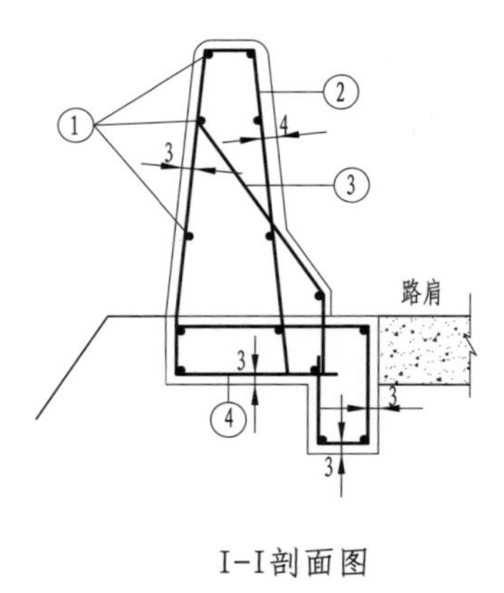

I-I剖面图

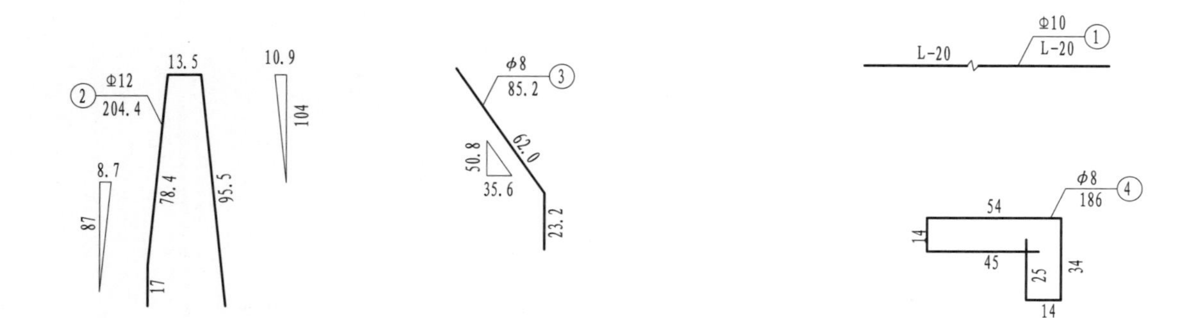

说明：
1. 本图尺寸除钢筋直径以mm计外，余均以cm为单位。
2. 4号钢筋和2号钢筋间的连接采用双面焊，焊缝长度不小于90mm，其余钢筋间的连接为绑扎。
3. 护栏及护栏基础均采用C25混凝土浇筑。
4. 护栏除迎撞面的钢筋保护层厚度为4cm，其余均为3cm。
5. 防撞护栏分段现浇长度为15～30m，本图取值为25m。
6. 1号与4号钢筋采用双面焊接，其余钢筋绑扎连接。

图 7-32　A级混凝土护栏设计图（三）

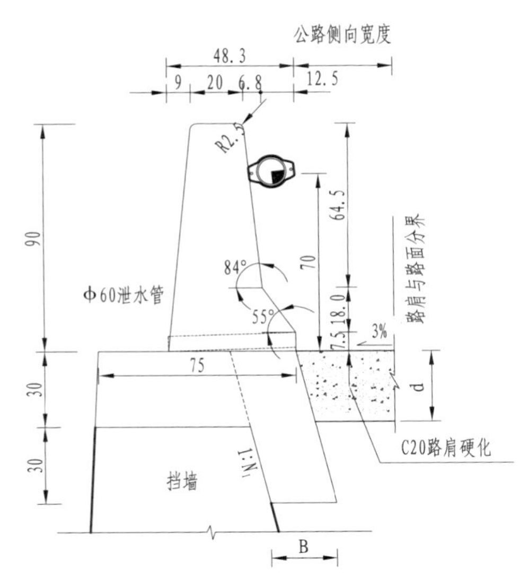

护栏横断面图（挡墙路段）

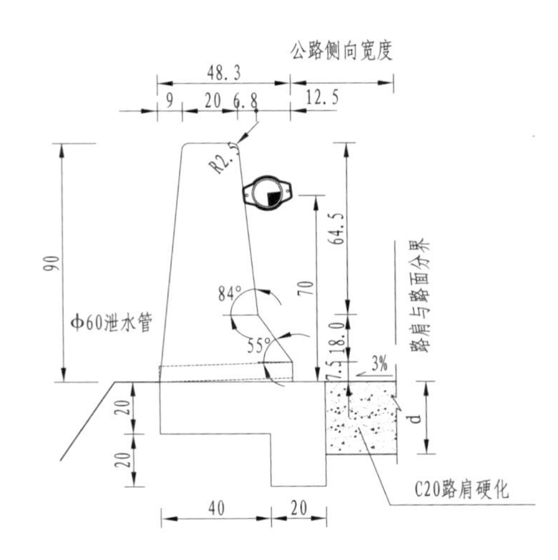

护栏横断面图(常规填方路段)

每延米护栏工程量表（挡墙路段）

编号	直径/mm	单根长/cm	单位重/(kg/m)	根数	总重/kg
1	Φ10	100	0.617	16	9.87
2	Φ12	242.8	0.888	2.5	5.39
3	Φ8	180.2	0.395	2.5	1.78
4	Φ8	168.8	0.395	2.5	1.67
重量合计/kg			18.71		
C25混凝土/m^3			0.59		

每延米护栏工程量表（常规填方段）

编号	直径/mm	单根长/cm	单位重/(kg/m)	根数	总重/kg
1	Φ10	100	0.617	16	9.87
2	Φ12	222.6	0.888	2.5	4.94
3	Φ8	85.2	0.395	2.5	0.84
4	Φ8	186	0.395	2.5	1.84
重量合计/kg			17.49		
C25混凝土/m^3			0.44		

说明:
1. 本图尺寸除钢筋直径以mm计外，余均以cm为单位。
2. 现浇混凝土护栏纵向长度按25m设置一道横向伸缩缝，每3～4m应设置一道假缝。横向伸缩缝按平接头加传力钢筋处理，传力钢筋采用&38，间距30cm，长度50cm。
3. 泄水管每10m设置一道，排水纵坡为3%。
4. 护栏及护栏基础均采用C25混凝土浇筑。
5. 图中B值根据挡墙上坡N_1确定。
6. 图中d值为混凝土路面面层厚度。

图 7-33　SB 级混凝土护栏设计图（一）

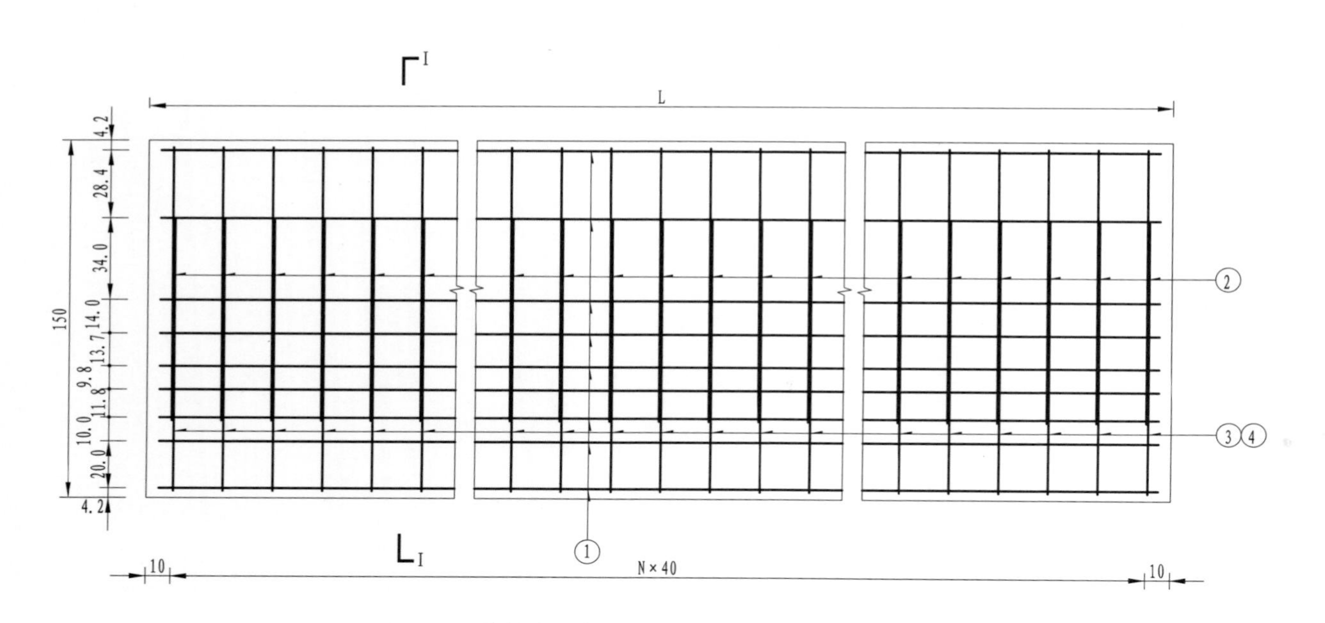

护栏立面布置图（挡墙路段）

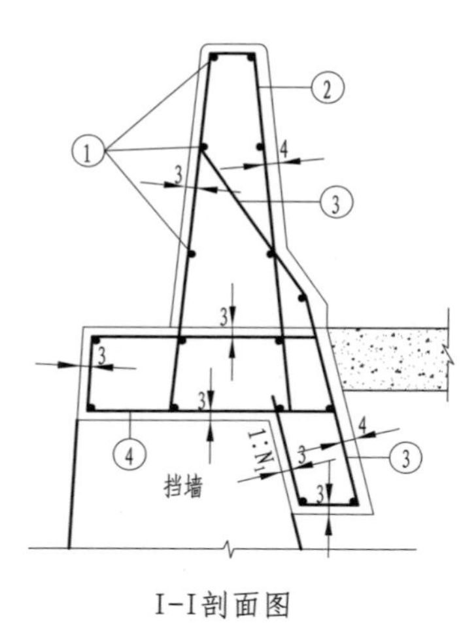

I-I剖面图

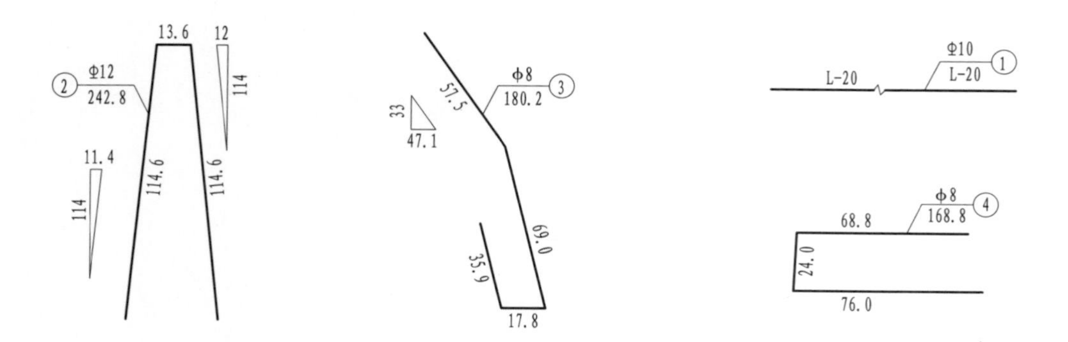

说明：
1. 本图尺寸除钢筋直径以mm计外，其余均以cm为单位。
2. 护栏及护栏基础均采用C25混凝土浇筑。
3. 护栏除迎撞面的钢筋保护层厚度为4cm，其余均为3cm。
4. 3号钢筋长度根据N_1确定，图中按N_1取值0.25计算。
5. L为现浇段长度，为15～30m，本图取值25m。

图 7-34　SB 级混凝土护栏设计图（二）

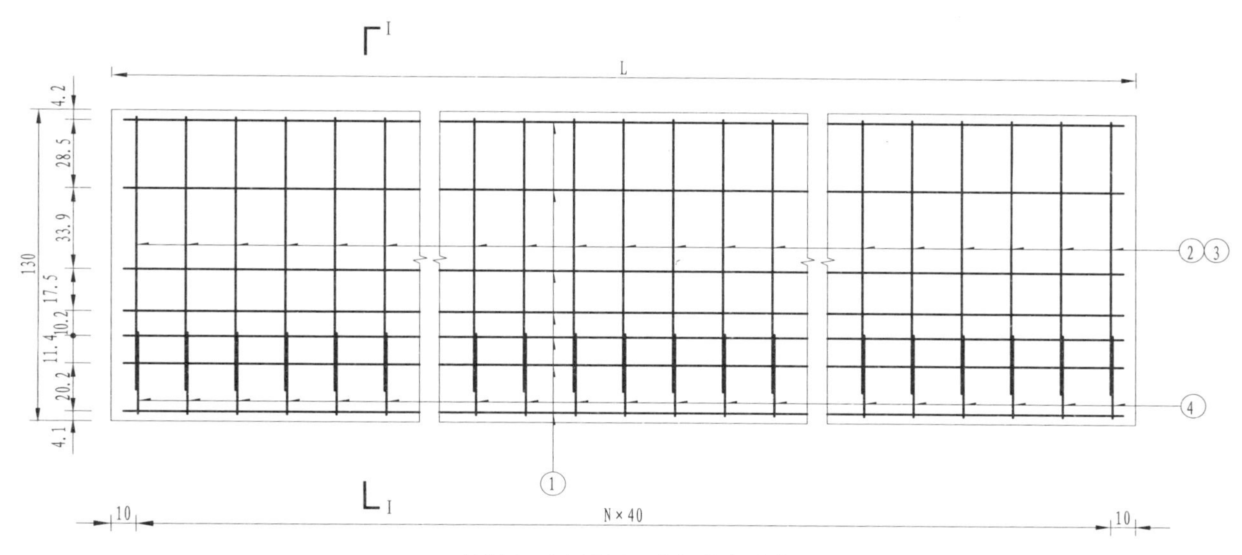

护栏立面布置图（常规填方路段）

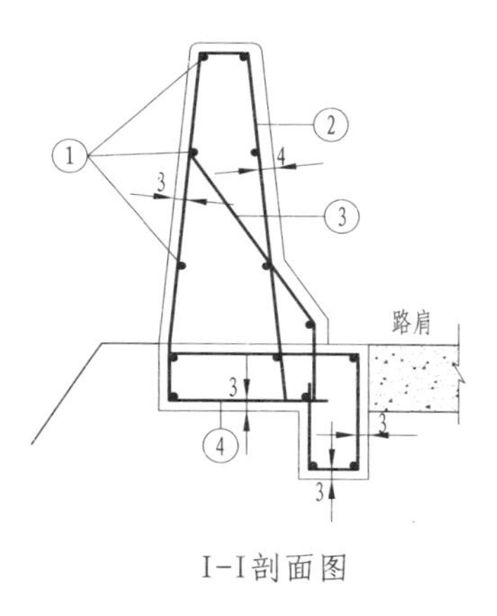

I-I剖面图

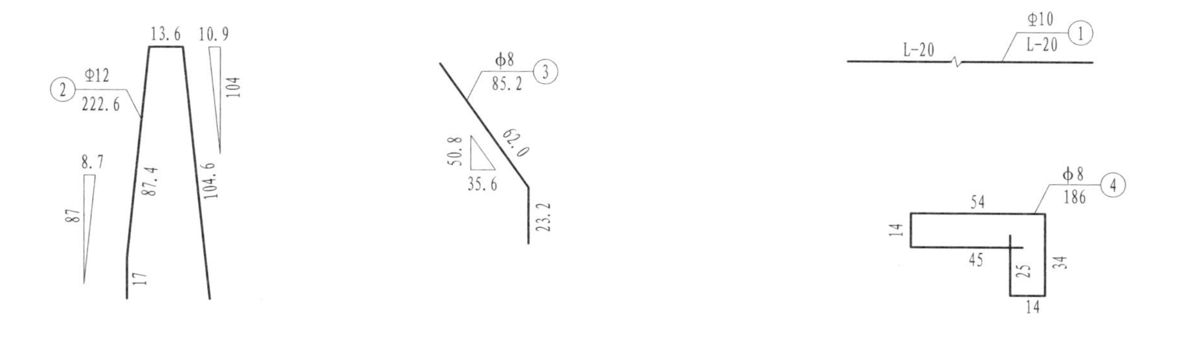

说明:
1. 本图尺寸除钢筋直径以mm计外，余均以cm为单位。
2. 4号钢筋和2号钢筋间的连接采用双面焊，焊缝长度不小于90mm，其余钢筋间的连接为绑扎。
3. 护栏及护栏基础均采用C25混凝土浇筑。
4. 护栏除迎撞面的钢筋保护层厚度为4cm，其余均为3cm。
5. 防撞护栏分段现浇长度为15～30m，本图取值为25m。
6. 1号与4号钢筋采用双面焊接，其余钢筋绑扎连接。

图7-35　SB级混凝土护栏设计图（三）

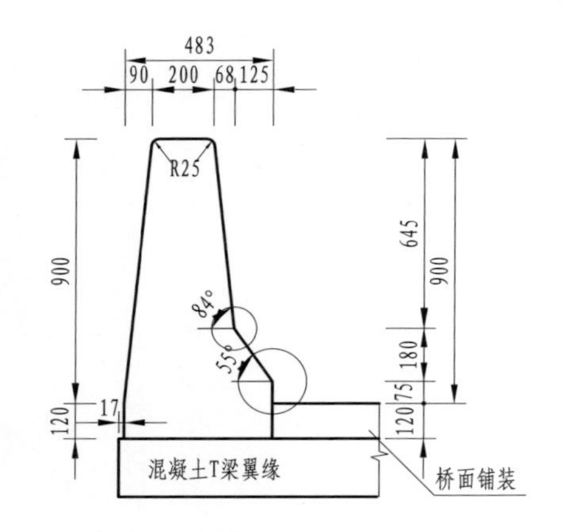

混凝土防撞护栏立面图

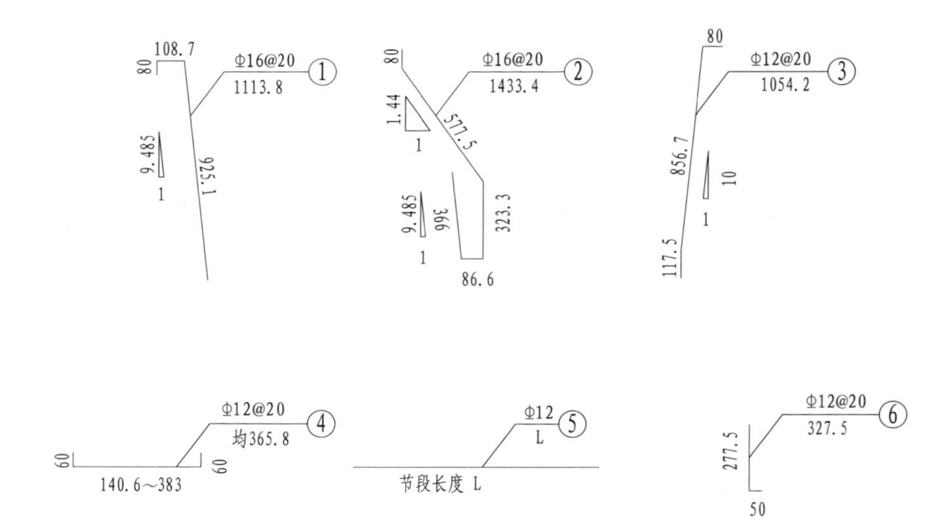

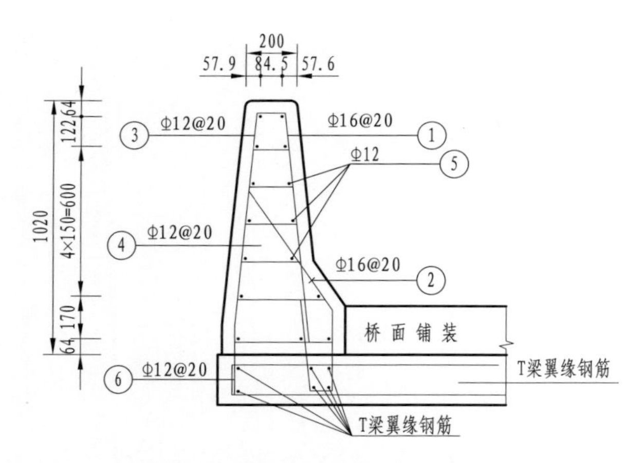

混凝土防撞护栏立面钢筋构造图

图 7-36　桥梁防撞护栏设计图（一）

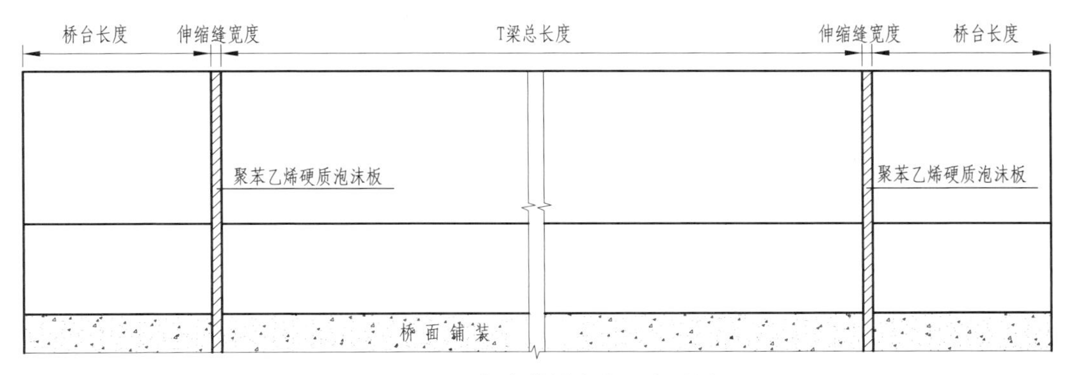

混凝土护栏内表面立面图

混凝土护栏材料数量表(每10延米)

钢筋编号	直径/mm	每根长/mm	根数	共长/m	单位重/(kg/m)	共重/kg
N1	Φ16	1113.8	50	55.7	1.580	88.0
N2	Φ16	1433.4	50	71.7	1.580	113.3
N3	Φ12	1054.2	50	52.7	0.888	46.8
N4	Φ12	365.8	300	109.7	0.888	97.4
N5	Φ12	10000	15	150.0	0.888	133.2
N6	Φ12	327.5	50	16.4	0.888	14.6
HRB335钢筋：493.3kg C30混凝土：3.4m³						

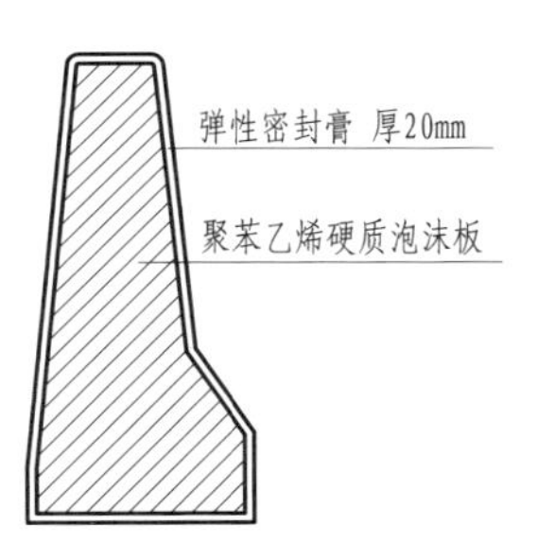

图 7-37 桥梁防撞护栏设计图（二）

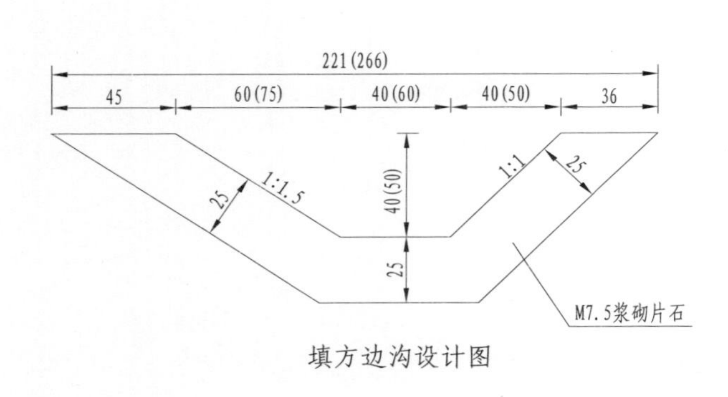

填方边沟设计图

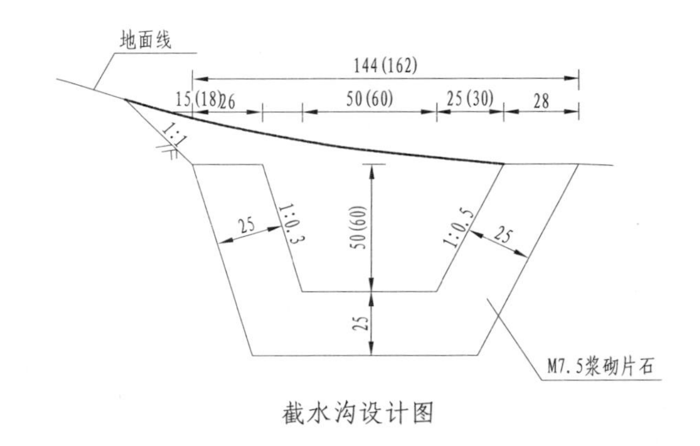

截水沟设计图

说明：

1. 本图尺寸除直径以mm计外，余均以cm为单位，m为边坡坡率。
2. 边沟每10m设置一道伸缩缝，缝内用沥青麻絮填塞。
3. 路堤边沟两侧填土必须夯实，其压实度应在85%以上。
4. 填方边沟设计图中括号外的尺寸适用于（40+60+40+40）×40断面的边沟，括号内的尺寸使用于（60+75+60+50）×50断面的边沟。
5. 截水沟设计图中括号外的尺寸适用于（50+15+50+25）×50断面的边沟，括号内的尺寸使用于（60+18+60+30）×60断面的边沟。
6. 本排水结构标准设计图中可根据当地雨水量的大小采用不同的设计断面，对于缺少石材的地区，填方边沟和截水沟的材料可采用C25混凝土。
7. 参考《公路排水设计规范》（JTG/T D33—2012），设计降雨的重现期为3年。

图 7-38　路基、路面排水工程设计图（一）

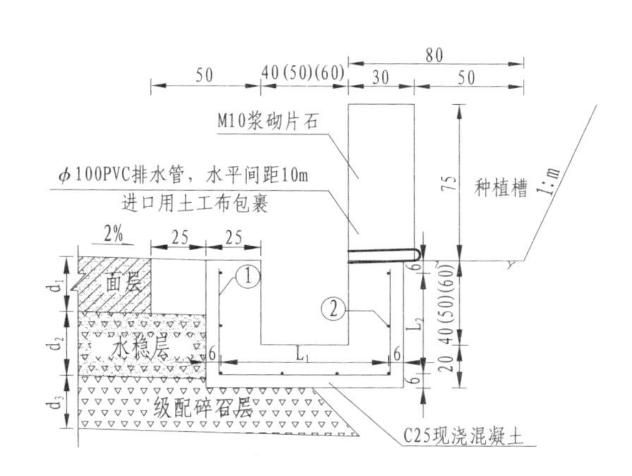

挖方边沟设计图（Ⅰ型）

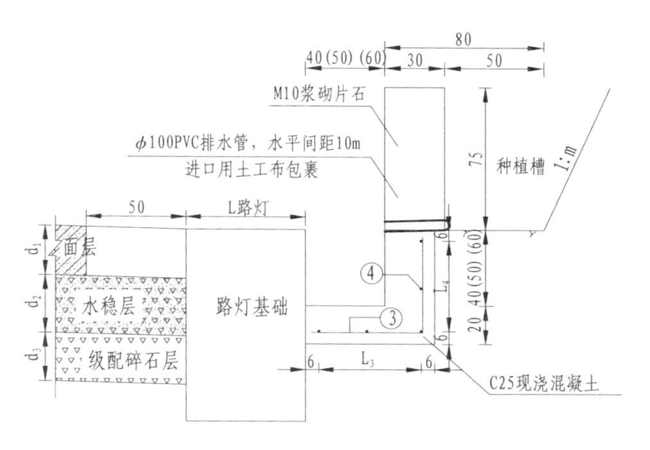

挖方边沟设计图（Ⅱ型）

挖方边沟参数表

项目	边沟	40×40 /（cm×cm）	50×50 /（cm×cm）	60×60 /（cm×cm）
挖方Ⅰ型边沟	L_1	26×3	22×4	24.5×4
	L_2	24×2	19.3×2+19.4	22.7×2+22.6
挖方Ⅱ型边沟	L_3	2×26.5	21×3	24.3×2+24.4
	L_4	24×2	19.3×2+19.4	22.7×2+22.6

说明：
1. 本图尺寸除直径以mm计外，余均以cm为单位，m为边坡坡率。
2. 边沟每10m设置一道伸缩缝，缝内用沥青麻絮填塞。
3. 路堤边沟两侧填土必须夯实，其压实度应在85%以上。
4. d_1、d_2、d_3和d_4为路面结构厚度。
5. 本通用设计中列出了40cm×40cm、50cm×50cm和60cm×60cm的挖方边沟。
6. 电缆沟的设计尺寸详见工艺设计图册。

图7-39 路基、路面排水工程设计图（二）

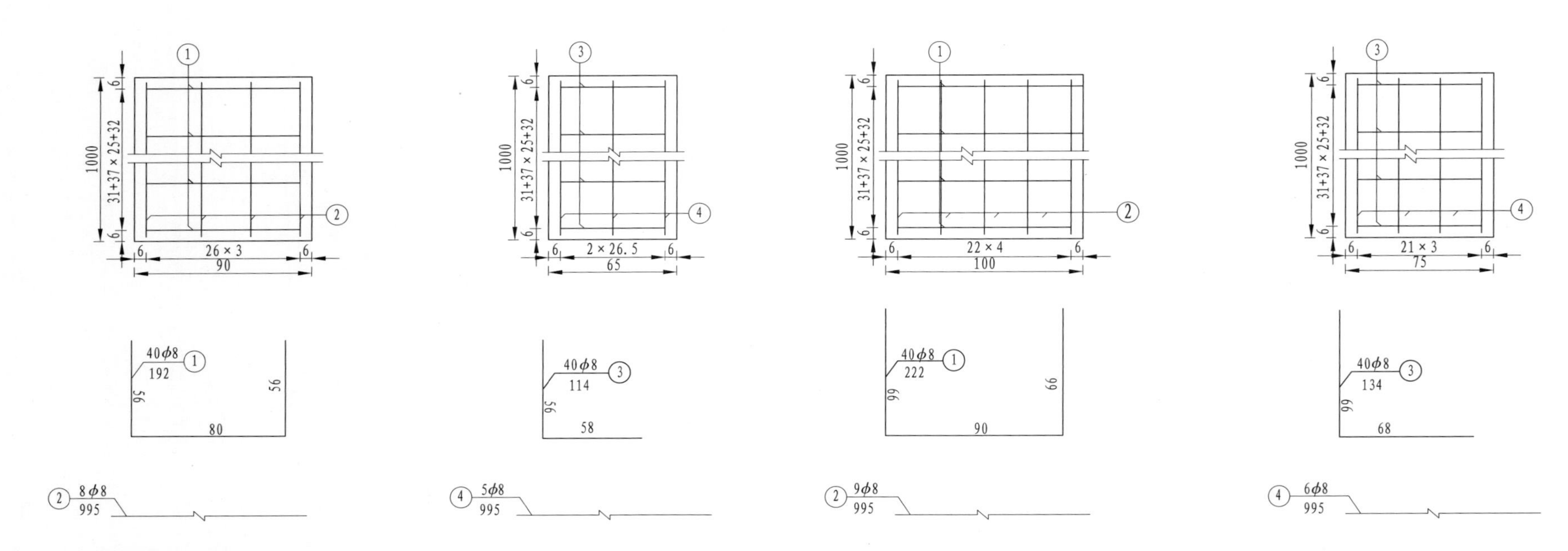

挖方边沟底部配筋图(40cm×40cm)(Ⅰ型)　挖方边沟底部配筋图(40cm×40cm)(Ⅱ型)　挖方边沟底部配筋图（50cm×50cm）(Ⅰ型)　挖方边沟底部配筋图（50cm×50cm）(Ⅱ型)

说明：本图尺寸除直径以mm计外，余均以cm为单位。

图 7-40　路基、路面排水工程设计图（三）

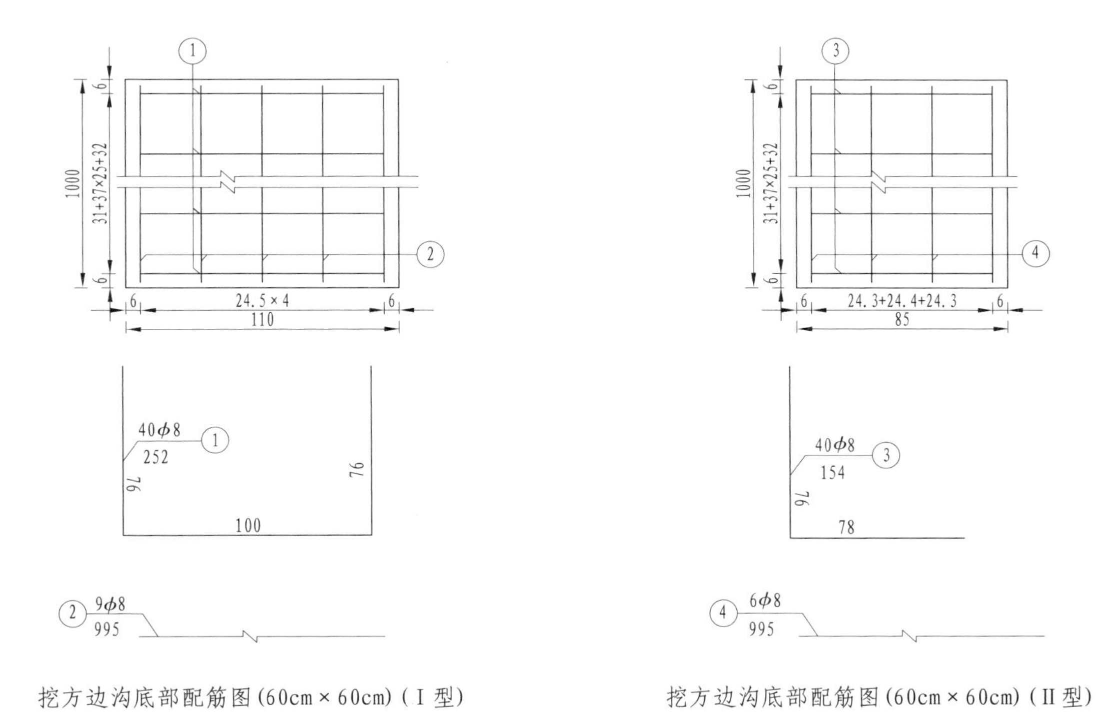

挖方边沟底部配筋图(60cm×60cm)(Ⅰ型)

挖方边沟底部配筋图(60cm×60cm)(Ⅱ型)

说明：本图尺寸除直径以mm计外，余均以cm为单位。

图 7-41 路基、路面排水工程设计图(四)

边沟流量表　　单位：m/s³

边沟形式	边沟尺寸/cm	排水沟坡度				
		1%	2%	3%	4%	5%
填方边沟	(40+60+40+40)×40	0.514	0.727	0.891	1.029	1.15
	(60+75+60+50)×50	1.042	1.474	1.805	2.084	2.33
挖方边沟	40×40	0.278	0.394	0.482	0.557	0.623
	50×50	0.505	0.714	0.874	1.01	1.129
	60×60	0.821	1.161	1.422	1.642	1.835

每10m边沟工程数量表

边沟(路肩)形式	边沟尺寸/cm	M7.5浆砌片石/m³	C25混凝土/m³	挖基土方/m³	钢筋/kg
填方边沟	(40+60+40+40)×40	5.45		9.05	
	(60+75+60+50)×50	6.75		12.875	
挖方Ⅰ型边沟	40×40		3.8	5.4	61.778
	50×50		4.5	7	70.45
	60×60		5.2	8.8	75.2
挖方Ⅱ型边沟	40×40		2.3	3.9	37.663
	50×50		2.75	5.25	44.75
	60×60		3.2	6.8	47.92
截水沟	(50+15+50+25)×50	5.05		8.55	
	(60+18+60+30)×60	5.844		10.88	

说明：本图尺寸以cm为单位。

图7–42　路基、路面排水工程设计图（五）

7.6 图片样例

道路护栏及排水沟如图 7-43 ～图 7-46 所示。

图 7–43　路侧波形护栏

图 7–44　路侧混凝土护栏

图 7–45　桥梁防撞护栏

图 7–46　排水沟

第8章 出 线 设 计

8.1 设计依据

（1）《混凝土结构设计规范》（GB 50010—2010）。

（2）《水利水电工程设计防火规范》（SDJ 278—1990）。

（3）《水工混凝土结构设计规范》（DL/T 5057—2009）。

（4）国网新源控股有限公司《抽水蓄能电站工程通用设计工作方案》。

8.2 设计原则

设计方案拟定时主要考虑以下原则。

（1）功能优先原则。出线设计时首要满足出线系统布置的功能需求。

（2）简洁通用原则。设计方案须体现简洁性，用最简单的设计语言进行展现，并在一定区域内具备通用性。

（3）经济实用原则。方案设计要经济实用，因地制宜，选择与枢纽整体布置相适宜的出线设计方案。

（4）施工方便原则。设计方案需考虑施工因素，采用常规、成熟的施工方案和工艺。

8.3 设计条件及要求

8.3.1 设计条件

地下主变洞与地面开关站之间采用高压电缆（一般为500kV）连接，高压电缆按两回、三回分别设计。出线采用斜井（水平角度宜控制在30°以内）或竖井的布置方式，出线竖井按一级竖井考虑，高度控制在250m以内。出线斜井内电缆沟净尺寸、盖板及沟内桥架固定方式设计详见《沟道及盖板施工工艺设计细则》。

根据《水工建筑物地下工程开挖施工技术规范》（DLT 5099—2011），当洞轴线与水平面的夹角 $\alpha \leqslant 6°$ 时为平洞，$6° < \alpha < 75°$ 时为斜井，$75° \leqslant \alpha \leqslant 90°$ 时为竖井。本通用设计中关于斜井和竖井作如下简化处理：对斜井和平洞不作区分，$\alpha \leqslant 30°$ 时统称为斜井，竖井专指 $\alpha=90°$ 的垂直竖井。

8.3.2 设计要求

出线系统是连接地下主变洞和地面开关站的重要通道，出线系统的合理设计关乎电力的顺利送出及消纳。

出线设计首先要满足功能性要求，需满足高压电缆、低压电缆及相关辅助设施的布置需要；其次方案设计要简洁通用、经济实用和施工方便。

8.4 设计方案

8.4.1 两回出线

8.4.1.1 出线斜井

出线斜井按是否布置中低压控制电缆相应布置方案。

8.4.1.1.1 *方案设计说明*

（1）布置中低压电缆，上下分隔。开挖断面为圆拱直墙的城门洞型，开挖断面5m×7m，内部断面上、下分隔，下部为500kV出线道，两回高压电缆分置于出线道两侧衬砌上，上部在左右分隔为交通道和排风排烟道，中低压电缆沟布置在交通道内。500kV出线道采用钢筋混凝土衬砌，两侧墙衬砌厚300mm，顶板厚200mm，底板采用素混凝土，厚250mm，两侧设置排水沟，沟宽300mm，沟底采用M7.5水泥砂浆抹面。500kV出线道内部需设置防火隔断，通过砖墙、防火阀、防火门实现防火隔断，防火隔断间距以不大于100m控制。上部交通道和排风排烟道之间采用轻质隔墙分隔，隔墙及排风排烟道侧底板上布置排风孔，风孔尺寸分别为1300mm×550mm、1300mm×650mm，间距以不大于100m控制。出线道顶板两侧设置排水沟，宽150mm，深100mm，沟内水体通过在衬砌内预埋DN100钢管接引至出线道两侧排水沟内。在出线道和交通道内，间隔40m配置3具手提式干粉灭火器。两回出线斜井上下分隔典型断面布置方案1见图8-1，具体工程可结合布置需要自行调整相关尺寸。

（2）布置中低压电缆，左右分隔。开挖断面为圆拱直墙的城门洞型，开挖断面5m×4.5m，出线斜井内部断面左、右分隔为500kV出线道和交通道，两回高压电缆置于出线道一侧衬砌墙上，中低压电缆沟布置在交通道内，交通道上方布置排风排烟管（可根据消防部门审查意见决定是否需要设置），用于交通道的日常通风以及出线道的事故排烟。500kV出线道内部需设置防火隔断，通过砖墙、防火阀、防火门实现防火隔断，防火隔断间距按不超过100m控制。全断面采用钢筋混凝土衬砌，衬砌厚300mm，底板采用素混凝土，厚250mm，两侧设置排水沟，沟宽300mm，沟底采用M7.5水泥砂浆抹面。在出线道和交通道内，间隔40m配置3具手提式干粉灭火器。两回出线斜井左右分隔典型断面布置方案1见图8-2，具体工程可结合布置需要自行调整相关尺寸。

（3）没有中低压电缆，上下分隔。开挖断面为圆拱直墙的城门洞型，开挖断面5m×6.5m，内部断面上、下分隔，下部为500kV出线道，两回高压电缆分置于出线道两侧衬砌上，上部为排风排烟道。500kV出线道采用钢筋混凝土衬砌，两侧墙衬砌厚300mm，顶板厚200mm，底板采用素混凝土，厚250mm，两侧设置排水沟，沟宽300mm，沟底采用M7.5水泥砂浆抹面。500kV出线道内部需设置防火隔断，通过砖墙、防火阀、防火门实现防火隔断，防火隔断间距以不大于100m控制。出线道顶板上设置1300mm×550mm的出线道排风孔，间距以不大于100m控制。同时，顶板两侧设置排水沟，宽150mm，深100mm，沟内水体通过在衬砌内预埋DN100钢管接引至出线道两侧排水沟内。在出线道和交通道内，间隔40m配置3具手提式干粉灭火器。两回出线斜井上下分隔典型断面布置方案2见图8-3，具体工程可结合布置需要自行调整相关尺寸。

（4）没有中低压电缆，左右分隔。出线斜井内部左右分割为出线道和排风排烟道，两回高压电缆分置于出线道两侧衬砌上。500kV出线道内部需设置防火隔断，通过砖墙、防火阀、防火门实现防火隔断，防火隔断间距以不大于100m控制。开挖断面为圆拱直墙的城门洞型，开挖断面4m×4.5m，采用钢筋混凝土衬砌，两侧墙衬砌厚300mm，底板采用素混凝土，厚250mm，两侧设置排水沟，沟宽300mm，沟底采用M7.5水泥砂浆抹面。在出线道和交通道内，间隔40m配置3具手提式干粉灭火器。两回出线斜井左右分隔典型断面布置方案2见图8-4，具体工程可结合布置需要自行调整相关尺寸。

8.4.1.1.2 *主要材料说明*

钢筋混凝土：衬砌、隔板混凝土强度等级C25F50；

素混凝土：底板混凝土强度等级C20F50；

喷混凝土：喷素混凝土，厚100mm，强度等级C25；

水泥砂浆：排水沟摸底及砖墙抹面砂浆强度等级M7.5；

砌体：烧结普通砖，强度等级M7.5；

排水管：DN100排水钢管；

钢材：钢板及型钢选用Q235级钢，不锈钢选用奥氏体不锈钢（12Cr18Ni9）。

8.4.1.1.3 *使用说明*

适用于抽水蓄能电站两回出线，500kV出线斜井内部布置设计。各典型开挖断面衬砌厚度适用于围岩类别为Ⅱ、Ⅲ类的情况。

8.4.1.2 出线竖井

两回出线，出线竖井根据高压电缆的进线方式，按一侧进线和两侧进线各布置一套方案。一侧进线和两侧进线方案再根据断面型式，按照四角倒圆断面和圆形断面各设计一套方案。

8.4.1.2.1 *方案设计说明*

（1）一侧进线。

1）方形四角倒圆断面1。竖井开挖断面为10.2m×9.4m，四角导圆半径为2.9m，衬砌厚度为500mm。竖井内部布置有500kV电缆井、电梯井、楼梯间、中低压电缆井、送风井、排风井。两回500kV电缆单独布置，便于高压电缆从一侧进入竖井，两高压电缆井紧邻布置在竖井一侧。500kV竖井每层均需设置防火封堵。

在竖井每层配置2具手提式干粉灭火器。如在竖井某层有对外的交通廊道，则在此层配置1套室内消火栓和2具手提式干粉灭火器。竖井通风按照电缆井每层竖向设置防火封堵隔断来考虑，每个电缆井分别设置送、排风道，进行机械通风，通风系统兼做事故后排烟。楼梯间仅设置送风系统进行机械通风。通风井的面积按照电缆道风量及竖井高度综合确定。两回出线竖井典型断面布置方案1见图8-5，具体工程可结合布置需要自行调整相关尺寸，或调整竖井布置方位。

2）方形四角倒圆断面2。竖井开挖断面为9m×9m，四角导圆半径为2.6m，衬砌厚度为500mm。竖井内部布置有500kV电缆井、电梯井、楼梯间、中低压电缆井、送风井、排风井。两回500kV电缆布置在一个电缆井内，两回高压电缆之间采用防火材料做简单、不完全隔断。500kV竖井每层均需设置防火封堵。

在竖井每层配置2具手提式干粉灭火器。如在竖井某层有对外的交通廊道，则在此层配置1套室内消火栓和2具手提式干粉灭火器。竖井通风按照电缆井每层竖向设置防火封堵隔断来考虑，每个电缆井分别设置送、排风道，进行机械通风，通风系统兼做事故后排烟。楼梯间仅设置送风系统进行机械通风。通风井的面积按照电缆道风量及竖井高度综合确定。两回出线竖井典型断面布置方案2见图8-6，具体工程可结合布置需要自行调整相关尺寸，或调整竖井布置方位。

3）圆形断面。竖井开挖断面直径为11.2m，衬砌厚度为500mm。竖井内部格局划分及布置同1）方形四角倒圆断面1。两回出线竖井典型断面布置方案3见图8-7，具体工程可结合布置自行调整相关尺寸，或调整竖井布置方位。

（2）两侧进线。

1）方形四角倒圆断面。竖井开挖断面为10.2m×9.4m，四角导圆半径为2.9m，衬砌厚度为500mm。竖井内部布置有500kV电缆井、电梯井、楼梯间、中低压电缆井、送风井、排风井。为便于高压电缆从两侧进入竖井，竖井内两个500kV电缆井布置在竖井两侧。500kV竖井每层均需设置防火封堵。在竖井每层配置2具手提式干粉灭火器。如在竖井某层有对外的交通廊道，则在此层配置1套室内消火栓和2具手提式干粉灭火器。竖井通风按照电缆井每层竖向设置防火封堵隔断来考虑，每个电缆井分别设置送、排风道，进行机械通风，通风系统兼做事故后排烟。楼梯间仅设置送风系统进行机械通风。通风井的面积按照电缆道风量及竖井高度综合确定。两回出线竖井典型断面布置方案4见图8-8，具体工程可结合布置需要自行调整相关尺寸，或调整竖井布置方位。

2）圆形断面。竖井开挖断面直径为11.2m，衬砌厚度为500mm。竖井内部格局划分及布置同方形四角倒圆断面。两回出线竖井典型断面布置方案5见图8-9，具体工程，可结合布置需要自行调整相关尺寸，或调整竖井布置方位。

8.4.1.2.2　*主要材料说明*

钢筋混凝土：衬砌、隔板混凝土强度等级C25F50；

素混凝土：底板混凝土强度等级C20F50；

喷混凝土：喷素混凝土，厚100mm，强度等级C25；

水泥砂浆：排水沟摸底及砖墙抹面砂浆强度等级M7.5；

砌体：烧结普通砖，强度等级M7.5；

排水管：DN100排水钢管；

钢材：钢板及型钢选用Q235级钢，不锈钢选用奥氏体不锈钢（12Cr18Ni9）。

8.4.1.2.3　*使用说明*

出线竖井适用于抽水蓄能电站两回出线，500kV出线竖井内部布置设计。各典型开挖断面衬砌厚度适用于围岩类别为Ⅱ、Ⅲ类的情况。

8.4.2　三回出线

8.4.2.1　出线斜井

出线斜井按是否布置中低压控制电缆相应布置设计方案。

8.4.2.1.1　方案设计说明

（1）布置中低压电缆，上下分隔。开挖断面为圆拱直墙的城门洞型，开挖断面 5m×7.5m，内部断面上、下分隔，下部为 500kV 出线道，三回高压电缆分置于出线道两侧衬砌、底板上，上部在左右分隔为交通道和排风排烟道，中低压电缆沟布置在交通道内。500kV 出线道采用钢筋混凝土衬砌，两侧衬砌及顶板厚 300mm，底板采用素混凝土，厚 250mm，两侧设置排水沟，沟宽 300mm，沟底采用 M7.5 水泥砂浆抹面。500kV 出线道内部需设置防火隔断，通过砖墙、防火阀、防火门实现防火隔断，防火隔断间距按不超过 100m 控制。上部交通道和排风排烟道之间采用轻质隔墙分隔，隔墙及排风排烟道底板上布置排风孔，风孔尺寸分别为 1300m×550mm、1300m×650mm，间距按不大于 100m 控制。

出线道顶板两侧设置排水沟，宽 150mm，深 100mm，沟内水体通过在衬砌内预埋 DN100 钢管接引至出线道两侧排水沟内。在出线道和交通道内，间隔 40m 配置 3 具手提式干粉灭火器。三回出线斜井上下分隔典型断面布置方案 1 见图 8-10，具体工程可结合布置需要自行调整相关尺寸。

（2）布置中低压电缆，左右分隔。出线斜井内部断面左、右分隔为 500kV 出线道和交通道，三回高压电缆置于出线道两侧混凝土墙上，中低压电缆沟布置在交通道内，交通道上方布置排风排烟管（可根据消防部门审查意见决定是否需要设置），用于交通道的日常通风以及出线道的事故排烟。500kV 出线道内部需设置防火隔断，通过砖墙、防火阀、防火门实现防火隔断，防火隔断间距按不超过 100m 控制。开挖断面为圆拱直墙的城门洞型，开挖断面 6m×4.5m，全断面采用钢筋混凝土衬砌，衬砌厚 300mm，底板采用素混凝土，厚 250mm，两侧设置排水沟，沟宽 300mm，沟底采用 M7.5 水泥砂浆抹面。在出线道和交通道内，间隔 40m 配置 3 具手提式干粉灭火器。三回出线斜井左右分隔典型断面布置方案 1 见图 8-11，具体工程可结合布置需要自行调整相关尺寸。

（3）没有中低压电缆，上下分隔。开挖断面通常为圆拱直墙的城门洞型，开挖断面 5.0m×7.0m，内部断面上、下分隔，下部为 500kV 出线道，三回高压电缆分置于出线道两侧衬砌、底板上，上部为排风排烟道。500kV 出线道采用钢筋混凝土衬砌，两侧衬砌及顶板厚 300mm，底板采用素混凝土，厚 250mm，两侧设置排水沟，沟宽 300mm，沟底采用 M7.5 水泥砂浆抹面。500kV 出线道内部需设置防火隔断，通过砖墙、防火阀、防火门实现防火隔断，防火隔断间距按不超过 100m 控制。出线道顶板上设置 1300mm×550mm 的出线道排风孔，间距按不大于 100m 控制。同时，顶板两侧设置排水沟，宽 150mm，深 100mm，沟内水体通过在衬砌内预埋 DN100 钢管接引至出线道两侧排水沟内。在出线道和交通道内，间隔 40m 配置 3 具手提式干粉灭火器。三回出线斜井上下分隔典型断面布置方案 2 见图 8-12，具体工程可结合布置需要自行调整相关尺寸。

（4）没有中低压电缆，左右分割。出线斜井内部仅布置 500kV 电缆，左右分割为出线道和排风排烟道，三回高压电缆分置于出线道两侧衬砌上。开挖断面为圆拱直墙的城门洞型，开挖断面 6m×4.5m，采用钢筋混凝土衬砌，两侧墙衬砌厚 300mm，底板采用素混凝土，厚 250mm，两侧设置排水沟，沟宽 300mm，沟底采用 M7.5 水泥砂浆抹面。500kV 出线道内部需设置防火隔断，通过砖墙、防火阀、防火门实现防火隔断，防火隔断间距按不超过 100m 控制。在出线道和交通道内，间隔 40m 配置 3 具手提式干粉灭火器。三回出线斜井左右分隔典型断面布置方案 2 见图 8-13，具体工程可结合布置自行调整相关尺寸。

8.4.2.1.2　主要材料说明

钢筋混凝土：衬砌、隔板混凝土强度等级 C25F50；

素混凝土：底板混凝土强度等级 C20F50；

喷混凝土：喷素混凝土，厚 100mm，强度等级 C25；

水泥砂浆：排水沟摸底及砖墙抹面砂浆强度等级 M7.5；

砌体：烧结普通砖，强度等级 M7.5；

排水管：DN100 排水钢管；

钢材：钢板及型钢选用 Q235 级钢，不锈钢选用奥氏体不锈钢（12Cr18Ni9）。

8.4.2.1.3　使用说明

出线斜井适用于抽水蓄能电站三回出线，500kV 出线斜井内部布置设计。各典型开挖断面衬砌厚度适用于围岩类别为Ⅱ、Ⅲ类的情况。

8.4.2.2 出线竖井

三回出线，出线竖井根据高压电缆的进线方式，按两侧进线考虑。根据断面型式，按照四角倒圆断面和圆形断面各设计一套方案。

8.4.2.2.1 方案设计说明

（1）两侧进线，方形四角倒圆断面1。竖井开挖断面为10.2m×9.4m，四角导圆半径为2.9m，衬砌厚度为500mm。竖井内部布置有500kV电缆井、电梯井、楼梯间、中低压电缆井、送风井、排风井。三回500kV高压电缆独立布置在三个电缆井内，高压电缆从两侧进线。500kV竖井每层均需设置防火封堵。在竖井每层配置2具手提式干粉灭火器。如在竖井某层有对外的交通廊道，则在此层配置1套室内消火栓和2具手提式干粉灭火器。

竖井通风按照电缆井每层竖向设置防火封堵隔断来考虑，每个电缆井分别设置送、排风道，进行机械通风，通风系统兼做事故后排烟。楼梯间仅设置送风系统进行机械通风。通风井的面积按照电缆道风量及竖井高度综合确定。三回出线竖井典型断面布置方案1见图8-14，具体工程可结合布置需要自行调整相关尺寸，或调整竖井布置方位。

（2）两侧进线，方形四角倒圆断面2。竖井开挖断面为11m×10m，四角导圆半径为2.4m，衬砌厚度为500mm。竖井内部布置有500kV电缆井、电梯井、楼梯间、中低压电缆井、通风竖井、通风孔。500kV竖井每层均需设置防火封堵。

在竖井每层配置2具手提式干粉灭火器。竖井通风按照电缆井每层竖向设置防火封堵隔断来考虑，每个电缆井分别设置送、排风道，进行机械通风，通风系统兼做事故后排烟。楼梯间及电梯前室设置正压送风系统。通风井的面积按照电缆道风量及竖井高度综合确定。三回出线竖井典型断面布置方案2见图8-15，具体工程可结合布置需要自行调整相关尺寸，或调整竖井布置方位。

（3）两侧进线，圆形断面。竖井开挖断面直径为11.2m，衬砌厚度为500mm。竖井内部格局划分及布置同方形四角倒圆断面1。三回出线竖井典型断面布置方案2见图8-16，具体工程可结合布置需要自行调整相关尺寸，或调整竖井布置方位。

8.4.2.2.2 主要材料说明

钢筋混凝土：衬砌、隔板混凝土强度等级C25F50；

素混凝土：底板混凝土强度等级C20F50；

喷混凝土：喷素混凝土，厚100mm，强度等级C25；

水泥砂浆：排水沟摸底及砖墙抹面砂浆强度等级M7.5；

砌体：烧结普通砖，强度等级M7.5；

排水管：DN100排水钢管；

钢材：钢板及型钢选用Q235级钢，不锈钢选用奥氏体不锈钢（12Cr18Ni9）。

8.4.2.2.3 使用说明

出线竖井适用于抽水蓄能电站三回出线，500kV出线竖井内部布置设计。各典型开挖断面衬砌厚度适用于围岩类别为Ⅱ、Ⅲ类的情况。

8.5 施工说明

8.5.1 出线斜井

斜井混凝土施工一般采用常规模板衬砌，边顶拱、中隔墙分开浇筑。如果工期紧张或条件允许也可定制台车进行边顶拱、中隔墙混凝土的施工。

8.5.2 出线竖井

竖井井壁及井内隔墙混凝土采用整体滑模施工，楼梯踏步及板、梁采用场外先预制、后安装的方式施工。竖井典型节点大样见图8-17。

8.6 设计图

设计图目录见表 8-1。

表 8-1　　设计图目录

序号	图　名	图号
1	两回出线斜井上下分隔典型断面布置方案 1	图 8-1
2	两回出线斜井左右分隔典型断面布置方案 1	图 8-2
3	两回出线斜井上下分隔典型断面布置方案 2	图 8-3
4	两回出线斜井左右分隔典型断面布置方案 2	图 8-4
5	两回出线竖井典型断面布置方案 1	图 8-5
6	两回出线竖井典型断面布置方案 2	图 8-6
7	两回出线竖井典型断面布置方案 3	图 8-7
8	两回出线竖井典型断面布置方案 4	图 8-8
9	两回出线竖井典型断面布置方案 5	图 8-9
10	三回出线斜井上下分隔典型断面布置方案 1	图 8-10
11	三回出线斜井左右分隔典型断面布置方案 1	图 8-11
12	三回出线斜井上下分隔典型断面布置方案 2	图 8-12
13	三回出线斜井左右分隔典型断面布置方案 2	图 8-13
14	三回出线竖井典型断面布置方案 1	图 8-14
15	三回出线竖井典型断面布置方案 2	图 8-15
16	三回出线竖井典型断面布置方案 3	图 8-16
17	出线竖井典型节点大样	图 8-17

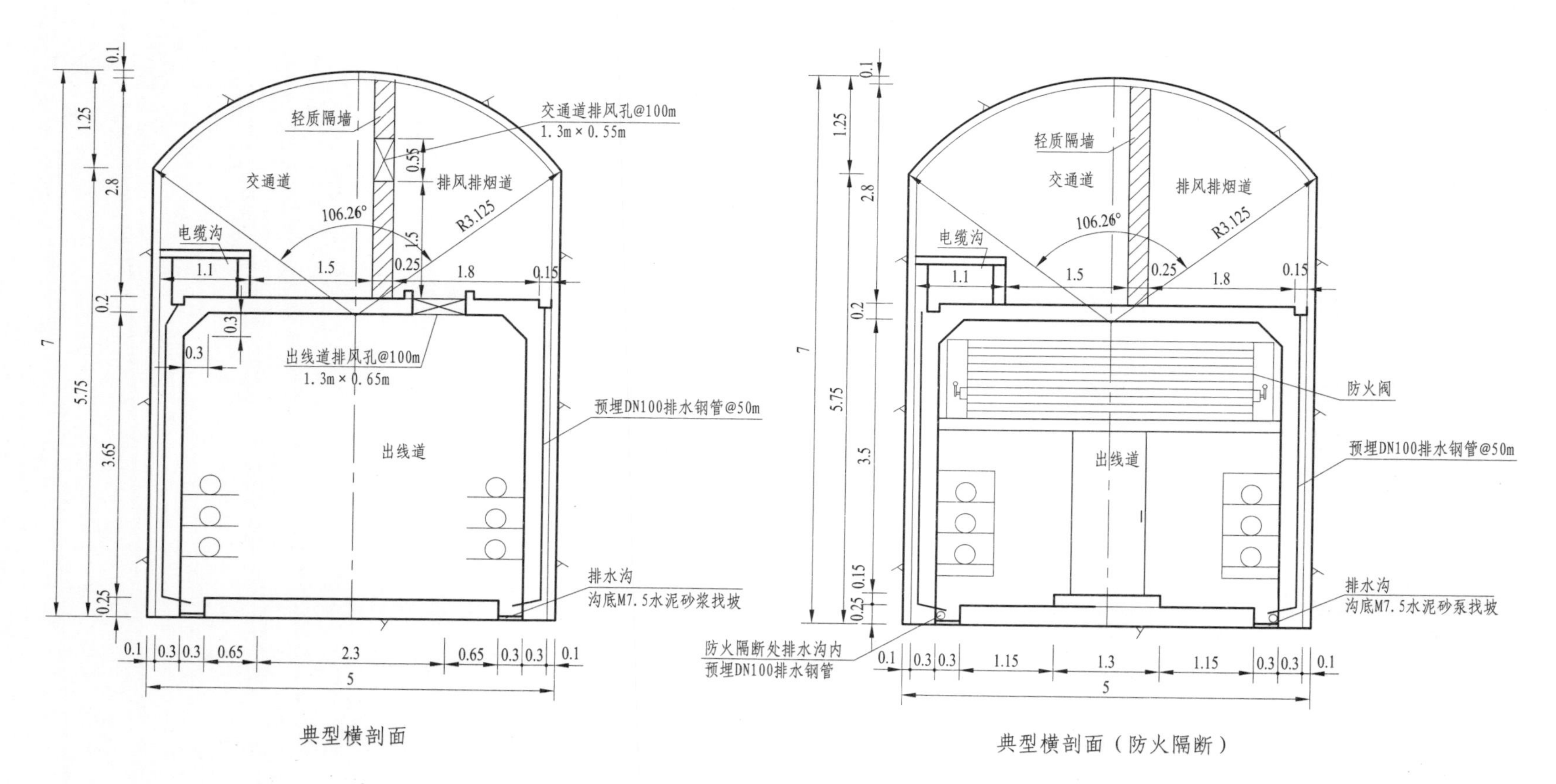

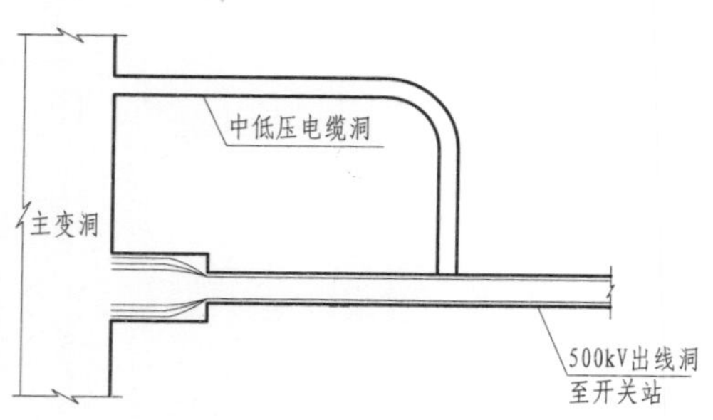

说明：本图尺寸以m为单位。

图 8-1 两回出线斜井上下分隔典型断面布置方案 1

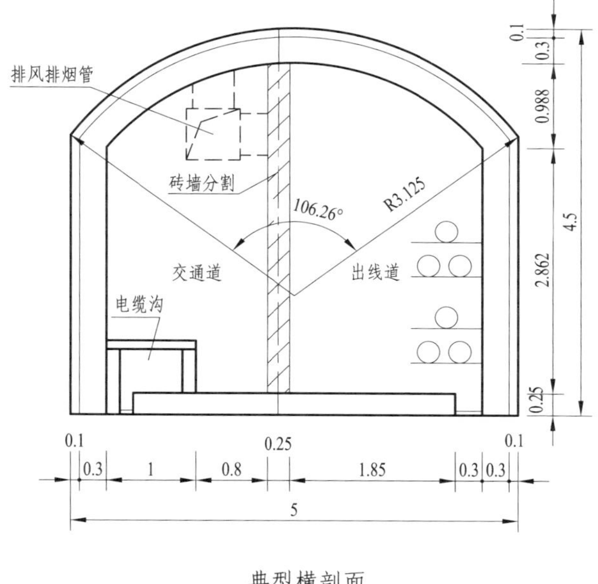

典型横剖面

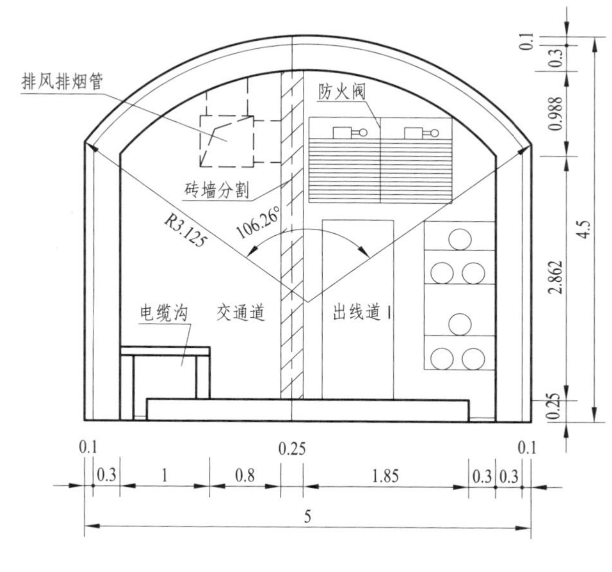

典型横剖面（防火隔断）

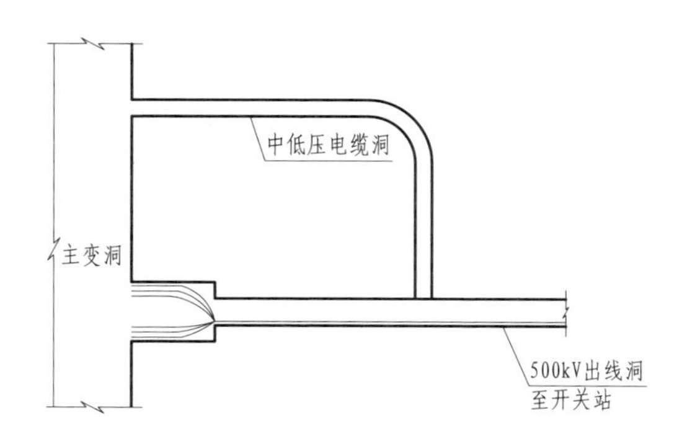

斜井进线方式示意图

说明：本图尺寸以m为单位。

图 8-2　两回出线斜井左右分隔典型断面布置方案 1

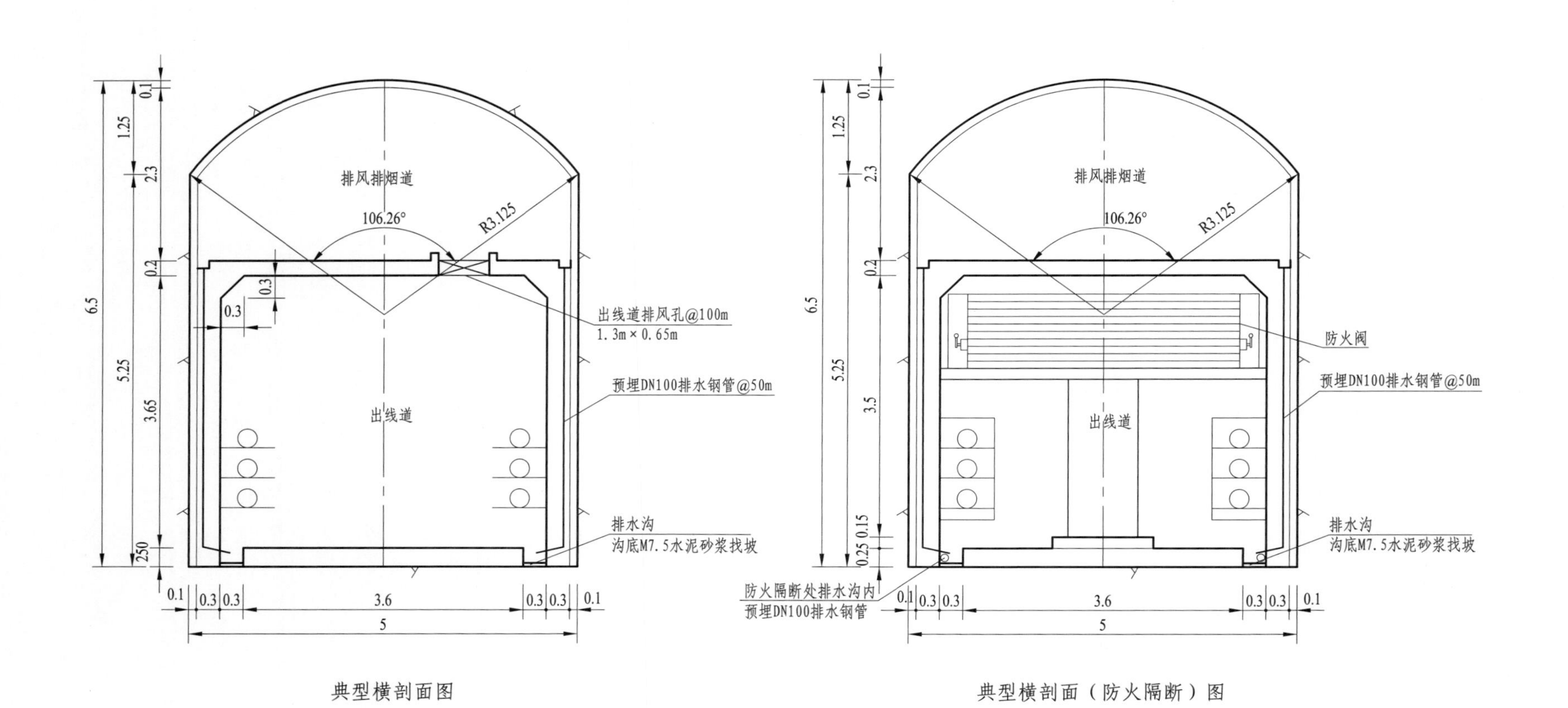

典型横剖面图　　　　典型横剖面（防火隔断）图

500kV出线洞
至开关站
主变洞

斜井进线方式示意图

说明：本图尺寸以m为单位。

图 8-3　两回出线斜井上下分隔典型断面布置方案 2

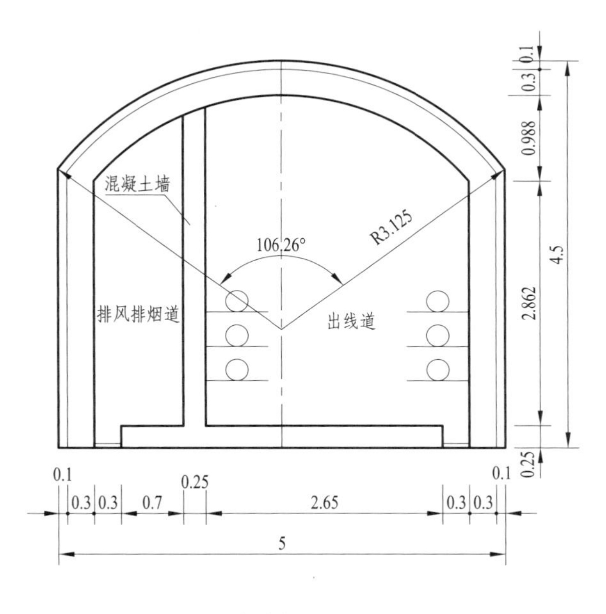

典型横剖面图

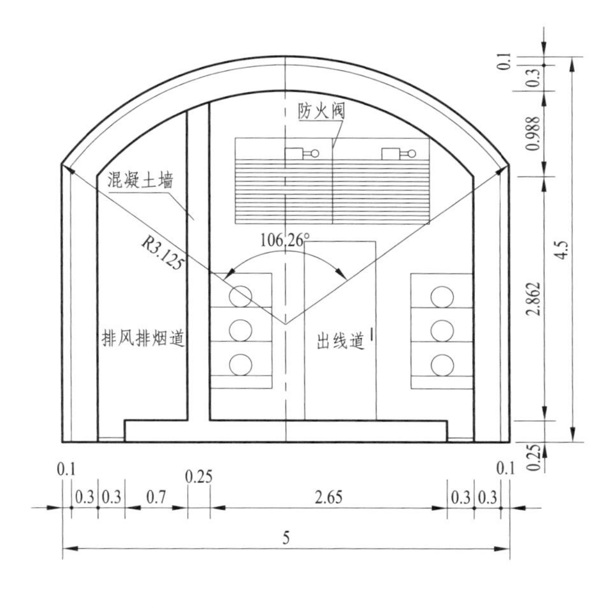

典型横剖面（防火隔断）图

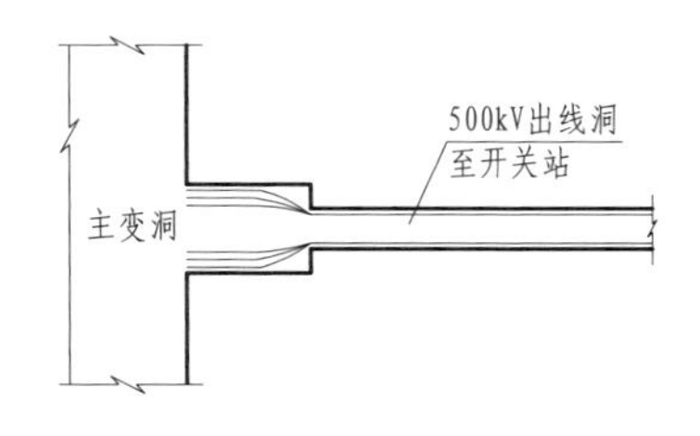

斜井进线方式示意图

说明：本图尺寸以m为单位。

图 8-4　两回出线斜井左右分隔典型断面布置方案 2

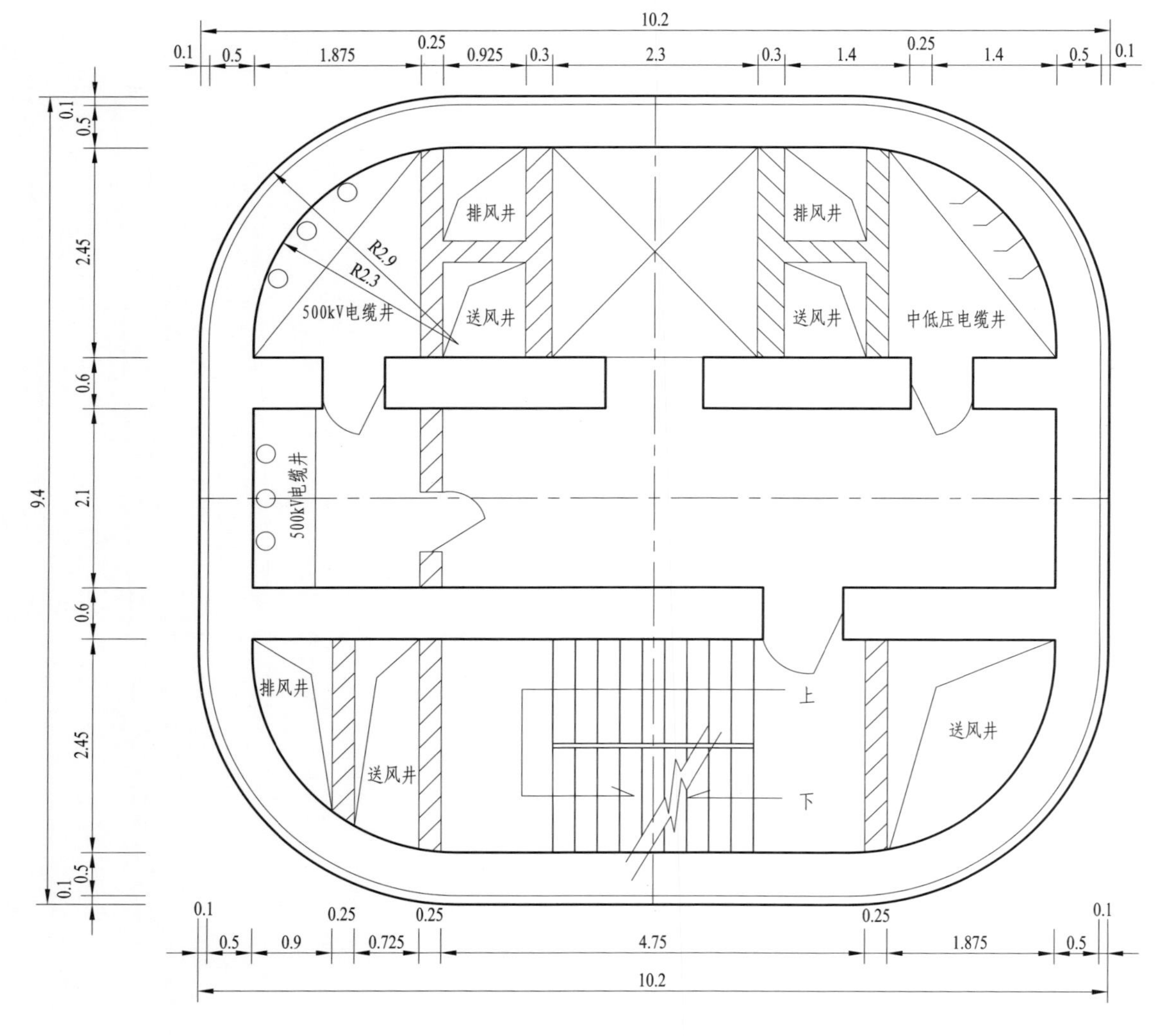

典型断面图

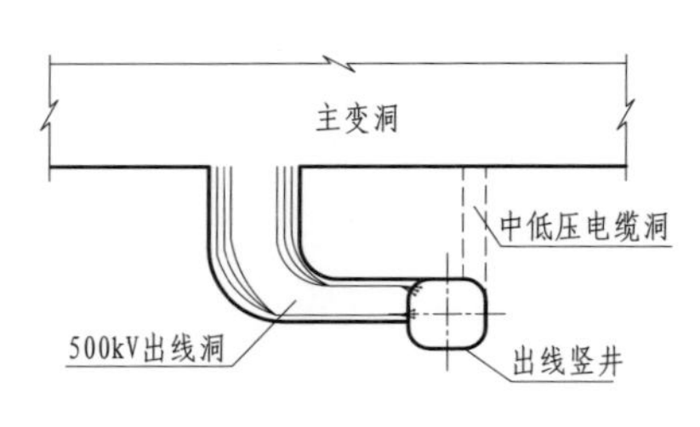

竖井进线方式示意图

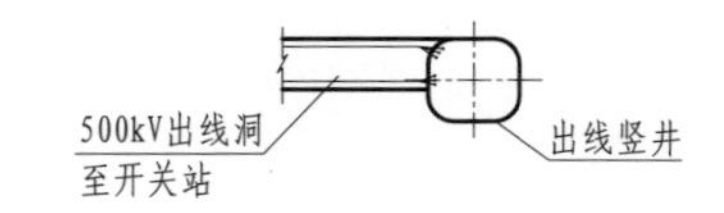

竖井出线方式示意图

说明：本图尺寸以m为单位。

图 8-5　两回出线竖井典型断面布置方案 1

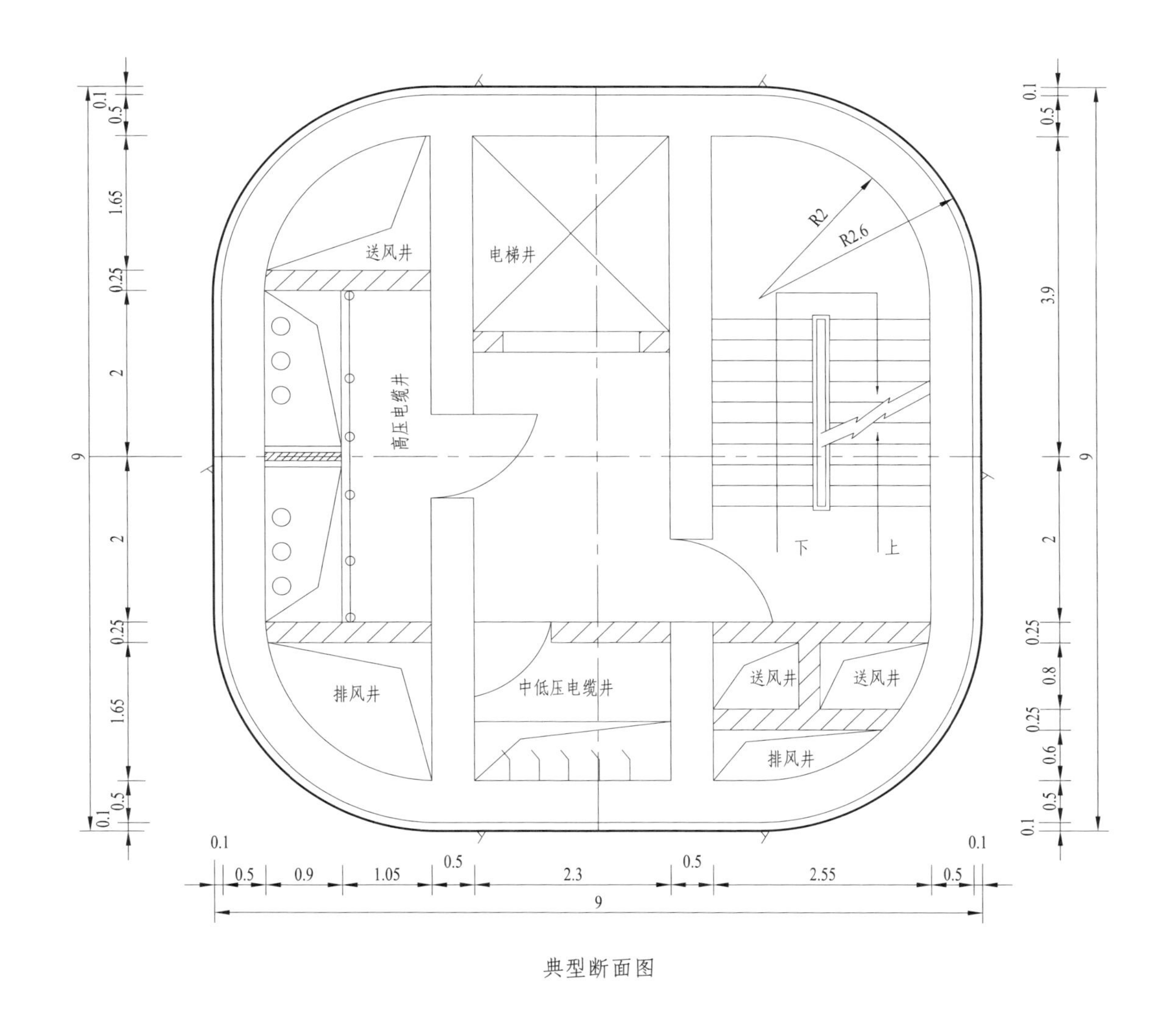

典型断面图

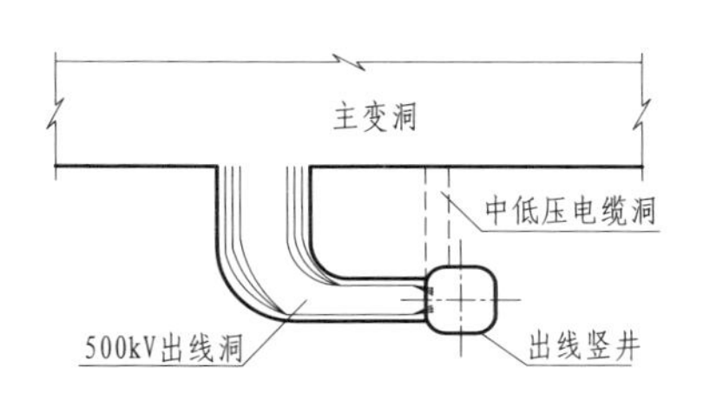

竖井进线方式示意图

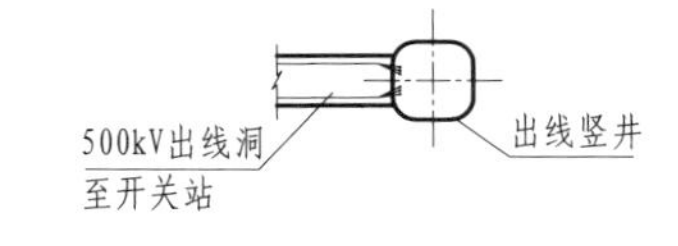

竖井出线方式示意图

说明：本图尺寸以m为单位。

图 8-6　两回出线竖井典型断面布置方案 2

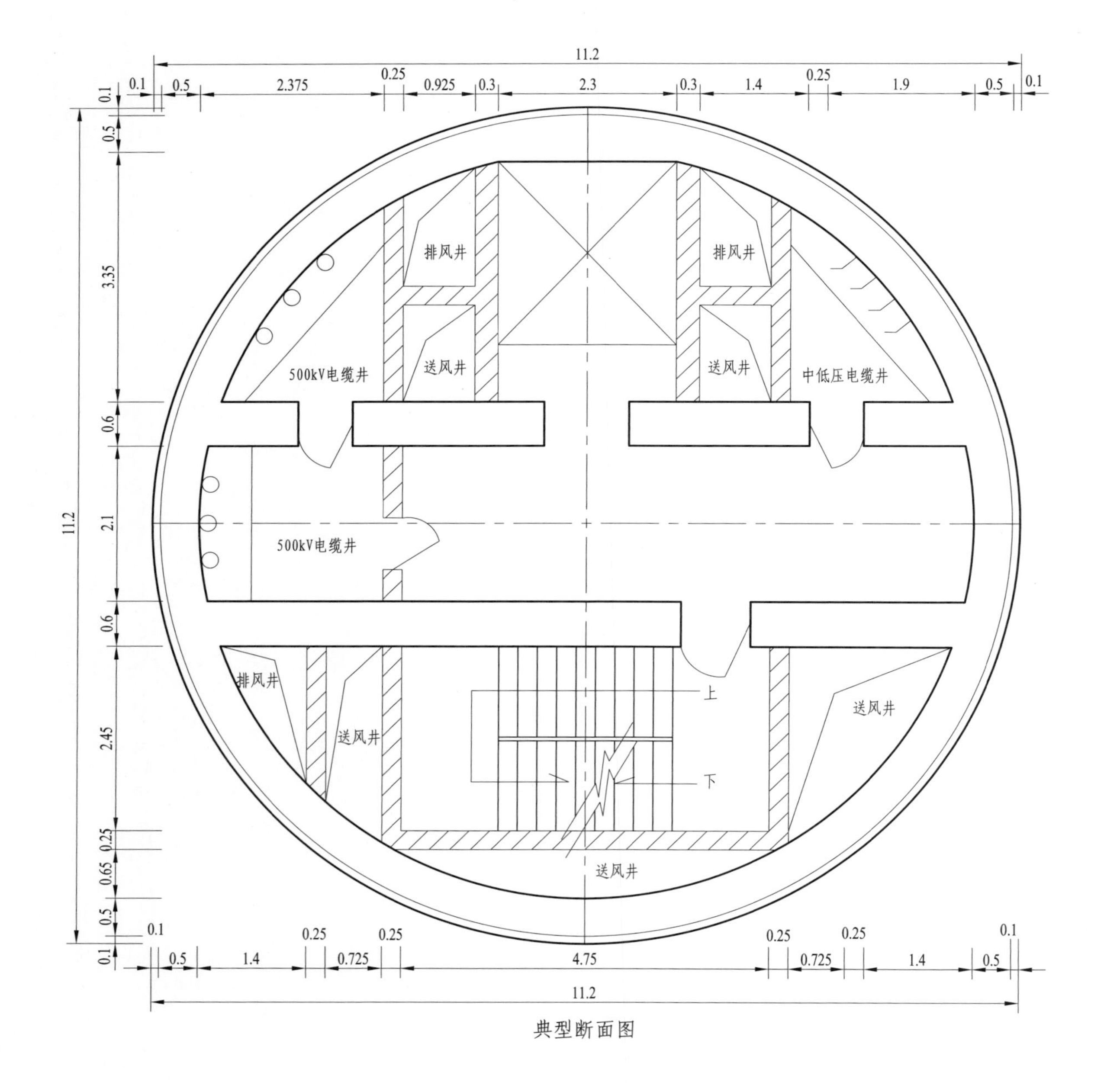

典型断面图

主变洞
中低压电缆洞
500kV出线洞
出线竖井

竖井进线方式示意图

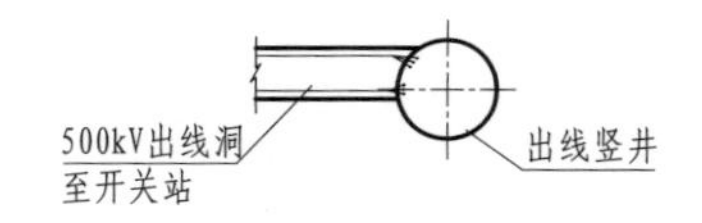

竖井出线方式示意图

说明：本图尺寸以m为单位。

图 8-7　两回出线竖井典型断面布置方案 3

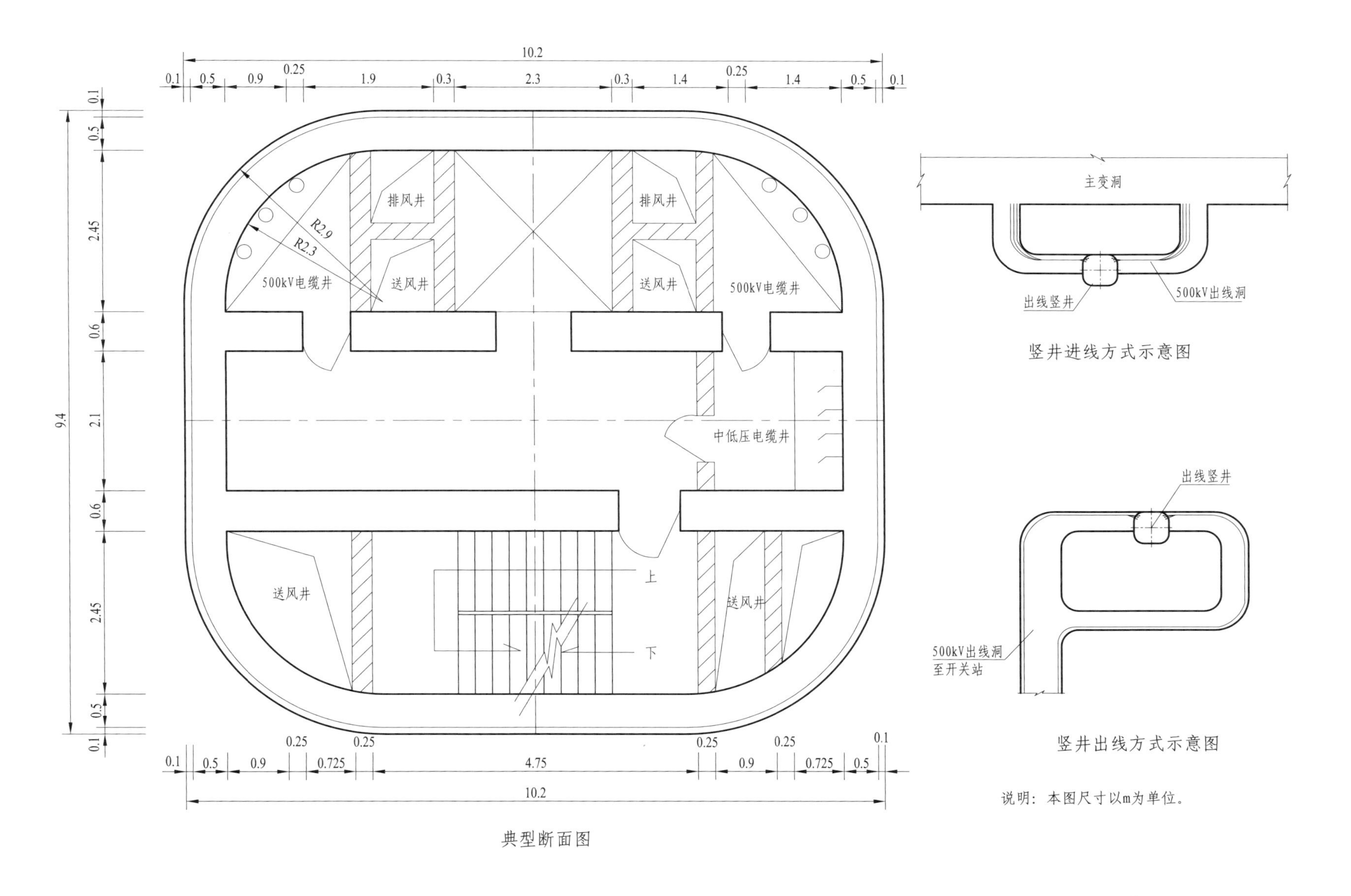

图 8-8　两回出线竖井典型断面布置方案 4

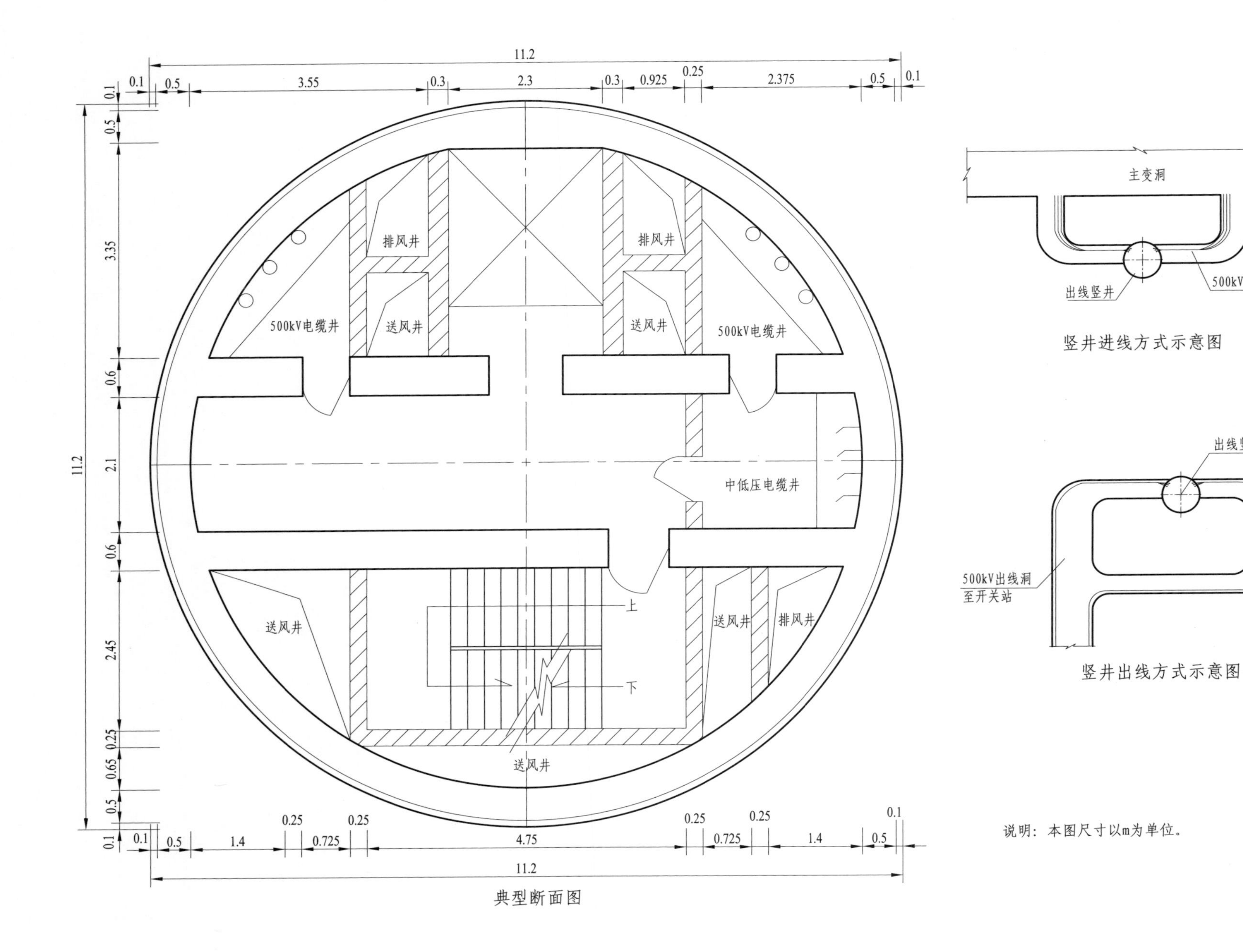

图 8-9　两回出线竖井典型断面布置方案 5

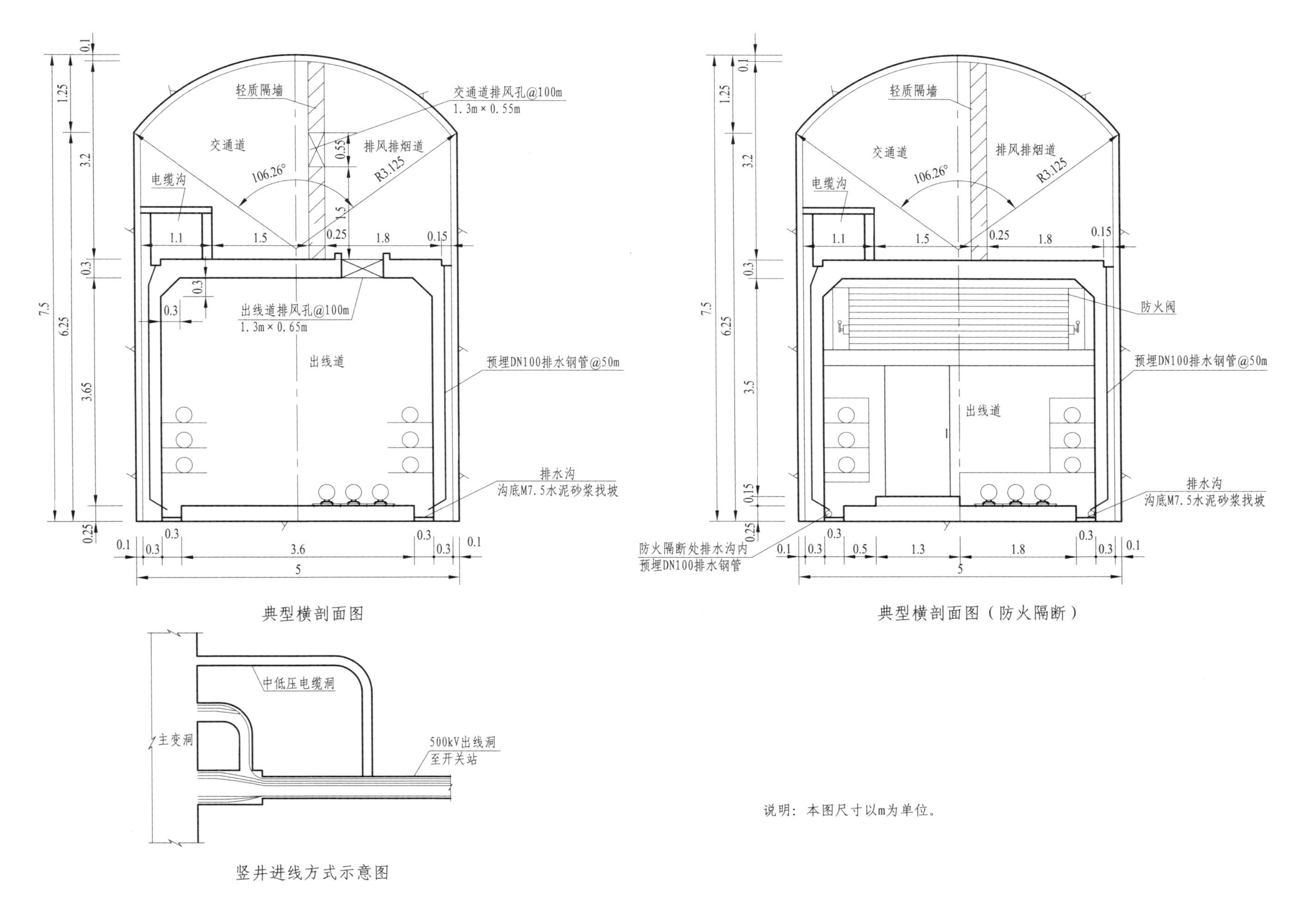

说明：本图尺寸以m为单位。

图 8-10　三回出线斜井上下分隔典型断面布置方案 1

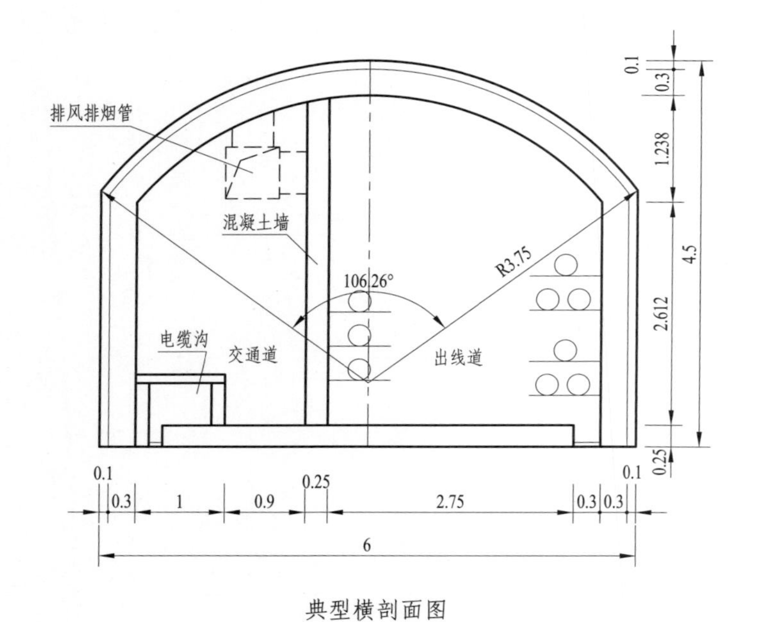

典型横剖面图

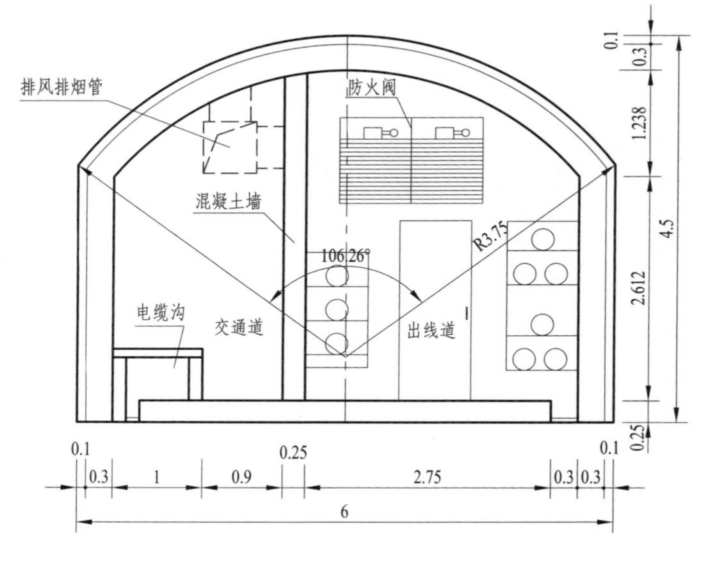

典型横剖面图（防火隔断）

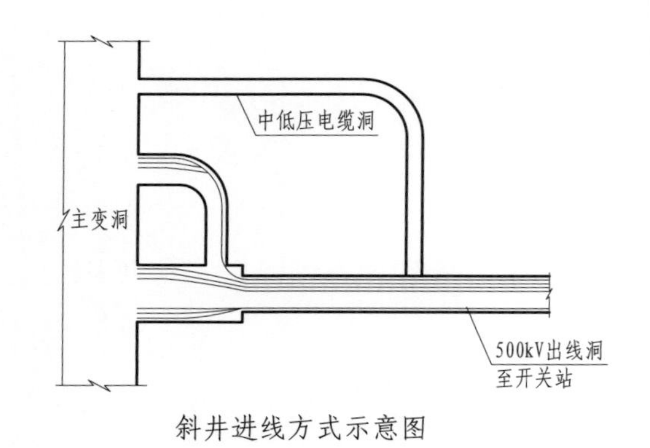

斜井进线方式示意图

说明：本图尺寸以m为单位。

图 8-11　三回出线斜井左右分隔典型断面布置方案 1

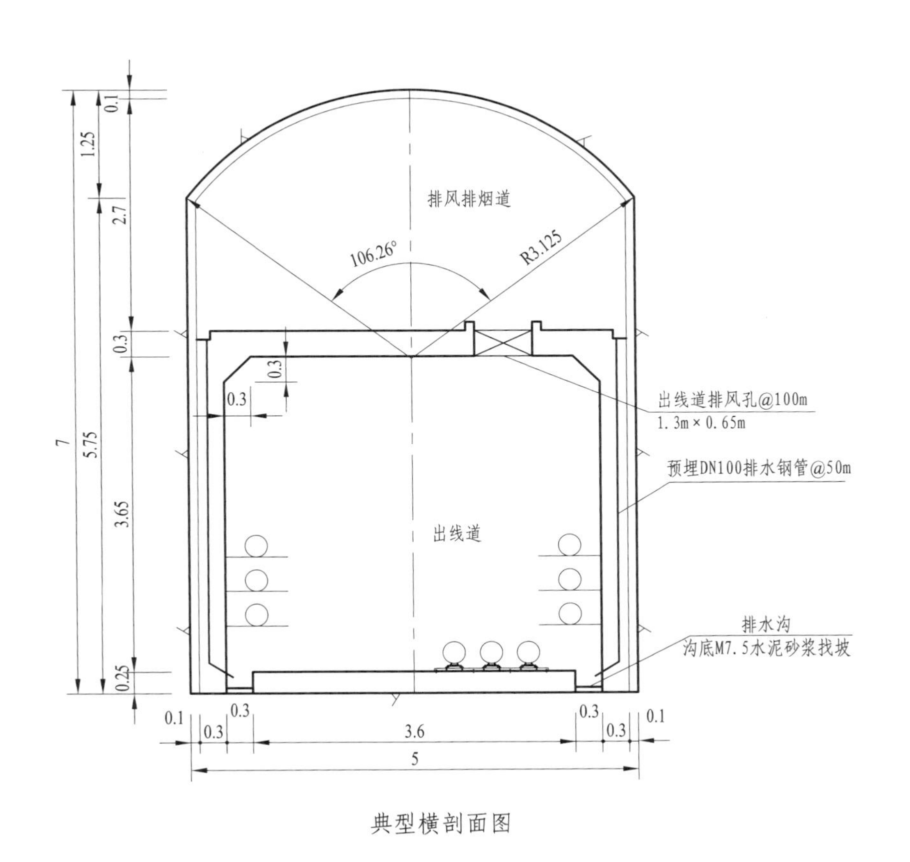

典型横剖面图

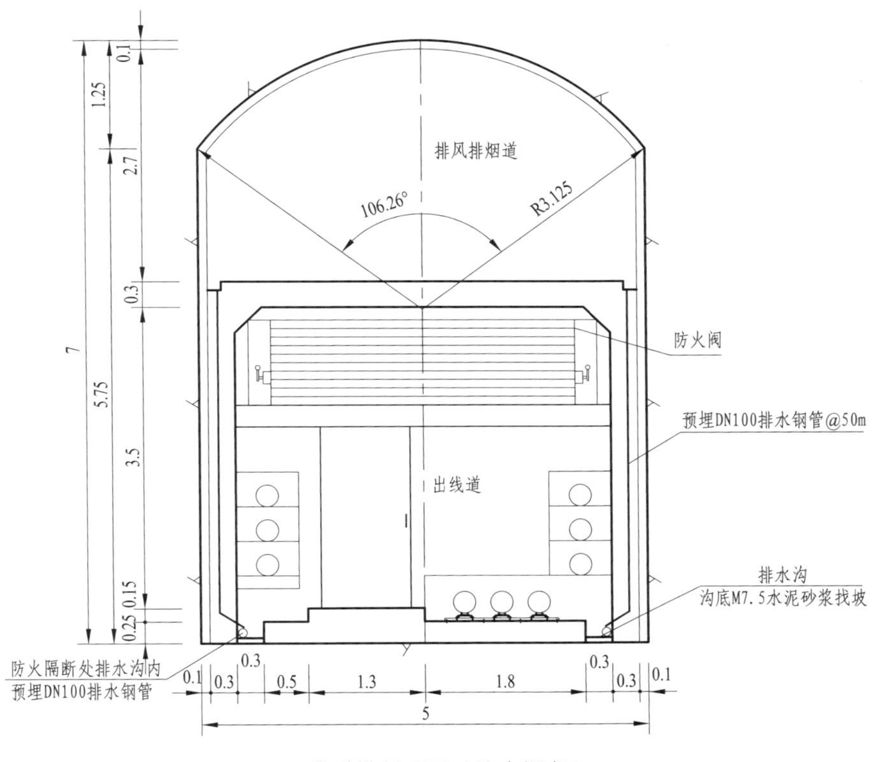

典型横剖面图（防火隔断）

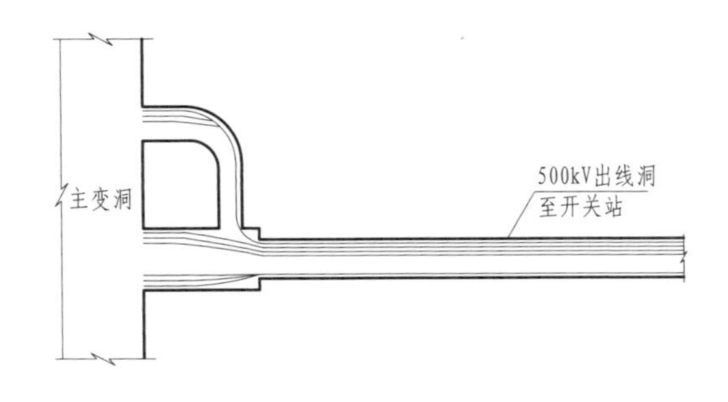

斜井进线方式示意图

说明：本图尺寸以m为单位。

图 8-12　三回出线斜井上下分隔典型断面布置方案 2

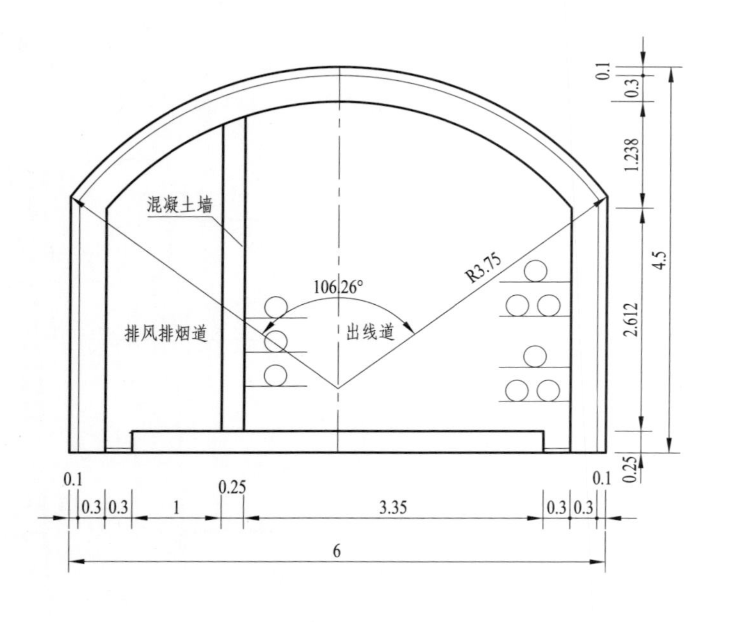

典型横剖面图

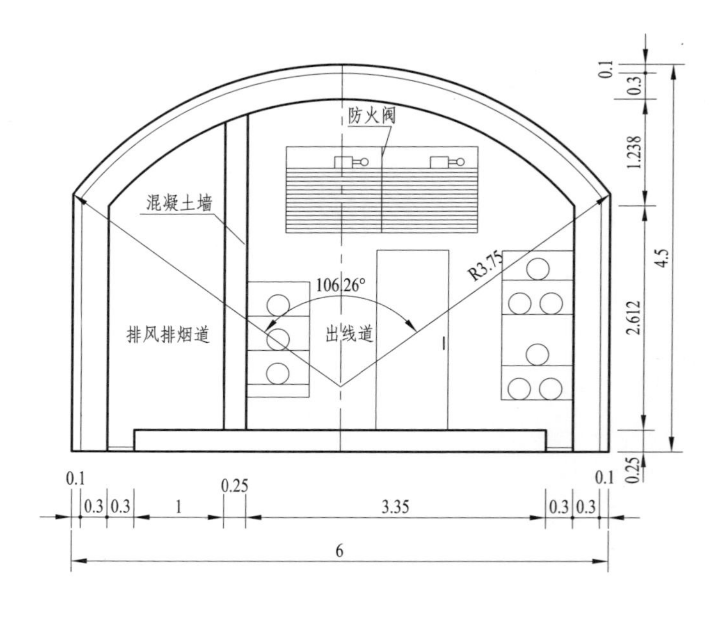

典型横剖面图（防火隔断）

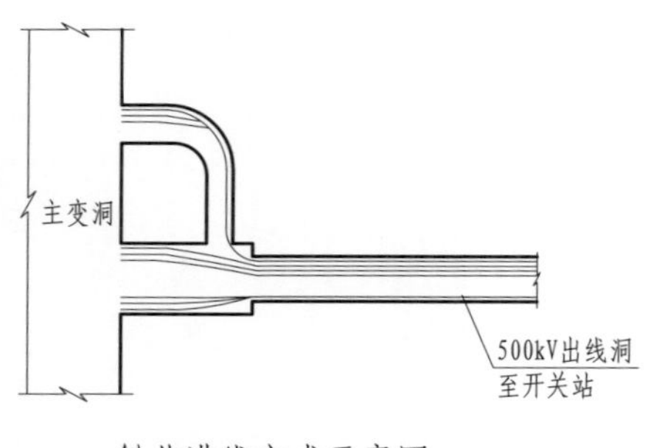

斜井进线方式示意图

说明：本图尺寸以m为单位。

图 8-13　三回出线斜井左右分隔典型断面布置方案 2

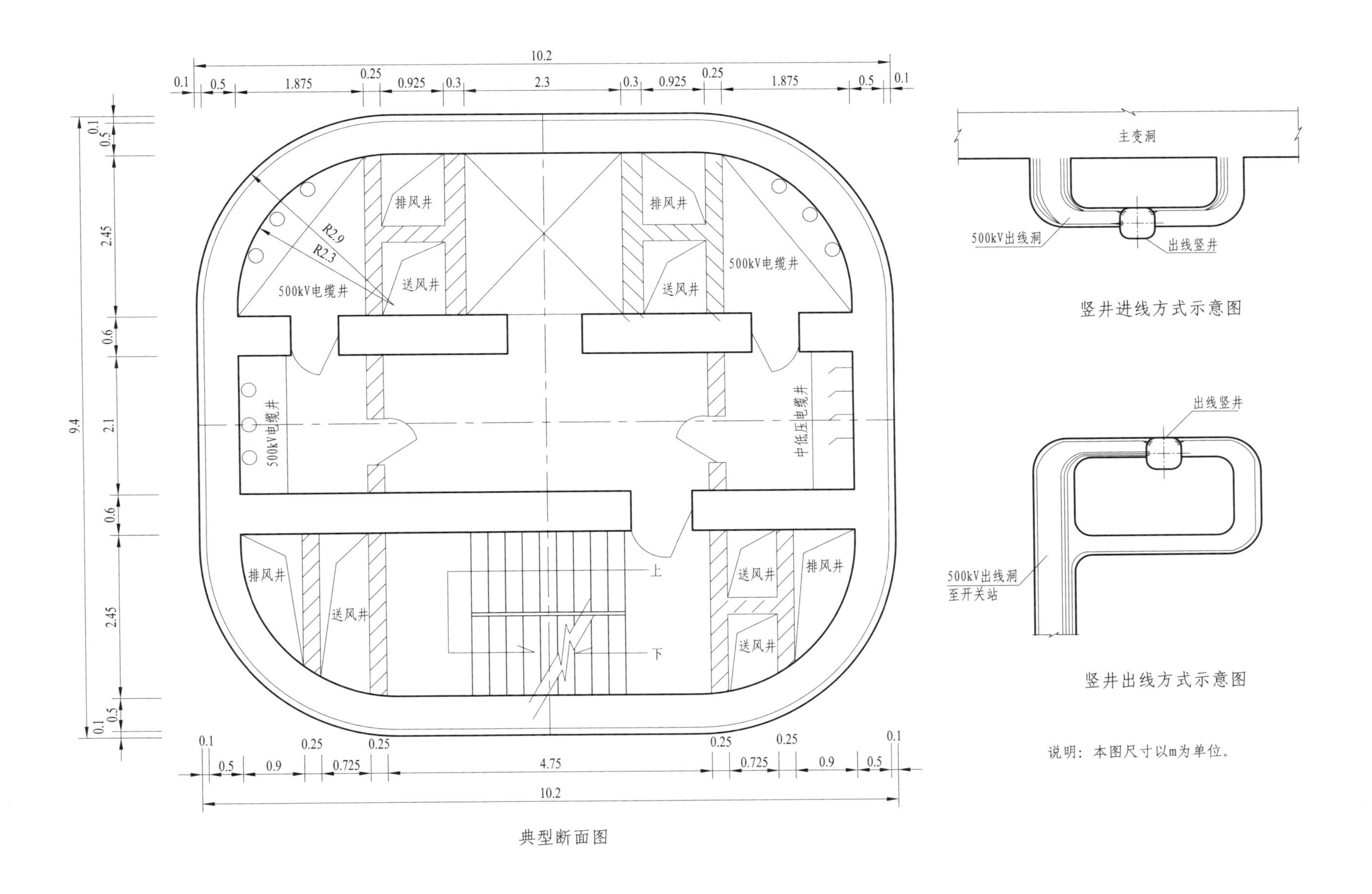

图 8-14　三回出线竖井典型断面布置方案 1

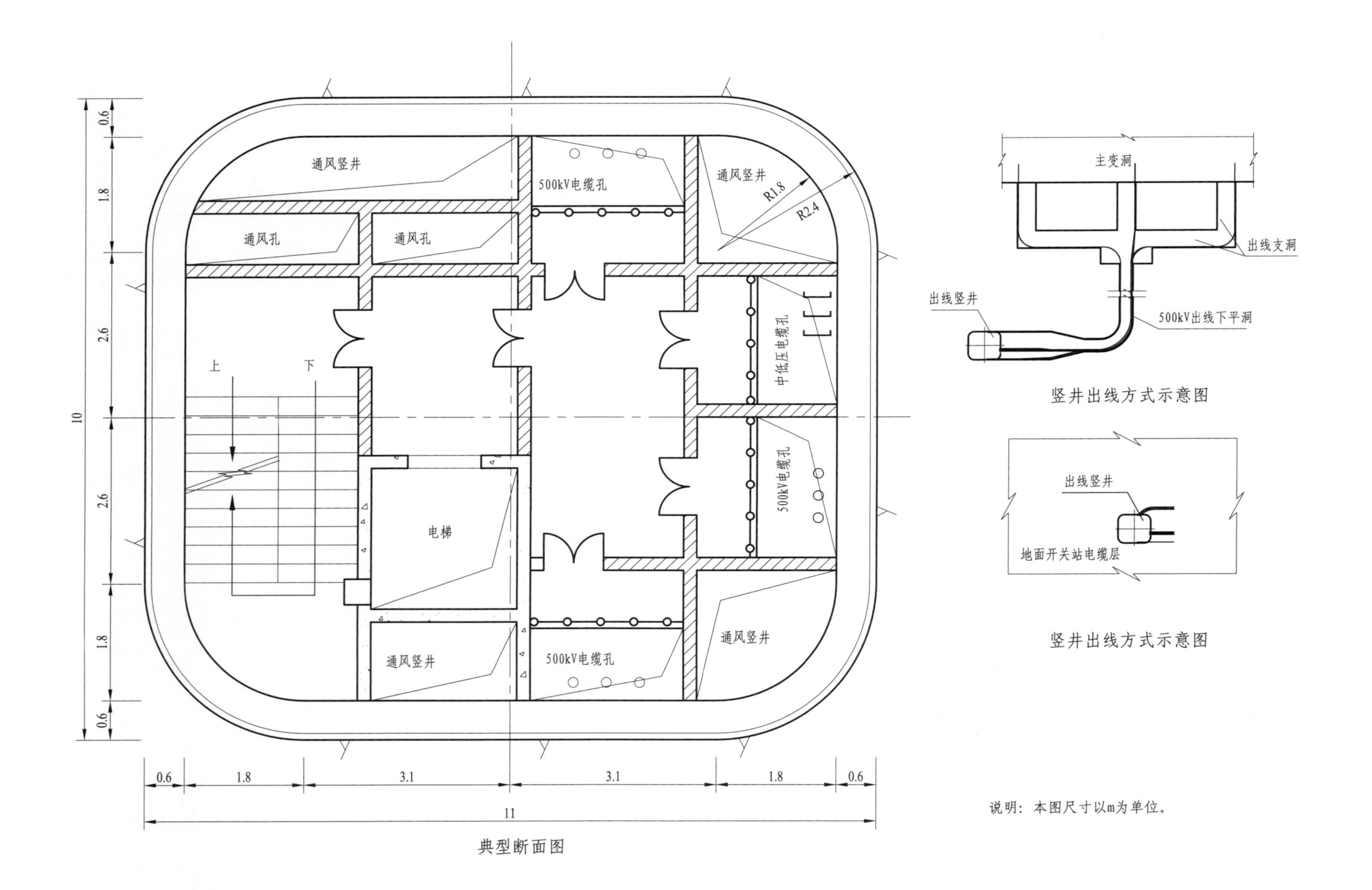

图 8-15　三回出线竖井典型断面布置方案 2

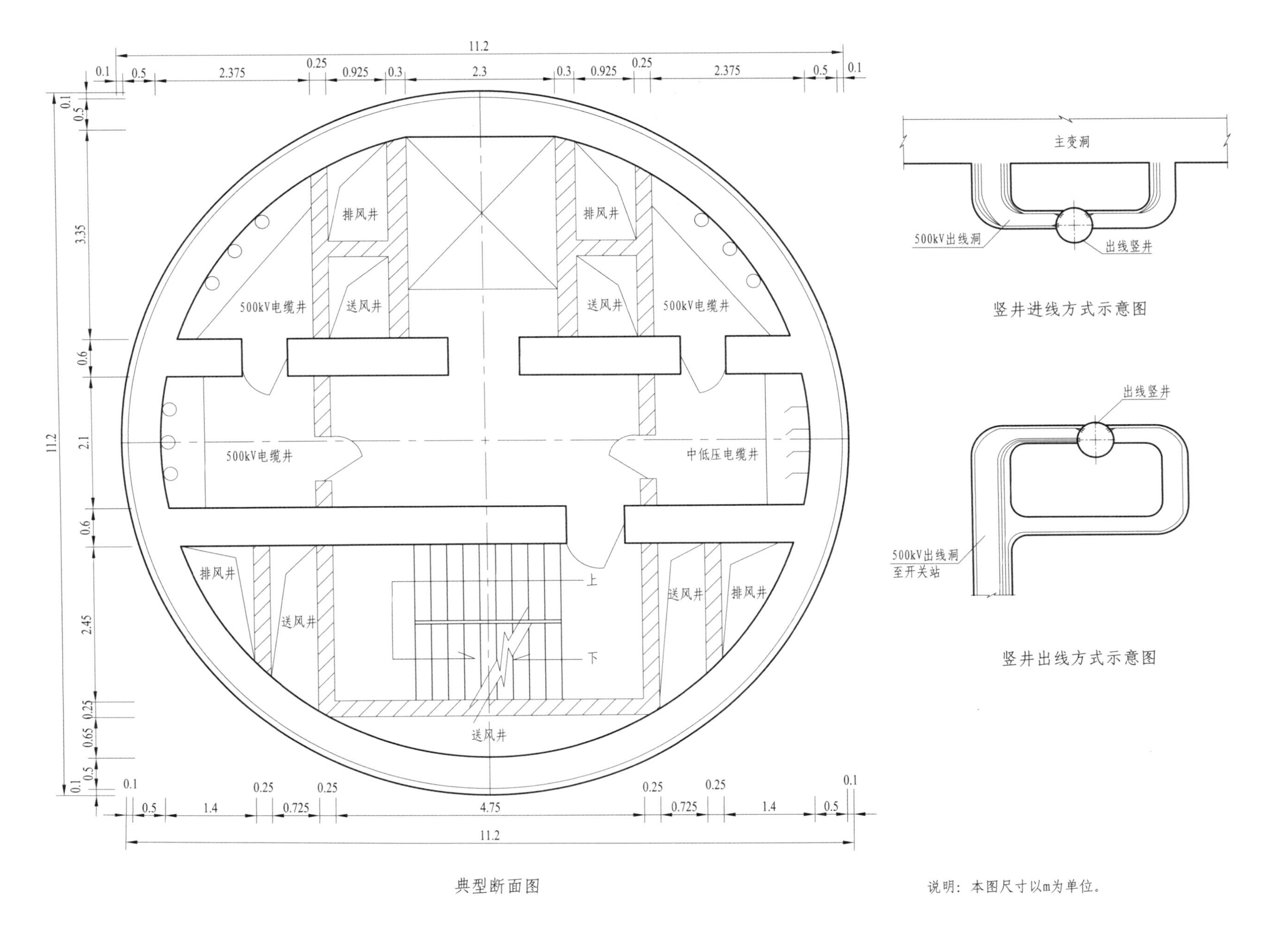

图 8-16 三回出线竖井典型断面布置方案 3

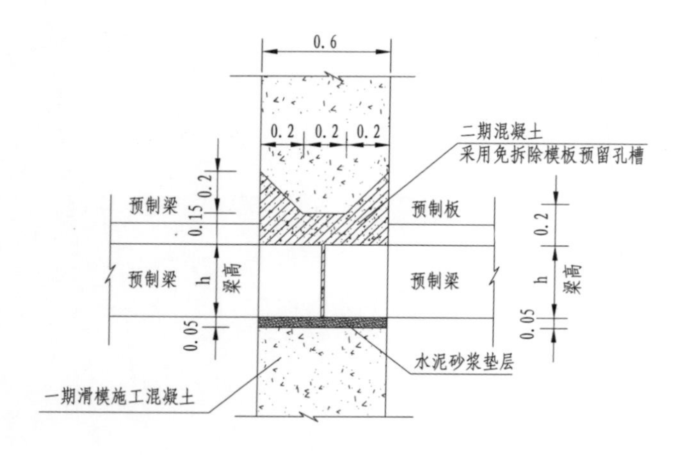

竖井墙、梁典型节点大样图1

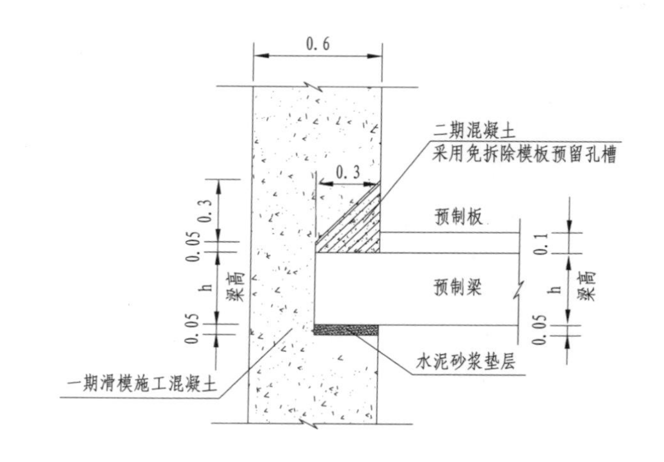

竖井墙、梁典型节点大样图2

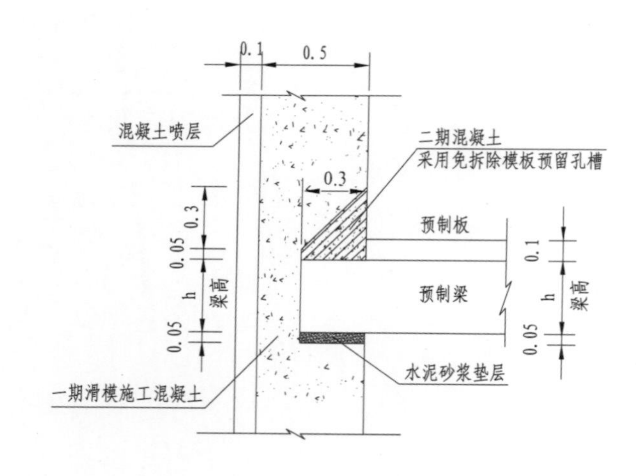

竖井墙、梁典型节点大样图3

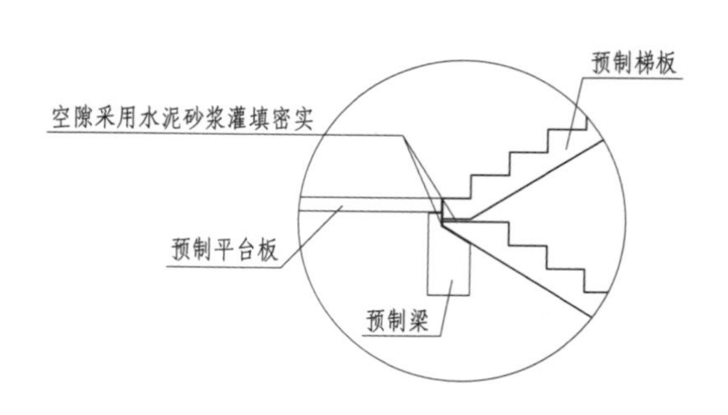

楼梯节点典型图

说明：本图尺寸以m为单位。

图 8–17　出线竖井典型节点大样图